U0136026

黑洞宇宙學概論

張洞生　著

《黑洞宇宙學概論》簡介

愛因斯坦：「對真理的追求比對真理的佔有更為可貴。」

「黑洞宇宙學」是一門新科學，是作者首次在本書中提出來的，是用作者新完善的黑洞理論來解決解釋許多前人未解決的黑洞和宇宙中的重大問題。它也是一門邊緣學科，前沿學科；它開闊視野、啟人心智、發人深思、令人神往。它蘊藏著宇宙中無窮的奧秘，吸引著獵奇者和學者們去欣賞思考探索和揭露。

本書是理工科高中大學生和老師們優良易懂的參考書，也是「黑洞和宇宙學」愛好者們良好的課外讀物。讀者們讀後可用本書中新的觀念、理論和方法，簡單明瞭地認識真實的「黑洞」和「宇宙」的過去和未來、宏觀和微觀。

這本《黑洞宇宙學概論》是宇宙一部全新的、有精確資料的「時間簡史」。

在本書中，作者以著名的霍金黑洞的溫度公式為主導，結合 $E = MC^2$ 和史瓦西對廣義相對論方程的特殊解，和作者新推導出的 2 個公式，用這 5 個正確有效而簡單的基本公式，組成了「黑洞宇宙學」的新的科學理論體系，讀者們無需自己去推導這 5 個公式，而只用它們把「黑洞和宇宙學」中的重大問題當做習題來演算即

可，就能有效地取代解複雜難解甚至無解的廣義相對論方程，正如人們可用牛頓運動 3 定律和萬有引力定律能解決複雜的物體的運動問題一樣。本書第一篇還重新解釋黑洞發射霍金輻射的機理，推導出黑洞的信息量 I_m 和熵 S_b。本書第二篇是論證了我們宇宙是一個真正的「宇宙黑洞」，它誕生於無數最小黑洞—$M_{bm} = m_p$ 普朗克粒子的合併，提出了宇宙「原初暴漲」的新機理，準確計算出來了宇宙一些重要時期的各種物理參數值。第三篇的主要成果是：用黑洞新理論求出精密結構常數 $1/\alpha = F_n/F_e = hC/(2\pi e^2)$；重新計算了宇宙背景輻射的溫度和狄拉克大數；論證了廣義相對論方程無法解決「黑洞」和「宇宙學」問題的原因等。

　　有興趣的讀者可將本書與霍金的名著「時間簡史」對照著看，大家就很易從觀念理論和計算中比較出對錯優劣實虛。本書所有章節都是新觀念、新論證、新方法、新結論的聚合。書中的作者序，編後記以及文中大量的論述和論證表達了作者的宇宙觀（黑洞宇宙觀）科學觀哲學觀價值觀和方法論，如讀者們對書中的各種錯誤能進行批判，作者不勝感激。

　　　　作者　　2014 年 9 月

序與內容提要

恩格斯：「一個民族如要站在科學的最高峰，一刻也不能沒有理論思維。」

龐加萊：「科學家並不是因為大自然有用才去研究它。他們研究大自然是因為他們從中得到了樂趣，而這種樂趣來源於大自然的美。大自然的美是深邃、本質的美，它來自各部分和諧的秩序，並且能為一種純粹的智慧所掌握。」他認為，「大自然的簡單和深遠都是美。」作者在本書中僥倖而創意地提出了一門新的前沿科學學科，名為《黑洞宇宙學》，它將一個過去抽象的、猜測的天體物理概念，變成為一個有自洽的理論基礎、一組適用的數學公式和符合近代觀測的一整套資料的學科。這是一門很有深意、值得人們永遠思考探索、和為之添磚加瓦或改樑換柱的學科，因為「宇宙」的本意就是表示時間上空間上是無限的、人類智慧不可窮盡的大自然。

《黑洞宇宙學》是一門什麼學問？它是用作者新完善的黑洞理論的 5 個公式為基礎，證明我們宇宙從始至終就是真實的「黑洞」，其生長衰亡的規律完全符合黑洞的生長衰亡演變規律。本書不只是定性的說明和解釋，而是有定量的數值計算和分析，因此它是一門科

學。不管人們是認同或否定作者在本書中的觀念、論證、數學公式和結論，但是作者首先提出了《黑洞宇宙學》這個理論作為一門新學問，至少可為後來有興趣的學者們起到「拋磚引玉」的帶頭作用。

　　本書適合於高中大學理科生和各科老師們作為課外讀物，以增廣興趣，擴張視野，創新思維，鼓勵人們不必跟在前輩科學巨人的屁股後面追趕而望塵興歎，而要善於利用其成就，站在他們的肩膀上找尋新的起飛點，走出新路。本書是想像力與理性結合的產物。閱讀本書雖不需要有高深複雜的數學，因為本書只運用大師們推導出來的現成的經典公式，而無需知道其來源和複雜高深的推導過程。但需要讀者們熟知大量近代和古典物理學各科的基本觀念和理論。讀者們如果瞭解了本書中的觀念和公式，再去研究相對論、量子力學、熱力學等，會有新觀念和新視野。

　　本書不僅是一般描述黑洞和宇宙特性和變化的科普讀物，而是作者在霍金黑洞理論的基礎上，發展推導而成的一門新的前沿和邊緣科學。作者主要是根據霍金的黑洞理論，利用行之有效 3 個經典理論公式：

(1a)--$M_b T_b = (C^3/4G) \times (h/2\pi\kappa) \approx 10^{27} gk$

(1b)--$E = m_{ss} C^2 = \kappa T_b = Ch/2\pi\lambda = \nu h/2\pi$

(1c)--$GM_b/R_b = C^2/2$

　　加上作者在上面 3 個的基礎上，新推導發展出 2

個黑洞理論的新公式：

$$(1d)\text{-}\text{-}m_{ss}M_b = hC/8\pi G = 1.187 \times 10^{-10}g^2$$

$$(1e)\text{-}\text{-}m_{ss} = M_{bm} = (hC/8\pi G)^{1/2} = m_p = 1.09 \times 10^{-5}g。$$

　　這 5 個公式的完滿組合，完善的形成了黑洞的新理論。它們能夠成功有效地取代廣義相對論方程（EGTR），解決黑洞和宇宙本身的生長衰亡等許多重大問題。在 5 個公式中，黑洞在其視界半徑 R_b 上的狀態參數（M_b，R_b，T_b，m_{ss}）只與黑洞總質量 M_b 的數值有關，而 M_b 的量是與黑洞內部的成分、狀態和結構無關的。因此，就無需用廣義相對論方程解決黑洞內部結構、狀態參數的分佈、粒子的運動等複雜而無法解決的問題。這 5 個公式是來源於廣泛有效地應用於物理世界的牛頓力學、相對論、熱力學和量子力學的基本公式，不僅能很好取代只有引力作用的 EGTR，而且還能解決黑洞和宇宙學中的許多重大的新問題，並能證明黑洞最後只能收縮成為普朗克粒子 m_p，而不可能塌縮為「奇點」。雖然，廣義相對論方程作為時空統一觀有重大的理論意義，但是它無法有解決黑洞和宇宙學中實際問題的功能，也就是說，它既不能將牛頓力學、熱力學、相對論和量子力學等綜合統一起來，也解決不了分別為牛頓力學、熱力學、相對論和量子力學等所無法解決的問題。所以，實際上廣義相對論方程是近代科學上的一個花瓶工程，好看不管用，反而使人們在解方程時，為簡化地解出

EGTR 而提出許多違反熱力學和真實世界的假設前提，造成出現「奇點」等的諸多重大謬誤。

在上述 5 個公式中，前 3 個公式(1a) (1b) (1c)的來源和推導都很複雜高深，但它們是被廣泛運用於現代物理世界，是符合實際的正確理論和公式，我們可以不管來源，不需要重新推演，只運用公式本身就可創造奇跡。比如數論學者們至今尚未證明 1 + 1 = 2，但是人們幾萬年來都可熟練運用 1 + 1，而陳景潤只在 1966 年才論證到哥德巴赫猜想的 1+2 = 3。再比如，牛頓第三定律 F = ma，海森伯測不准原理，$\Delta E \times \Delta t \geq h/2\pi$ 等，差不多每個高中生都會用，誰會追究其來源？作者沒有加添新的假設和附件條件，只作進一步推導，而得出後面的 2 個新公式（1d）和（1e）。所以本書又是淺顯易懂的而符合實際的。本文中所有的觀念、論證、公式推導和結論都是嶄新的，完全不同於廣義相對論方程的推導和結論。

人的有限年齡和知識智慧能夠認識無限和變化無窮的宇宙嗎？愛因斯坦：「宇宙中最不可理解的事，是宇宙是可以理解的。」人們探索認識理解新事物的過程是由局部向外擴展的，是由點到線到面再到體都是飛躍，飛躍除了依靠知識智慧堅韌和懷疑批判創新精神之外，還需要靈感和機遇，才能成功地飛越科學研究中的障礙，提出理解物理世界的新理論。宇宙中任何群體事物，從微觀上看，都是極其複雜的；但是從相對穩定的

宏觀上看，往往是簡單和諧的。由於從宏觀看事物，只能抽象整體地看。因此，採用什麼模式模型和數學公式去研究就成為關鍵問題，不同的模型模式會得出大不相同甚至相反的結果，其結果的正確與否、好壞如何、誤差多大，只能通過實際和實踐來檢驗。

過去一百多年來，頂級的科學家們耗費心血用廣義相對論方程解決黑洞和宇宙學中的問題，但結論都背離實際，成就很少，錯誤百出。最明顯錯誤在於推導出黑洞和宇宙中存在密度為無窮大的「奇點」。但廣義相對論也取得了個別的偉大成就：

1. 提出了時空結合的 4 維宇宙觀，但 EGTR 是否是正確結合的模式？

2. 建立了能量質量轉換公式 $E = MC^2$，僅這一成就就使愛因斯坦永遠屹立在科學的頂峰；

3. 史瓦西對廣義相對論方程的特定解 $GM/R = C^2/2$ 規定了球對稱、無電荷、無旋轉的史瓦西黑洞（包括克爾黑洞）存在的充要條件。

本書的 5 大主要新成就是：

1. 建立了（1d）（1e）新公式，而完善了黑洞理論，確定了所有黑洞最後必定都因發射霍金輻射 m_{ss} 而收縮成為普朗克粒子 m_p 而消失在普朗克領域；

2. 論證我們宇宙就是一個真正的巨無霸「宇宙黑洞（CBH）」，它誕生於普朗克領域（Planck Era）的最小黑洞 $M_{bm} = m_p$。無數的 M_{bm} 的不斷合併所造成的膨脹就形成了我們「宇宙黑洞」直到現在的、合乎哈勃定律的以光速 C 的膨脹。

3. 將我們現實的「宇宙黑洞」的演變與普朗克領域無縫地連接起來了。

4. 將輻射能的能量、溫度和信息量 3 者的基本關係統一起來了。

5. 獨創性的解決了黑洞理論和宇宙學中的一些重大問題。這反過來又驗證了作者新黑洞理論的正確性。

作者的新黑洞理論和公式的計算結果能完全簡單自洽地解釋和論證，我們宇宙作為一個「宇宙黑洞」的「生長衰亡」的演變規律；同時將廣義相對論方程本身的缺陷作了詳細的論證，並將複雜、不合實際、違反熱力學定律而無普遍解的「廣義相對論方程」置之高閣。這就是本書能成功地將黑洞理論和宇宙學二者結合成《黑洞宇宙學》的原因。

為什麼作者能用 5 個公式所完善的黑洞新理論，能取代廣義相對論（EGTR）、切合實際地解決《黑洞和宇宙學》中的許多基本重大問題呢？因為廣義相對論學者們在解方程前加了許多違反熱力學的和背離實際的各種假設作為前提條件，所以解出的結果都必然會導致背離實際的錯誤結論。這裡只簡單地指出一點就可看出廣

義相對論方程的致命缺陷,比如已經知道最明顯的事實是,黑洞和宇宙都是開放系統和不可逆過程,這符合黑洞新理論的 5 個公式,故很容易得出黑洞和宇宙的變化規律,但是廣義相對論方程只能用於封閉系統和可逆過程。因此,再高明的學者也無法解出符合實際的結果。所以本書用黑洞新理論的 5 個公式取代廣義相對論方程無疑是簡單必然有效正確的選擇。

　　作者只是一個才疏學淺根底差、勇於探索新理論的業餘「黑洞宇宙學」的愛好者,書中許多的新觀念、論述和結論可能有許多重大的缺點和錯誤,但是作者深信所推導出來的一些新公式應該都是對的。作者深信:對科學的真知灼見常常來源於繁瑣的數值計算,作純粹的理論推導而不屑做繁瑣計算的學者們往往得出背離實際的錯誤結論,只有經過數值計算檢驗的結果才好與實際的記錄作比較,而修正錯誤和誤差,以得出較正確的結論。作者推導和計算出的諸多新公式,如(1d),(1e),(4ea) (62c),(63d)等,第二篇 2-8 的表二和第三篇 3-4 章的表一等,相信它們能經得起未來時間和實踐的考驗,也相信簡單明確地解決了黑洞和宇宙學中的一些基本的重大理論和實際問題,比如「奇點」、霍金輻射 m_{ss}、黑洞的命運、宇宙起源、黑洞和霍金輻射的信息量等。作者在本文中提出的新觀念、新公式、新論證和新結論,一切都是簡單明確、一目了然的。人們很容易判斷其對錯優劣,作出正確的結論。

　　作者深信，龐大複雜宇宙的和諧來源於其簡單，所以科學的本質應該是簡單樸實的。科學無高級低級之分，只有正確與錯誤、準確與誤差的區別。牛頓的運動3定律難道不夠簡單嗎？在主流學者們的眼裡，或許會對本書中提出和論證的概念、公式、結論，由於簡單、粗糙、低級而不屑一顧，作者也未指望會得到畢生研究廣義相對論學者們的承認和支持。作者認為，只要文中的原則、觀念、公式和結論是新的、又能完滿的解釋解決黑洞和宇宙學中的一些重大問題、並符合宇宙的實際情況和觀測資料，經得起未來時間和實踐的檢驗，就是真實的科學。

　　一個有經驗有智慧的讀者，在閱讀一本書的正文之前，往往先看作者的這篇序言和後面的編後記，以便判斷該書的價值和意義，這是一個「大致不差」的閱讀方法。請再看看作者本書後面的編後記吧。

　　本書的成功得到過許多親朋好友的親切關懷鼓勵與熱情幫助。在此向馬洪寶博士、麥中凡教授、裴瑤教授、戰東茂工程師郭選年院長董麗華女士 Mr. Frank Zhang 表示衷心地感謝。對臺灣博客思出版社同仁們的合力協助深表謝意。

　　作者誠懇希望各位學者、專家、讀者對文章中的錯誤和缺點進行批判和指正，不勝感激。誌謝誌謝。

　　張洞生　　2014 年 9 月

《黑洞宇宙學概論》前言

這是一門新學科和一部新的「時間簡史」

桑德奇：「偉大的科學好比偉大的藝術，存在於最顯而易見的地方。」

愛因斯坦：「我深信，宇宙的規律是既美麗又簡潔的。」

本書是一本新的、不同於霍金的、但是公式簡單明瞭、而能據此計算出了宇宙演變各個時間的精確資料的「時間簡史」。它對宇宙的過去和未來、宏觀和微觀作了詳盡的論證。但願本書能夠引起讀者們的興趣、思考和疑問。

本書的新黑洞理論和公式完全是在卓越的霍金黑洞理論和公式的基礎上進一步推演而成。霍金黑洞理論之所以卓有成效，是因它建立在符合物理世界實際的量子力學和熱力學的基礎之上的。本書第一篇 1-1 中黑洞的 5 個簡單明確的基本公式從(1a)到(1e)，是經典理論的現成的基本公式的組合和推導，它們構成了完整的新的黑洞理論體系，可圓滿地取代複雜而背離實際的廣義相對論方程，正確地解決了許多以前黑洞理論、宇宙學甚至物理學中解決不了的難題。本書的目的是運用現有的基本公式，如 $E=MC^2$ 去解決問題，而不是如何推導出

$E=MC^2$。

　　什麼是「黑洞」？按照廣義相對論的史瓦西解 $GM_b/R_b = C^2/2$，黑洞（球體）自身的物質-能量有超強引力，能將其視界內的質-能都束縛在黑洞視界內，任何一個光子最多只能貼著視界表面環繞飛行。所以黑洞（球）表面像是一張由光線織成的網。因此在外界看來，黑洞就是黑的。當黑洞的外面附近有能量-物質正在被黑洞吞噬時，它們可能在進入黑洞外附近的吸積盤（並非每個黑洞都存在吸積盤）中，與高能量粒子作用而可發射 X 射線，可視作為有隱密黑洞存在的信號。

　　黑洞新理論認為，黑洞吸收外界附近的任何能量物質的機理和作用與恆星相同，只不過黑洞的引力更強大，因而可吞噬更小更遠的能量-物質粒子。但宇宙中的黑洞只能一個接一個地、吝嗇地向外發射極其微弱的、現在探測不到的霍金輻射 m_{ss}，而其它任何大於霍金輻射 m_{ss} 的能量-物質粒子都被束縛在黑洞內而不能發射出來，這就是黑洞。而恆星的引力小，所以能向外同時發射許多的輻射能。因此，所有黑洞必須服從本書下面 1-1 節的(1a)、(1b)、(1c)、(1d)、(1e)等 5 個普遍公式，違反者就不是黑洞。黑洞發射其霍金輻射 m_{ss}，一次只發射一個，發射 2 個相鄰 m_{ss} 之間的時間是可以嚴格計算出來的。任何其它發射輻射能的物體都是全表面同時發射許多輻射能的。由此可見，凡是現在被人們謊稱能直接探測到黑洞發出的的任何輻射，無論物理性質多麼奇怪

和神秘，都絕不是黑洞。

　　什麼是《黑洞宇宙學》？作者在本文中推導出來了一系列黑洞理論的新公式，有 5 個基本公式完善了霍金的黑洞理論。作者更進一步運用這些發展後的黑洞新理論和新公式於宇宙學，證實了我們宇宙一直就是一個真正膨脹的宇宙黑洞。並可完好地用黑洞的新理論公式解釋計算和驗證我們宇宙（黑洞）從生到死的演變過程和規律，並對黑洞的性質用公式作了全面的論證和計算，推導出來黑洞 M_b 及其霍金輻射 m_{ss} 的信息量 I_m 和 I_o，故可名符其實的稱之為為《黑洞宇宙學》。

　　為什麼說本書是另一部「時間簡史」？因為本書完全不用廣義相對論方程，而是用作者完善的新黑洞理論和公式，明確地論證和計算出我們宇宙，從其誕生於無數的最小黑洞 $M_{bm} \equiv m_p = 1.09 \times 10^{-5}$g 起，到成為我們現在的巨無霸宇宙黑洞 $M_{bu} = M_u = 10^{56}$g 的各個階段的各物理參量的確定資料，使人們對我們黑洞宇宙的演變過程及其規律一目了然，資料清晰確鑿。

　　本書對黑洞理論的新發展和新公式完全是建立在偉大的霍金的黑洞理論和公式的基礎上發展而來的。本書分為 3 篇：

　　第一篇是《黑洞理論的新進展和完善》。重要的成果是推導出來一系列新公式，最重要的有霍金輻射量子 m_{ss} 與黑洞質量 M_b 之間的新公式(1d)，和(1e)，加上原有的(1a) (1b) (1c)式共 5 個公式，構成了作者的新黑洞

理論。還推導出來 m_{ss} 的信息量 $I_o = h/2\pi$ 和最小黑洞的熵 $S_{Bbm} = \pi$ 等。再由公式(1c)(1d)，用經典理論解釋了黑洞發射 m_{ss} 的新機理，推出了 m_{ss} 逃出黑洞的判別式(4ea)。

　　第二篇——黑洞理論和宇宙學完善的結合成為《黑洞宇宙學》是作者用第一篇的黑洞理論的新公式解決宇宙起源和演化中的一些重大問題。如證明我們宇宙誕生於在普郎克領域 Planck Era 新生成的大量原初次小黑洞 $M_{bs} = 2M_{bm} \equiv 2m_p$ 的合併，而不是誕生於「奇點」或「奇點的大爆炸」；證明我們現在宇宙是一個質量為 10^{56}g 的真正的巨無霸宇宙黑洞（Cosmo-BH）；提出和論證了宇宙「原初暴漲」（Original Inflation）的新機理；用黑洞的新理論公式計算出來的資料對比驗證「大爆炸標準宇宙模型」的資料，以指出其中的對錯等。

　　在第三篇——用新黑洞理論和公式解決《黑洞宇宙學》中的一些重大問題中，作者運用前 2 篇新公式和新概念解決黑洞和宇宙學中的一些重要問題。如論證廣義相對論方程 EGTR 的先天不足和後天失調，而無法解決黑洞和宇宙學中問題的原因，反而出現嚴重的謬誤（詳見第三篇 3-4 文中的表一）；用黑洞理論新公式推導出神秘的精密結構常數 $1/\alpha = hC/(2\pi e^2) = 137.036$；用經典理論解釋霍金輻射；對熵的本質作了一些新的探討，用新方法計算宇宙微波背景輻射的溫度和狄拉克大數；證明人類也許永遠不可能製造出真正的「人造引力黑洞」等

等。

作者相信，作者推導出來的那些新公式之所以正確有效，是因為按照新公式計算出來的資料符合實際（見第二篇表二），而且它們是從現有經典理論現成的有效公式發展推導而來，而沒有加進去任何新的假設和附加的條件。因此，這些公式的互相配合實際上形成了一個完整的理論體系，可完好地取代背離了實際的、好看而無用的廣義相對論方程，解決了黑洞和宇宙學中的許多重要問題。

順便說一下，作者認為，世界上沒有什麼理論是絕對真理，要想在科學上作創新的研究，首先要有懷疑批判的精神，具體說，就是要善於對現有的理論「鑽空子」和「找漏洞」，再根據自己的志向、興趣、靈感和能力，採取不同的研究取向：如有 1. 提出個別的新觀點、論證和公式，走完善該理論的道路，修補和克服其缺點。2. 看到該理論的根本缺點和錯誤，無法修補，然後否定它，而創立新理論。當然，一個人的研究取向應該是「隨機應變」和「綜合運用」的。在科學研究上「鑽死胡同」是好是壞很難說，取決於個人的學識、性格、靈感和運氣等。自從霍金和彭羅斯 60 多年前由解廣義相對論方程得出「奇點」結果以來，相對論成果渺渺。作者才疏學淺，自知無力追隨相對論，採取了「鑽霍金黑洞理論空子」的研究方法，寫成粗淺的此書。如有些新意，許是「天道酬勤」吧。

　　第三篇中每篇文章的前幾節都重複運用了前面的一些公式。望乞見諒。

　　本書中除了公式的推導論證和推論之外，作者在章節後面加進了大量的解釋、引申和發揮，體現了作者的宇宙觀和哲學觀。是對是錯，請大家批評指教。

　　杜甫：「細推物理需行樂，何用浮名絆此身。」

　　本書中大多數文章都曾分篇發表在紐約的網上科學雜誌《爭鳴廣場》的不同期別上，現在系統地編輯整理成書，每篇都作了許多重大的修改和補充。

　　該雜誌網址：

ISSN:1553-992X

http://www.sciencepub.net/academia

目　錄

《黑洞宇宙學概論》內容簡介 -- I

《作者序和內容提要》 -- III

《黑洞宇宙學概論》前言 -- XI

第一篇　黑洞理論的新進展和完善

1-1 史瓦西黑洞的 5 個普遍公式的建立和普朗克領域 ----------- 4

1-2 黑洞因發射霍金輻射 m_{ss} 只能最後消失在普朗克領域

-- 27

1-3 黑洞吞噬外界能量-物質而膨脹和因發射霍金輻射 mss 而收

　　縮都是其本質屬性-- 30

1-4 用經典理論解釋黑洞 M_b 發射霍金輻射 mss 的機理 ------- 34

1-5 黑洞的壽命 τ_b，發射 2 個鄰近霍金輻射 mss 的間隔時間—$d\tau_b$

-- 41

1-6 黑洞 M_b 和其霍金輻射 m_{ss} 信息量 I_o，I_m 和熵 S_B，S_{Bbm}

-- 44

1-7 恆星級黑洞塌縮前後的霍金熵比公式的物理意義 --------- 51

第二篇　黑洞理論和宇宙學完善的結合成為《黑洞宇宙學》

2-1 證明我們宇宙是一個質量為 $M_u = 10^{56}g$ 的真正的宇宙黑洞

-- 64

2-2 根據什麼原理來確定我們宇宙準確的誕生時刻 t_m？ ------ 70

2-3 求宇宙誕生時的時刻 $+t_m$，和重新結合成的新粒子 M_m -- --72

2-4 宇宙誕生時新粒子 M_m 與普朗克粒子 m_p 的比較 ----------- 76

2-5 前輩宇宙是如何在普朗克領域消失的？ --------------------- 77

2-6 我們新宇宙是如何從舊宇宙的廢墟中誕生的？ ------------ 78

2-7 宇宙「原初暴漲」的機理和宇宙誕生的「宇宙大爆炸」

-- 81

2-8 從宇宙 7 種大小不同的典型黑洞 M_b 的演變，來分析各種

宇宙黑洞的參數的變化規律，數位化的宇宙新「時間簡史」。

-- 88

2-9 用作者黑洞理論新公式的計算資料核對「大爆炸標準宇宙模

型」資料的正確和錯誤 ------------------------------------100

2-10 對黑洞和宇宙學中的一些重大問題的解釋、分析和結論

--106

2-11 宇宙中物質和能量的演變，人類的危機和命運-----------116

第三篇　用新黑洞理論和公式解決《黑洞宇宙學》中的一些重大問題

3-1 用作者的新黑洞理論和公式推導出精密結構常數 $1/\alpha = F_n/F_e = hC/(2\pi e^2)$，$L_n$ 和 $1/\alpha$ 的物理意義----------------------131

3-2 宇宙微波背景輻射溫度 $T_{urm} = 2.7k$ 的新計算方法---------144

3-3 對廣義相對論方程的質疑(1)----先天不足。「廣義相對論方程的根本缺陷是沒熱力以對抗引力」------------------------156

3-4 對廣義相對論方程的質疑(2)----後天失調。「為何解廣義相對論方程會得出『奇點』、弗裡德曼模型和史瓦西度規等結論都背離實際？」--176

3-5 用黑洞模型和新公式可準確地計算出狄拉克大數 2.27×10^{39}
--213

3-6 黑洞 M_b 和其霍金輻射 mss 的特性，只有用經典理論才能解釋黑洞發射霍金輻射的機理------------------------------222

3-7 黑洞的霍金輻射 mss 的信息量 I_o，I_m 和熵 S_B，S_{Bbm}；黑洞的熵和熱力學的熵--242

3-8 黑洞是大自然偉大力量的產物，人類也許永遠不可能製造出來任何「真正的人造引力黑洞」----------------------------268

3-9 一個猜想：宇宙的加速膨脹可能是我們宇宙黑洞在早期與另一宇宙黑洞的碰撞和合併所造成的----------------------294

後記

---314

本書中常用的一些重要物理常數、代號和公式

$h = 6.63 \times 10^{-27} g*cm^2/s$：普朗克常數

$C = 3 \times 10^{10} cm/s$：光速

$G = 6.67 \times 10^{-8} cm^3/s^2*g$：萬有引力常數

$\kappa = 1.38 \times 10^{-16} g*cm^2/s^2*k$：波爾茲曼常數

M_b（g）：
黑洞的總質-能量

R_b（cm）：
黑洞 M_b 的視界半徑

T_b（k）：
黑洞 M_b 在其視界半徑 R_b 上的絕對溫度（閥溫）

m_{ss}（g）：
黑洞 M_b 在視界半徑 R_b 上的霍金輻射（輻射能）的相當質量

M_{bs}（g）：
宇宙中實際可能存在過的次小黑洞，它們是宇宙誕生的細胞和舊宇宙消亡前最後的次小黑洞；
$M_{bs} = 1.62 M_{bm} \approx （2m_p = 2M_{bm} = 2.2 \times 10^{-5} g）$

M_{bm}(g)：
最小黑洞；$m_{ss} = M_{bm} = (hC/8\pi G)^{1/2} = m_p = 1.09 \times 10^{-5} g$　　(1e)

R$_{bm}$（cm）：
　M$_{bm}$ 的視界半徑；R$_{bm}$≡L$_p$[3]≡(Gh/2πC^3)$^{1/2}$≡1.61×10^{-33}cm

T$_{bm}$（k）：
M$_{bm}$ 在 R$_{bm}$ 上的溫度；T$_{bm}$≡T$_p$≡0.71×10^{32}k，宇宙最高溫度

t$_{sbm}$（s）：
M$_{bm}$ 的史瓦西**時間** t$_{sbm}$=R$_{bm}$/C= 0.537×10^{-43}s
=1.61×10^{-33}/3×10^{10}

ρ$_{bm}$（g/cm3）：
M$_{bm}$ 的密度= 0.6×10^{93}g/cm^3

λ$_{ss}$（cm）：
m$_{ss}$ 的波長，λ$_{ss}$ = 2R$_b$

τ$_b$（s）：
黑洞的壽命（秒）

dτ$_b$（s）：
黑洞發射 2 鄰近霍金輻射粒子 m$_{ss}$ 的間隔時間（秒），

m$_p$（g）= (hC/8πG)$^{1/2}$ 普朗克粒子 = M$_{bm}$

L$_p$（cm）= (Gh/2πC^3)$^{1/2}$：普朗克長度

T$_p$（k）= m$_p$C^2/κ = 0.71×10^{32}k：普朗克溫度

EGTR，即「廣義相對論方程」，可簡稱為「場方程」

M_u（我們宇宙的總質能量）$= M_{ub}$（宇宙黑洞的總質-能量）
$= 8.8 \times 10^{55} g$

$R_u = R_{ub} = 1.2 \times 10^{28} cm$：
即 M_u 和 M_{ub} 的視界半徑，$R_u = Ct_u = CAu$

$Au = tu = tub$：
宇宙的年齡或宇宙黑洞的史瓦西時間$=137$ 億年$=4.32 \times 10^{17} s$。

I_o（$g{*}cm^2/s$）$= h/2\pi$：
黑洞霍金輻射 m_{ss} 的信息量$=$宇宙中最小的信息量$= M_{bm}$ 和 m_p 的信息量$=$宇宙中任何輻射能的信息量

$S_{Bbm} = \pi$，最小黑洞的熵 $=$（$M_{bm} = m_p$ 的熵）$=$ 宇宙中最小的熵

$I_m = 4GM_b^2/C$：黑洞 M_b 的總信息量

$S_B = S_b = 2\pi^2 R_b^2 C^3/hG = \pi I_m /I_o$ ：黑洞 M_b 的熵總量

下面是本書中的一些重要公式，前面有**者是作者新推導出來的公式。

$M_b T_b = (C^3/4G) \times (h/2\pi\kappa) \approx 10^{27} gk$ -- (1a)：
霍金黑洞 M_b 在 R_b 上的溫度公式

$E = m_{ss}C^2 = \kappa T_b = Ch/2\pi\lambda = \nu h/2\pi$ - (1b)：
輻射能在黑洞 M_b 的 R_b 上的不同能量的轉換公式，作者根據愛因斯坦的質-能轉換公式 $E = m_{ss}C^2$ 對霍金輻射 m_{ss} 提出的多種能量轉換公式

$GM_b / R_b = C^2/2$ - (1c)
史瓦西對 EGTR 的特殊解，規定了黑洞存在的充要條件

** $m_{ss}M_b = hC/8\pi G = 1.187 \times 10^{-10} g^2$ --(1d)：
作者新推導出來的黑洞在 R_b 上的一個普遍有效公式

**$m_{ss} = M_{bm} = (hC/8\pi G)^{1/2} = m_p = 1.09 \times 10^{-5} g$ -- (1e)：
作者新推導出來的任何黑洞最後消亡的普遍公式

$\tau_b \approx 10^{-27} M_b^3$ （s）：
霍金黑洞因發射霍金輻射 m_{ss} 而消亡的壽命公式

**$d\tau_b \approx 0.356 \times 10^{-36} M_b$ （s）：
作者新推導出來的任何黑洞發射 2 個相鄰的霍金輻射 m_{ss} 所需時間間隔的公式，

$S_a / S_b = 10^{18} M_b / M_\theta$：
霍金・伯恩斯坦的恆星塌縮前後熵改變的公式

$S_B = S_b = 2\pi^2 R_b^2 C^3/hG$：
霍金的黑洞熵總量的公式

**$I_o = h/2\pi$：
作者新推導出來的所有黑洞 M_b 的霍金輻射 m_{ss} 的信息量都相等的公式。I_o 與 M_b 和 m_{ss} 的量無關

**$I_m = 4GM_b^2/C$：
作者新推導出來的黑洞 M_b 的總信息量公式

**$S_{Bbm} = \pi$：
作者新推導出來的普朗克粒子 m_p 和最小黑洞 M_{bm} 的熵公式，即是宇宙中黑洞最小的熵。

**$2GM_b m_{ss} / (hC / 4\pi) = 1$：
判別霍金輻射 m_{ss} 能否逃出黑洞 M_b 的判別式

**$\lambda_{ss} = 2R_b$：
黑洞霍金輻射 m_{ss} 的波長 λ_{ss} 與其視界半徑 R_b 的關係

第一篇　黑洞理論的新進展和完善——作者對黑洞理論的新發展達成了黑洞理論、宇宙學、基本信息理論之間的結合和統一

> 康德:「世界上有兩件東西能夠深深地震撼人們的心靈,一件是我們心中崇高的道德準則,另一件是我們頭頂上燦爛的星空。」

序言

作者在本書第一篇中對黑洞理論和宇宙學的新的重要貢獻如下:

1. 作者簡單地推導出來霍金輻射 m_{ss} 與黑洞總能量質量 M_b 的準確的新公式(1d),即 $m_{ss}M_b=hC/8\pi G = 1.187\times10^{-10}g^2$,黑洞是宇宙中最神秘的天體,作者新公式(1d)的出現,打開了進入黑洞理論的神秘大門,並完善了黑洞理論。

2. 更進一步,在極限情況下,作者得出另一個極重要的新黑洞公式(1e),$m_{ss} = M_{bm} = (hC/8\pi G)^{1/2} = m_p = 1.09\times10^{-5}$ 克(最小黑洞),而最小黑洞 $M_{bm}\equiv m_p$。此公式 的重大意義就是將黑洞、宇宙誕生、熵、信息量與普朗克領域緊密地聯繫在一起了。從而直接簡單排除了在宇宙中出現「奇點」的可能性。由於黑洞的總質—能量 M_b 與 m_{ss} 都與黑洞內部的成

分、結構和運動狀態無關，因此，在論證黑洞的生長衰亡演變中，複雜無解的廣義相對論方程=EGTR 就可以被作者在本文中置之高閣了。

3. 黑洞的最本質屬性之一就是，一旦一個黑洞形成之後，不管它是因吞噬外界質-能量而膨脹，還是因發射霍金輻射而縮小，在其最後收縮為最小黑洞 M_{bm} = 普朗克粒子 m_p、而消亡在普朗克領域之前，它會永遠是一個黑洞。

4. 證實公式(1c)和（1d）$m_{ss} M_b = hC/8\pi G = 1.187 \times 10^{-10} g^2$ 的物理意義是黑洞 M_b 對 m_{ss} 在 R_b 上的引力與其離心力的平衡，位能與其動能的平衡。推導出 m_{ss} 逃出黑洞的判別公式（4ea）；並論證了黑洞發射 m_{ss} 的機理與恆星發射電磁波的機理是相同的，都是熱輻射由高能向低能、高溫向低溫的自然流動。霍金用狄拉克海的虛粒子對來解釋是在故弄玄虛，不符合宇宙的實際情況。

5. 證明了任何一個黑洞的霍金輻射 m_{ss} 的信息 $Io = h/2\pi$ = 基本單元信息量=最小黑洞 M_{bm} 和普朗克粒子 m_p 的信息量，而與黑洞的總質—能量 M_b 和 m_{ss} 的大小無關。推導出來黑洞的總信息量的新公式 $I_m = 4GM_b{}^2/C$ (63d)。並證明了黑洞的熵就是其信息量。並用公式將黑洞的 M_b、m_{ss} 和 I_0 統一起來了。

6. 論證了霍金・伯恩斯坦提出的恆星塌縮前後的熵比公式的物理意義。

　　關鍵字：黑洞理論；宇宙學；史瓦西（引力）黑洞；普朗克粒子 m_p；黑洞的霍金輻射 m_{ss}；最小黑洞 M_{bm}；普朗克粒子 m_p；宇宙黑洞；霍金輻射的信息量 I_o；單元信息量 I_o；黑洞的總信息量 I_m；黑洞的總熵 S_B；黑洞在其視界半徑 R_b 上的 5 個普遍公式。

1-1 史瓦西黑洞在其視界半徑 R_b 上的 5 個普遍公式和普朗克領域：5 個公式奠定了新黑洞理論的基礎

老子：「大道至簡」

笛卡耳：「真理得我們自己去尋找」

在本書中，只研究無旋轉、無電荷、球對稱的引力黑洞，即史瓦西黑洞。

1-1-0 黑洞理論的起源、發展和完善過程，一些黑洞公式提出的歷史淵源

廣義相對論方程無法解決黑洞和宇宙學中的問題。因為其一般解無法解出。用愛因斯坦的話說，該方程完美到無法加進去任何東西。其先天的缺陷是場方程中無熱力以對抗引力。[6] 其後天的缺陷是，以後的學者們就只能退而求其次，力圖找出該方程的特殊解，為此就要提出許多簡化假設作為解方程的邊界條件和前提，其中有 2 個通用而主要的假設條件就是：一團質-能粒子的等質能量運動和零壓（等壓）宇宙模型，其目的是將一團宇宙中物質粒子的運動簡化（理想化）為可用經典力學的方程來處理。然而，正是這 2 個假設條件違反了現實宇宙中之最重要而普遍的規律---熱力學定律，[4]

從而導致解場方程時出現「奇點」、史瓦西度規和「弗里德曼」(Freidmann)方程 R-W 度規（Robertson-Walker 度規）等不切實際的錯誤結論。[4] 而解 EGTR（場方程）又須知其內部物質密度等分佈，這是一條走不通的道路和方法。這就是近 100 年來，除了由解場方程得出少數幾個近似解外，而無普遍建樹的原因。[4]

儘管黑洞 (Black hole)一詞遲至 1968 年才由美國的天體物理學家惠勒（J.A. Wheeler）在一次講座中首先提出來（講座的題目是「我們的宇宙，已知的和未知的」，但早期拉普拉斯描述的「黑星」正是「黑洞」這種天體。

（1）蜜雪兒和拉普拉斯 Laplace (1749 - 1827)首先提出了「黑星」即現代的「黑洞」的概念。

18 世紀末，約翰·蜜雪兒（Jhon Michell）牧師和皮爾·西蒙·拉普拉斯（Pierre Simon Laplace）把對光速有限的認識與牛頓力學中的逃逸速度概念結合起來，從而發現引力的最富魅力的結果：「黑星」即「黑洞」。[5]

第一位提出可能存在引力強大到光線不能逃離「黑星」的人是約翰·蜜雪兒，他於 1783 年向英國皇家學會陳述了這一見解。蜜雪兒的計算依據是牛頓引力理論和光的微粒理論。他把光設想為有如小型炮彈的微小粒子（現在叫光子）流。蜜雪兒假定，這些光粒子應該像任何其它物體一樣受到引力的影響。由於奧利·羅默（Ole Romer）早在 100 多年前就精確測定了光速，所以蜜雪兒得以計算一個具有太陽密度的天體必須多大，才能使逃逸速度等於光速。[7] 如果這樣的

天體存在，光就不能逃離它們，所以它們應該是黑的。蜜雪兒在一次特具先見之明的評論中指出，雖然這樣的天體是看不見的，但如果其它發光體圍繞它們運行，我們仍有可能根據繞行天體的運動軌跡推斷中央天體的存在。換言之，如果黑洞存在於雙星中，就最容易被發現。但這一有關黑洞的見解在 19 世紀被遺忘了。[7]

皮爾・西蒙・拉普拉斯（Pierre Simon Laplace）於 1796 年得出了同樣的結論。拉普拉斯在其《宇宙體系論》裡有一段話：「天空中存在著黑暗的天體，像恆星那樣大，或許也像恆星那樣多，一個具有與地球同樣的密度而直徑為太陽 250 倍的明亮星球，它發射的光將被它自身的引力拉住而不能被我們接收，正是由於這個道理，宇宙中最明亮的天體很可能卻是看不見的。[2][5]」

現在按照拉普拉斯的上述論點作一些驗算。

根據牛頓定律，設整體物體的質量 M 對其邊界半徑 R 上粒子質量 m 的引力與離心力達到平衡，即 m 在 R 上作圓周運動時，得出第一宇宙速度 v_1，

$$v_1^2 = GM/R \qquad\qquad (a)$$

上式中 G 是引力常數。如果 m 能逃出 R 而回不來的徑向速度 v_2 為逃逸速度，即第二宇宙速度，按照 m 勢能與其動能平衡原理，

$$v_2^2 = 2GM/R \qquad\qquad (b)$$

對地球而言，$v_1 \approx 8km/s$，　$v_2 = 2^{1/2} v_1 \approx 11.2km/s$

現在根據羅默和拉普拉斯上面提出了的資料進行驗算，

G：萬有引力常數=$6.67×10^{-8}cm^3/s^2*g$，

取地球密度 ρ_e = $5.5g/cm^3$，太陽半徑 R_θ=$7×10^{10}cm$，得：

v_2^2=$2×6.67×10^{-8}×4\pi×5.5×(7×10^{10}×250)^2/3$

=$307×10^{-8}×(7×10^{10}×250)^2$

∴v_2 =$3.067×10^{10}cm/s$ = C － －光速。

這表明拉普拉斯的資料和計算都是正確的，並與近代測出的光速 C 極其相符。可見，將光作為有質量粒子並無不可。

然而，這只是拉普拉斯想像的、虛構的、不可能在自然界存在的黑洞，因如此龐然大物而有 $5.5g/cm^3$ 的地球密度，在其形成大黑洞前，必然早已塌縮成無數單獨的 $3M_\theta$ 恆星級（M_θ—太陽質量 $2×10^{33}g$）小黑洞了。

（2）史瓦西（愛因斯坦，引力）黑洞是無電荷、無旋轉、球對稱的基本黑洞，史瓦西對廣義相對論方程的特殊解建立了黑洞 M_b 和視界半徑 R_b 的史瓦西公式，即對場方程的特殊解，它是黑洞存在的充要條件，是黑洞的第一個公式。

1915 年 12 月，愛因斯坦廣義相對論剛發表一個月後，德國天文學家 Karl Schwarzschild，即卡爾‧史瓦西得到了一個用廣義相對論彎曲空間概念描述的球狀物體周圍引力場的精確解。史瓦西指出，如果緻密天體的全部質量壓縮到某一半徑 R_b 範圍內，它周圍的空間就因引力而足夠彎曲到任何物質和輻射都逃不出來，這一天體就成為黑洞。[2] 後人稱這一半徑 R_b 為史瓦西半徑，或視界半徑 R_b。

$GM_b/R_b = C^2/2$　[2]　（1c）

(1c)式就是黑洞存在的充要條件，它是由解複雜的廣義相

對論方程得出的。

　　將(1c)式與（b）式相比較，在 $v_2 = C$ 時，二者是完全相同的。說明任何物質和輻射都逃不出物體和黑洞的機理沒有什麼區別，完全取決於 M_b/R_b 之比，當 $2GMb/R_b = C^2$ 達到 C^2 時，就成為黑洞；當 $2GM/R = v_2^2$ 小於 C^2 時，就是普通物體。

　　如果黑洞外的粒子或輻射只能在 R_b 上或在 R_b 外附近作圓周運動，而受 M_b 的引力作用，不能離開 R_b 而逃到黑洞外界，如用牛頓力學解釋，粒子或輻射 m 的離心力與其中心物質 M 或 M_b 的總引力達到平衡，其速度即為(a)式中的 v_1；如用廣義相對論的觀點表示，輻射只能在以 R_b 為圓周上依測地線運動，$v_1 = C$。將(1c)式與(a) 式作比較，它們之間的差別在於：牛頓力學是將物體的總質量都集中到中心作為中心點引力，而在相對論中，物體的總質量是作為均勻分散在整個半徑 R_b 的球體內的質點來處理的。

　　由上可見，牛頓力學的(a) (b) 式與相對論力學的(1c)的形式是幾乎完全一樣的，物質或輻射 m 的運動速度和軌跡都同樣為物體 M 或黑洞 M_b 總質量的引力和 M/R 或 M_b/R_b 值所決定。在我們所處的現實宇宙時空中，綜合運用牛頓力學、量子力學、熱力學幾乎能解決黑洞和宇宙學中所有問題，廣義相對論的時空結合觀是對的，但是時空是如何結合的呢？EGTR 中的單純引力能正確的描述真實時空的結合嗎？事實表明經簡化後得出許多的解都是錯誤的（見第三篇）。

　　由廣義相對論得出的黑洞是一個在宇宙中只會因吞噬外界能量-物質長大而永不消失的怪物。一旦黑洞生成，它只會

吸收外界能量-物質而膨脹增大，在宇宙中永不消失。所以它違反宇宙中任何事物都有生長衰亡的普遍規律。所以史瓦西解(1c)式只規定了形成黑洞存在的充要條件。

（3）霍金黑洞證明黑洞會因發射霍金輻射 m_{ss} 損失質-能量而縮小。霍金的黑洞理論是劃時代的偉大而符合宇宙客觀實際的理論，它是建立在熱力學和量子力學的堅實的實驗基礎上的。霍金提出了在黑洞視界半徑 R_b 上有溫度 T_b，就是一個冷源，能發射熱輻射，即量子輻射 m_{ss}。霍金建立的黑洞總質能量 M_b 與視界半徑 R_b 上的溫度 T_b 的公式是對黑洞理論的最重大的貢獻之一。其溫度公式為：

$$T_b M_b = (C^3/4G) \times (h/2\pi\kappa) \approx 10^{27} gk \quad [1] \qquad (1a)$$

霍金的上述黑洞溫度公式(1a)的推導（見王永慶：黑洞物理學）[1] 證明很複雜，我們用上述結果即可。它表明，黑洞會因發射霍金量子輻射而縮小消亡，否定了史瓦西黑洞只會吞噬外界能量-物質長大而不衰亡的錯覺，使黑洞與宇宙中的任何物體一樣，具有生長衰亡的普遍規律。所以正是霍金的黑洞理論挽救了廣義相對論的黑洞理論。

但是，霍金沒有推導出霍金量子輻射 m_{ss} 的質量和黑洞總質能量 M_b 之間的準確公式，只知霍金黑洞會損失其質-能而收縮，沒有推論出黑洞收縮的最終命運是成為普朗克粒子 m_p 而消失在普朗克領域。這使黑洞理論仍存在重大的缺陷，無法知道黑洞是如何生長衰亡的。

霍金黑洞理論的溫度公式(1a)與史瓦西在其視界半徑 R_b 上的(1c) 一起只有 2 個公式，但僅有這 2 個公式遠遠不能解

決黑洞理論中其餘的重大問題，特別是因為不知道霍金輻射 m_{ss} 的性質和量，就不能知道黑洞的許多重要性能，及其生長衰亡的規律。

遺憾的是，也許由於霍金的「智者千慮必有一失」，或忙於從虛幻的狄拉克海的真空能去尋找霍金輻射 m_{ss}。所以他最終沒有求出霍金輻射 m_{ss} 與黑洞質能量 M_b 之間的準確關係和公式，而使作者現在有「愚者千慮必有一得」的僥倖。作者在本書中只跨出了一小步，就得出來 m_{ss} 和 M_b 的好幾個黑洞重要和普適的新公式。

（4）作者提出的新公式完善了黑洞理論。根據能量粒子的引力能轉化為輻射能的閥溫公式 $m_{ss}C^2 = \kappa T_b$，將它代入公式(1a) 式，作者建立了黑洞 M_b 和霍金輻射 m_{ss} 的另一個重要的普適公式(1d)。

$$m_{ss} M_b = hC/8\pi G = 1.187 \times 10^{-10} g^2 \qquad (1d)$$

作者由(1d)式進一步推導出來了(1e)式，將黑洞和宇宙的演變與普朗克領域天衣無縫地連接起來了。(1e)式規定了黑洞只會因發射霍金輻射 m_{ss} 而最終成為普朗克粒子 m_p，消亡在普朗克領域，而不可能收縮成為無限大密度的「奇點」。

$$m_{ss} = M_{bm} = (hC/8\pi G)^{1/2} = m_p = 1.09 \times 10^{-5} g \qquad (1e)$$

5 公式(1c) 、(1b)、(1a)、(1d) 、(1e)準確地表明，只要符合(1c)式形成了史瓦西黑洞後，就必然在其視界半徑 R_b 上有符合(1a)的溫度 T_b，就必然有符合公式(1d)的霍金輻射 m_{ss} 從黑洞的 R_b 上發射出來，使任一黑洞 M_b 慢慢地減少而後消失，直到最後按照公式（1e）在普朗克領域解體消亡，完成黑洞從

生長到衰亡的一個輪迴。

　　因此，5 個公式(1a)、(1b)、(1c)、 (1d)、(1e) 形成了新黑洞理論的一個完整體系。才首創地使黑洞理論成為完整的理論。這個完整的理論在於僅僅根據黑洞 4 個參數 M_b，R_b，T_b，m_{ss} 在其 R_b 上的膨脹和收縮的變化就可以決定黑洞的命運，而無需知道黑洞內部的狀態和結構。因此，複雜的廣義相對論方程就可以被作者在本書《黑洞宇宙學》裡廢除了。

　　（5）用廣義相對論方程（EGTR）去解決黑洞和宇宙學問題是不可能的，因為其一般解無法解出。

　　用愛因斯坦的話說，EGTR 方程完美到無法加進去任何東西。其先天的缺陷是場方程中的粒子僅有引力的單項作用，而無熱力以對抗引力，因此它是一個不穩定的動力學方程。[4]其後天的缺陷是，其後的學者們就只能退而求其次，力圖找出該方程的特殊解，為此就要提出許多簡化假設作為解方程的邊界條件和前提，其中有 2 個通用而主要的假設條件就是：一團質-能粒子的等質能量運動（封閉系統）和零壓（等壓）宇宙模型，其目的是將一團宇宙中物質粒子的運動最後簡化（理想化）為可用經典力學的方程來處理。然而，正是這 2 個假設條件違反了現實物理世界中之最重要而普遍的規律---熱力學定律，[4] 從而導致解場方程時出現「奇點」、史瓦西度規和「弗里德曼」（Freidmann）方程 R-W 度規（Robertson-Walker 度規）等背離實際的錯誤結論。[4]而解 EGTR（場方程）又須知其內部物質密度等分佈，這是一條走不通的道路和方法。這就是近 100 年來，除了由解場方程得出少數幾個近似解外，而無普遍建樹的原因。[4]

1-1-1　史瓦西（引力）黑洞 M_b 在其視界半徑 R_b 上的 5 個普遍公式，共同構成了作者在本書中新黑洞理論的基礎

　　找出 4 個物理參數 M_b，R_b，T_b，m_{ss} 在黑洞視界半徑 R_b 上的 5 個普遍正確有效的公式，這 5 個公式決定了黑洞的性質及其生長衰亡的規律，它們奠定了本書黑洞新理論的基礎。所有黑洞必須服從下面的(1a)、(1b)、(1c)、(1d)、(1e)等 5 個普遍公式，違反者就不是黑洞。

　　本書只研究無電荷、無旋轉、球對稱的史瓦西黑洞。計算全用 cgs 制。

　　本書下面直接採用的舊的經典公式 (1a)，(1b)，(1c)，其來源和推導都高深複雜，但它們是現今物理世界行之有效的基本公式，本書只應用其正確的結果，以進一步根據(1a)，(1b)，(1c) 3 式推導出來(1d)，(1e)新公式，這 5 個公式構成本書新理論的 5 根頂樑柱和根基。

　　黑洞是 4 大經典理論，即牛頓力學，相對論、熱力學和量子力學的基本原理和公式綜合性的產物。從黑洞的 4 個在其視界半徑 R_b 上的基本參數 M_b，R_b，T_b，m_{ss} 完全取決於 4 個自然常數 h，C，G，κ 的不同組合就可看出來，G 表示牛頓力學中的萬有引力；κ 表示熱力學的基本性質；h 表示量子力學的基本原理，即測不准原理；C 表示相對論的基本公式 $E = mC^2$。可見，黑洞理論中的問題就只能運用上述經典理論綜合來解決，這是正道；什麼弦論、膜論、多維理論、量子引力

論等都對黑洞無濟於事。因為這些新理論與黑洞處在不同的時空內，有其不同的物質能量形態和運動規律。

（1）下面(1a)是霍金推導出來的著名的黑洞在其視界半徑 R_b 上的閥溫公式：

$$M_b T_b = (C^3/4G) \times (h/2\pi\kappa) \approx 10^{27}gk \quad [1] \quad (1a)$$

M_b—黑洞的總質-能量；R_b—黑洞的視界半徑， T_b--黑洞的視界半徑 R_b 上的溫度（閥溫），m_{ss}—黑洞在視界半徑 R_b 上的霍金輻射的相當質量，h—普朗克常數 $= 6.63\times10^{-27}g_*cm^2/s,$ C -- 光速 $=3\times10^{10}$ cm/s， G - -萬有引力常數 $=6.67\times10^{-8}cm^3/s^2{}_*g$，波爾茲曼常數 $\kappa=1.38\times10^{-16}$ $g_*cm^2/s^2{}_*k$，L_p—普朗克長度；T_p—普朗克溫度；最小黑洞 M_{bm} 的視界半徑 R_{bm} 和 R_{bm} 上的溫度 T_{bm}。

m_{ss} 既然是黑洞在 R_b 上的霍金量子輻射，就必須按照是在視界半徑 R_b 上的 T_b 作為閥溫，作為冷源，能將引力能完全轉換為輻射能和將輻射能改變溫度為閥溫，再根據能量粒子的波粒二重性，就必然會得出下面普遍適用的(1b)式。作者在這裡頭一次將輻射能 E_{ss} 的相當質量、溫度、波長的 3 種能量的轉換統一在一個公式(1b)裡，並且確信(1b)式在理論和計算上是正確的，就是說，在本書中各處，認為輻射能都是具有相當的引力質量的 m_{ss}，這是與廣義相對論方程概念的重大區別之一。(1b)式顯示了輻射能性質的多面性和複雜性，輻射能又是信息量和熵的體現（見下面第 1-6 章），再加上其紅移藍移和量子的諸多複雜特性，但是人們現在對輻射能 E_{ss} 的特性及

其互相之間作用的複雜性認識是很不夠的。

$$E_{ss} = m_{ss}C^2 = \kappa T_b = \nu_{ss}h/2\pi = Ch/2\pi\lambda_{ss} \ ^{[2]} \qquad (1b)$$

再根據史瓦西對廣義相對論方程的特殊解，

$$GM_b/R_b = C^2/2 \qquad (1c)$$

將 $m_{ss}C^2 = \kappa T_b$ 代人 (1a)，得出另一個黑洞在 R_b 上的新普遍公式：

$$m_{ss} M_b = hC/8\pi G = 1.187 \times 10^{-10} g^2 \qquad (1d)$$

公式(1b)和 (1d) 都是黑洞的視界半徑 R_b 上普遍有效的公式。既然(1a)中之 $M_b T_b$ 和 (1d)中之 $m_{ss}M_b$ 之積為常數，根據熱力學第三定律，必定有 $T_b \neq 0$ 和 $T_b \neq \infty$ 無窮大，因此，依次可得出 $M_b \neq 0$，$m_{ss} \neq 0$，$R_b \neq 0$，$\rho_b \neq 0$ 等和都不能是無窮大。就是說，m_{ss} 和 M_b 都必定有個極限。同樣，按照(1a)、(1b)，(1c)式，T_b、R_b 也都不可能是無限大和零，都必定有個極限。再根據部分不可能大於全體的公理。這個極限就是(1d)中最大的 m_{ss} 必定等於最小的 M_{bm}，即 $M_b = M_{bm}$ = $m_{ss} = (hC/8\pi G)^{1/2}$。 再從量子引力論得知 $(hC/8\pi G)^{1/2} = m_p^{[3]}$ =普朗克粒子[3]。於是黑洞 M_b 最後只能收縮成為 $m_p^{[3]}$=普朗克粒子 = 最小黑洞 M_{bm}。於是：

$$m_{ss} = M_{bm} = (hC/8\pi G)^{1/2} = m_p = 1.09 \times 10^{-5} g \qquad (1e)$$

因此，最小黑洞 M_{bm} 的其它參數 R_{bm}，T_{bm}，t_{sbm}，ρ_{bm} 的公式和數值如下：

$$\therefore R_{bm} \equiv L_p^{[3]} \equiv (Gh/2\pi C^3)^{1/2} \equiv 1.61 \times 10^{-33} cm \qquad (1g)$$

$$\therefore T_{bm} \equiv T_p^{[3]} \equiv 0.71 \times 10^{32} k \qquad (1h)$$

$$\therefore R_{bm} m_{ssm} = h/(4\pi C) = 1.0557 \times 10^{-37} cmg \qquad (1i)$$

∴最小黑洞 M_{bm} 的康普頓時間 Compton time $t_c =$ 史瓦西時間 t_{sbm} ，　於是：

∴$t_c = t_{sbm} = R_{bm}/C = 1.61 \times 10^{-33}/3 \times 10^{10} = 0.537 \times 10^{-43}s$　　(1j)

∴$\rho_{bm} = 0.6 \times 10^{93}g/cm^3$　　　　　　　　　　　(1k)

從　$M_b = 4\pi\rho R_b^3/3$ 和 (1c)，對於任何一個黑洞，下面的(1m)式總是有效的。

$\rho_b R_b^2 = 3C^2/(8\pi G) = Constant = 1.6 \times 10^{27}g/cm$　　(1m)

(1m)式中，R_b 不可能為 0，其最小值是就 R_{bm}。所以 ρ_b 也不可能為無窮大，(1e)式表示的黑洞不可能塌縮成為「奇點」而否定了 EGTR。詳見下面第二章。

舉例：太陽質量 $M_\theta = 2 \times 10^{33}g$，如 M_θ 成為 1 黑洞（實際不可能），按照(1c)，其 $R_{bs} = 1.48 \times 10^{-28}M_{bs} = 3km$，按照(1m)，其 $\rho_{bs} = 2 \times 10^{17}g/cm^3$。

（2）如何求出最小黑洞 M_{bm} 的前身—次小黑洞 M_{bs}？

可以粗略的認為 M_{bm} 與 m_{ss} 是從某一個前身黑洞—次小黑洞 M_{bs} 最後分裂出來的 1 個極短命的最小黑洞 M_{bm}，和等於普朗克粒子（最大輻射能）m_p。因此，它在宇宙中就是非最短命而獨立存在過的就是次小黑洞=M_{bs}。∴$M_{bs} \approx 2M_{bm}$.

當然，也可利用（1d）式 $m_{ss} M_b = hC/8\pi G$ 精確地求出 $M_{bm} = m_{ss}$ 的前身—次小黑洞 M_{bs}。由於 M_{bs} 最後分裂為 M_{bm}，所以可從 $m_{ss} M_{bs} = hC/8\pi G$，轉變為：

$M_{bs}（M_{bs} - M_{bm}）= hC/8\pi G = M_{bm}^2$ ，

所以，$M_{bs}^2 - M_{bm}M_{bs} = M_{bm}^2$

於是：$M_{bs} = 1.62 M_{bm} \approx$

　　（$2M_{bm} = 2m_{ss} = 2m_p = 2.2×10^{-5}$g）　　（1n）

　　就是說，從（1n），最小黑洞 M_{bm} 的前身——次小黑洞 M_{bs} =（1.62~ 2）M_{bm}。

　　（3）黑洞是宇宙中最簡單的物體實體。

　　從以上可見，黑洞在 R_b 上的 4 個物理量（參數），即 M_b、R_b、T_b、m_{ss} 可以完全由 4 個獨立的公式(1a)、(1b)、(1c)、(1d) 得出。具有如下特點：第一；在 4 個物理量中，只要 1 個確定了，其它 3 個也跟著被單值準確地確定了。第二；4 參數之間都是簡單的單值關係，第三；各個物理量都與 4 個自然常數 h，C，G，κ 相對應，與它們有某種確定的關係。第四；4 個物理量只影響黑洞在視界半徑 R_b 上的狀態，而與黑洞內部的成分、狀態和結構沒有關係。所以，同等質量 M_b 黑洞的狀態、性質和 4 個物理量是完全相同的，與其內部的狀態結構無任何關係。第五；決定黑洞 5 個物理量的公式中(1d)，(1e)，2 式是作者新推導出來的，由於有了新的(1d)式，才能推導出 (1e)公式，(1e)式決定了黑洞的命運，有了這 2 個公式，才使黑洞理論趨向完善。

　　（4）進一步的分析和結論：

　　第一、所有黑洞不管是如何形成的，在其視界半徑的 4 個參數 M_b，R_b，T_b，m_{ss} 決定了其 R_b 的膨脹和收縮，其最後的命運都是因發射霍金輻射而按照(1h)式收縮到宇宙最高溫度 $T_{bm} \equiv T_p$ [3] $\equiv 0.71×10^{32}$k 時，變成為普朗克粒子 $m_p = M_{bm}$ 而解體消失在普朗克領域 Planck Era，此時宇宙物質的結構發生相變，所有上述的黑洞理論和公式都失效，在普朗克領域，

我們現在所知的唯一的公式可能就是測不准原理的下面公式（2c）。正如理想氣體的狀態方程 $pV/T = $ 常數，溫度 T 不可能變為 0^0k，而只能在 $k = 100^0C$ 時，物質產生相變，氣體變成液體，$pV/T = $ 常數失效。因此，宇宙中物體物質隨溫度的改變而發生結構改變的相變是最普遍的規律。不同結構的物質物體要用不同的公式描述其運動狀態的變化規律。

　　第二、本文中的所有結論就與 ETGR 的結論完全不同。因為以往的科學家們為了能解出複雜的 ETGR，提出了許多違反熱力學定律的簡化假設，[4]如忽略了物質粒子的熱抗力、忽略溫度密度的改變而造成熱抗力的增減，提出宇宙學原理等等，結果導致出現「奇點」和許多背離實際的謬論。

　　第三、公式（1e）將「普朗克領域」與我們現實的「物質和輻射能」的「黑洞宇宙」天衣無縫的連接起來了。由於所有的學者，包括霍金，都未得出（1d）（1e）式，不知道黑洞最後只能收縮成 $M_{bm} = m_{ss} = m_p$，而盲目地提出許多假設，才在解 EGTR 時，得出荒謬的「奇點」結論。

　　第四、M_{bm} 稱之為最小黑洞。對公式（1n）的解釋如下。我們宇宙可能存在的真實的次小黑洞是 M_{bs}，它最後一次分解為極短命的最小黑洞 $M_{bm} = m_{ss} = m_p$，而立即在「宇宙最高溫度和最短壽命」的情況下，成為最高能量的普朗克粒子 m_p，因 m_p 內無足夠時間傳遞引力，而解體在普朗克領域。

　　第五、在霍金黑洞理論裡，黑洞只發射霍金輻射 m_{ss}，從下面第 1-4 章可見，黑洞內小於 m_{ss} 的輻射能，是可以自由流出黑洞之外的。

1-1-2 5 個在黑洞視界半徑 R_b 上的公式共同組成了作者新黑洞理論的基礎

上面(1a)、(1b)、(1c)、(1d)、(1e) 5 個公式共同組成了作者本文中的新黑洞理論的基礎，他們不僅定量地確定了黑洞生長衰亡的演變規律和命運，還將人類現今所處的物質物理世界與普朗克領域天衣無縫地連接起來了。而且在本文的第1-6 章中將物質—能量—信息和熵也定量地聯繫統一起來了。這足以證明新黑洞理論及其 5 個公式是理論上自洽的、各物理常數值是經得起實踐的檢驗的，應該是完全正確的。它們之所以正確而符合實際，是因為(1a)，(1b)，(1c) 3 個公式是經典理論中正確而符合實際的基本公式，(1a)式-- $M_b T_b = (C^3/4G) \times (h/2\pi\kappa)$ 是建立在量子力學和熱力學基礎上的霍金的黑洞溫度公式，黑洞的總質能量 M_b 和霍金輻射量子溫度 T_b 由代表萬有（牛頓力學）引力的常數 G，量子力學的普朗克常數 h 和熱力學的波爾茲曼常數 κ 所決定。(1b)式-- $E = m_{ss}C^2 = \kappa T_b = Ch/2\pi\lambda_{ss}$ 是由相對論力學、量子力學和熱力學的基本常數 C，h，κ 所決定，(1c)式-- $GM_b/R_b = C^2/2$ 是由相對論力學和牛頓力學的基本常數 G，C 所決定。而作者由這 3 式新推導出來的(1d)式-- $m_{ss}M_b = hC/8\pi G$ 和 (1e)式-- $m_{ss} = M_{bm} = (hC/8\pi G)^{1/2} = m_p = 1.09 \times 10^{-5} g$ 由於 m_{ss} 的量子化，只與 h，C，G 有關，而與熱力學的 κ 無關。

為什麼這 5 個公式的組合能正確而有效地在黑洞理論和宇宙學中解決問題，甚至物理學的基本重大的問題，而解廣

義相對論方程 EGTR 的結果卻得出許多背離實際的荒謬結果呢？因為 EGTR 中沒有量子力學和熱力學中的 h 和 κ 的效應，背離了物理世界的真實。因此，EGTR 不能正確地解決黑洞與宇宙學中的問題，只能出錯，而成為某些物理學家們手中的花瓶。今後用作者的 5 個新黑洞理論公式群以取代 EGTR 解決黑洞和宇宙學中的問題就是正確簡單有效的。

1-1-3 為什麼用 5 個公式的組合能有效地解決黑洞和宇宙學中的許多重要問題，而廣義相對論方程（EGTR）卻無能為力？

也許，人們企圖在物理學中建立一個完整理論的邏輯體系是徒勞的。（請參看後面第三篇 3-4 章的表一）

本篇向大家提出了一個尖銳的問題：如要解決黑洞和宇宙學中問題，是用一個有一些附加前提條件的統一的方程，如 EGTR 去解決好呢，還是用幾個現成的、被實踐證明有效又廣泛運用於多個領域的 5 個公式群組去共同解決好呢？

首先要明瞭的是：作者黑洞的 5 個公式來源於現今以質子為基石、物質能量可互換的物理世界，沒有附加任何條件而有效地適合於這個世界。而廣義相對論方程在加了足夠符合現實物理世界的附件條件後，卻解不出來；而加了部分符合現實物理世界的附件條件後，解出來方程必然背離實際，得出謬論。

EGTR 雖然是一個完整理論的邏輯體系，但它太複雜，解

方程需要許多錯誤的前提條件，如等質-能量的封閉系統，可逆過程，等壓均勻宇宙模型等；必然得出「奇點」和其它的背離實際的諸多謬論。學者們又熱衷於利用虛幻的「奇點」製造出無法證實的「白洞」、「蟲洞」、「多維宇宙」等更大的幻想。遺憾的是作者的 5 公式組群顯然打破了 EGTR 上述的美麗幻想，但卻能夠解決黑洞和宇宙學中許多實際問題，構成了一個實際可計算出資料的一套完整理論的邏輯體系。

溫伯格（S.Weinberg）在他的《引力論和宇宙論——廣義相對論的原理和應用》一書的開篇，寫下這樣一段話：「物理學並不是一個已完成的邏輯體系。相反，它每時每刻都存在著一些觀念上的巨大混亂，有些像民間史詩那樣，從往昔英雄時代流傳下來；而另一些則是像空想小說那樣，從我們對於將來會有偉大的綜合理論的嚮往中產生出來。」

愛因斯坦也指出：「物理學構成了一種處在不斷進化過程中的思想邏輯體系。」物理學理論作為思想邏輯體系並沒有完成，也不完備，而總是處在不斷追求完備的過程之中。為何他們先後會得出同樣的結論呢？

2 位元頂級的物理學大師實際上說明了，在物理學史上，沒有那個理論的邏輯體系是已經完成了的。愛因斯坦說得客氣一些，都「處在不斷進化過程中」。

實際上，無論是牛頓力學體系、還是廣義相對論方程（EGTR）、量子力學、熱力學（統計力學）、電磁理論等都是未完成的體系，即非終極理論，特別是 EGTR 建立在哈勃定律出現之前約 14 年，它只是愛因斯坦頭腦中的產物，而沒有

實際的宇宙觀測資料作為依據。比如，作為一個理論體系，牛頓理論並沒有完成。質量和慣性等在牛頓體系中起著核心作用，但其起源卻無法解決。麥克斯韋（J. C. Maxwell）建立了電磁理論，統一了電和磁的現象，預言了電磁波，描述了帶電體、光和電磁波的運動，是 19 世紀物理理論的偉大成就。在麥克斯韋理論中出現了光速 C。但是，按照麥克斯韋理論，加速電荷應該發出輻射，然而，計算結果卻出現無法處理的無限大，至於後來發現的微觀尺度上的電磁現象，經典的麥克斯韋理論根本無法解釋。可見，麥克斯韋電磁理論作為一個理論體系對於在宏觀尺度上的電磁現象並不是已經完成的。至於另一偉大成就的熱力學和統計物理學，其基本原理一直不完全清楚，無法建立統計規律與個體規律間的本質區別和聯繫。因此作為一個理論體系也沒有完成。對統計物理有偉大貢獻的玻爾茲曼（L.Boltzmann）為此甚為憂慮，後來他神秘地自殺身亡。

　　20 世紀量子力學在各方面取得了偉大的成就，各派對量子力學的爭執就說明它遠未成為一個理論完整的邏輯體系。費恩曼（R. P. Feynman）早就說過：「我可以放心地說，沒有一個人懂得量子力學。」在晚年，他還說過：「按照量子力學的觀點看待世界，我們總是會遇到許多困難。至少對我是如此。現在我已老邁昏花，不足以達到對這一理論實質的透徹理解。對此，我一直感到窘迫不安。」蓋爾曼（M. Gell-Mann）也說過：「全部現代物理為量子力學所支配。這個理論華麗宏偉，卻又充斥著混亂。……這個理論經受了所有的檢驗，沒

有理由認為其中存在什麼缺陷。……我們知道如何在問題中運用它，但是卻不得不承認一個事實，沒有人能夠懂得它。」

　　現在世界上有大批的頂級科學家們向愛因斯坦學習，幾乎終身致力於建立「包羅萬象的終極理論」（Theory Of Everything，TOE），企圖用統一的高級數學方程寫在一件襯衣上就解決宇宙中所有問題。從上面物理學的發展歷史上看，從來就沒有任何一個物理學理論是一個完成了的邏輯體系，那麼，當然未來也不會出現和存在這種 TOE。為什麼？

　　因為我們小宇宙之外的大宇宙（整個自然界）在空間和時間上都是無限大的。我們小宇宙和大自然界都存在於普遍聯繫之中，大宇宙和小宇宙都不是靜止的、一成不變的，而是各個互相聯繫的複雜的演化整體，處在不同時空而承受不同作用力的單元不可能有完全相同的運動演化路徑和規律。這是 20 世紀自然科學得出的最大成就之一的結論。這些現象深刻改變著物理和哲學的時空觀和宇宙觀。而科學家們只能按照對我們小宇宙的片面認識加猜測來建立其理論和邏輯體系。因此，他們對於任何現象、事物和規律的認識，不可能沒有簡化的條件和前提；特別是為了建立可解的數學公式，只有使其參數減少到盡可能的少。更有甚者，數學公式的定義域在時空上可能無限大和無限小，如是 EGTR 只可能有 2 個選擇，1 是將研究物件定為定量的封閉系統，2 是按照「宇宙學原理」，假定無限時空的宇宙都是均勻地、有相同的變化規律；而 EGTR 是 2 種選擇全用。現在，已經有確鑿的證據表明，我們宇宙之外還有另外的宇宙，至少已經探明它們的

引力使我們宇宙的某部分的背景輻射產生異常，沒有理由相信各個宇宙是完全相同的。這清楚地表明，建立一個邏輯體系和變化規律完整的物理理論幾乎是不可能的，因為不可能在一個理論中考慮宇宙內外許多互相作用的力和參數，和他們隨時空變化的各種規律，而簡化後的理論和公式就成為背離實際的謬論，或者只可能適用於極其有限的時空。比如，愛因斯坦建立廣義相對論方程後 10 多年，哈勃在 1929 年就發現了宇宙膨脹規律。最近，宇宙加速膨脹和多宇宙的發現等完全證明我們宇宙是一個開放系統。可見，有一點是明確的：隨著科學技術的快速發展，各種物理學理論基礎隨時都面臨新實驗和新發現的前所未有的挑戰。而一個有完整邏輯體系的舊理論往往對某些顛覆性的新挑戰無法對應和解決，於是另外的新理論就應運而生。比如，廣義相對論方程的基元是粒子的「點結構」，當物質粒子的引力收縮的時空尺寸趨向無限小時，必然會導緻密度為無限大的「奇點」。為了避免「奇點」的出現，於是出現了基元為非「點結構」的「弦論」、「膜論」等。這又清楚地表明任何一種物理理論都有其一定的應用範圍和前提條件。

　　作者認為任何貌似一個邏輯體系完整的理論在時空上必然是有限的，其中的變數（參數）是有選擇性的，其變化規律是模型化或公式化的簡化，如廣義相對論方程一樣，一但被推廣到變化莫測的無限時空，必錯無疑。作者深信，大自然中的不同事物在不同力量的作用下，會有不同的運動變化路徑，會產生千變萬化的不同結果。因此，作者不看好「終

極理論」這種研究方法和思維模式，但認為他們研究產生的某些副產品或許會有益於促進人類科學技術的發展進步。

　　也許，人們企圖在物理學中建立一個完整理論的邏輯體系是徒勞的。如果果真如此，用不同理論的多個有效公式組成一個理論體系，共同配合解決許多重大的問題，就是可行的和有效的，如同作者在本書中的作為一樣。

　　我倒希望，未來有高超數學能力的宇宙學家們能用新的數學方法，在不用「宇宙學原理」和不用「封閉系統」等假設條件下，能解出廣義相對論方程的比較合乎宇宙實際的一些特殊解，以便能與作者 5 公式的理論體系共存共榮。讓人們在面對真實的宇宙時，能抱有某些理性的的幻想。但是，新發現的現實往往很殘酷，比如以前的學者們在提出「宇宙學原理」假設時，認為宇宙在 3 億光年的大尺度上是均勻的。但是近來美國天文學家卻發現宇宙中存在一個直徑約為 10 億光年的超級「空洞」，讓人們感到無法理解。這說明所有「終極理論」隨時都可能遭遇新挑戰。倒不如請那些未來的大師們能將作者的 5 個公式合而為一，有這種可能嗎？

1-1-4 克爾 Kerr 黑洞。克爾對史瓦西黑洞的修正

　　如果黑洞 M_b 有動量矩 J 而旋轉，成為旋轉的克爾 Kerr 黑

洞。　1962 年，新西蘭物理學家 R・P・Kerr 給出了因轉動而非球形黑洞的引力半徑，稱之為克爾半徑 R_{bk}，其公式為：下面(4a)式中 a =J/M_bC，[2]

R_{bk} = GM_b /C^2 + （$G^2M_b^2/C^4 - a^2$）$^{1/2}$ [2]　　　　(4a)

R_{bk} 取代了(1c) --$GM_b/R_b = C^2/2$ 中的 R_b，而因(1a) (1b) (1d) (1e)中均與 R_b 無關，故 4 式均適用於克爾黑洞。　　由於黑洞旋轉，霍金輻射 m_{ss} 在 R_{bk} 上產生離心力，而 m_{ss} 在 R_{bk} 和 R_b 只能是光速 C，所以 $R_{bk} < R_b$。

1-1-5　附錄：量子引力論的有關結果[3]，引用自參考文獻[3].

　　量子引力論是將量子力學中的測不准原理引入到引力理論中，即有，

$\Delta E \times \Delta t \approx h/2\pi$ [3]　　　　　　　　　　(1aa)

將上式用於兩個基本粒子的反應過程，

$\Delta E = 2mC^2$ [3]　　　　　　　　　　　(1ab)

則產生或湮滅 2 個基本粒子的時間量級為，

$\Delta t = t_c = h/2mC^2$ [3]　　　　　　　(1ac)

t_c 稱為康普頓時間（Compton time），　光穿過質量為 m 的基本粒子的史瓦西半徑的時間為：

$t_s = 2Gm/C^3$ [3]

(1ad)

t_s 稱為史瓦西時間，一般來說，$t_c < t_s$，　當 $t_c = t_s$ 時，對應的質量為

$m_p = (hC/8\pi G)^{1/2} = 10^{-5}g$ [3]　　　　　　　　　　(1ae)

m_p就是普朗克粒子的質量。相應的長度L_p為普朗克長度，

$L_p = (Gh/2\pi C^3)^{1/2} = 1.61 \times 10^{-33}cm$ [3]　　　　(1af)

上面證明(1ae) = (1e)，　(1af) = (1g)。

1-2 黑洞 M_b 因發射霍金輻射 m_{ss} 只能最終消失在普朗克領域

1-2-1 黑洞 M_b 最後只能收縮成為最小黑洞 $M_{bm} = m_{ss} = m_p$ 在普朗克領域解體消亡，不會收縮成為「奇點」

　　如何理解當黑洞 M_b 因發射霍金輻射 m_{ss} 而最後收縮分裂為 1 個最小黑洞 $M_{bm} =$ 其 1 個霍金輻射 $m_{ss} =$ 普朗克粒子 m_p，即 $M_{bm} = m_{ss} = m_p$ 時，會必然在普朗克領域解體消亡，而不會繼續收縮成為「奇點」呢？

　　按照公式(1d)，$m_{ss}M_b = hC/8\pi G = 1.187 \times 10^{-10} g^2$，當黑洞 M_b 無外界能量-物質可被吞噬、一個接一個地發射 m_{ss} 時，M_b 只能相應地不停地減少，m_{ss} 不停地增大，直到最後成為最小黑洞 M_{bm}。

　　為什麼最小黑洞 M_{bm} 剛好完全等於普朗克粒子 m_p？這個問題很難回答，因為人們對普朗克領域也許永遠無法觀察和測量。正因為如此，所以科學家們才提出許多無法直接驗證而玄奧的理論，如弦論、膜論、多維理論等。但是，有一點也許可以確定，此時物質粒子已經因「極高溫和極短壽命」而無法存在，完全徹底地量子化為輻射能了。所以，M_{bm} 就是我們宇宙中可能出現的、轉眼即逝的最小黑洞實體，而 m_p 就是普朗克領域可能出現的最大能量粒子，它們在密封的極高

溫條件下，是可以按照 Compton Time 互相轉換的。m_p 屬於另一個世界，或可稱之為純高能量世界吧。因此，M_{bm} 就可能是我們宇宙(即黑洞宇宙或物質宇宙)和普朗克領域這 2 個物理世界之間的「臨界點」，就像水在 100° C 時由液體變成氣體一樣，好像 M_{bm} 是液體，m_p 是氣體，在 $T_{bm} \equiv T_p$ [3] $\equiv 0.71 \times 10^{32}$k 時，$M_{bm}$ 變成為氣體似的普朗克能量粒子 m_p。

1-2-2　一旦黑洞 M_b 收縮到 M_{bs} 而最後分裂為 $M_{bm} = m_{ss} = m_p$ 時，於是達到

$$M_{bm}C^2 = m_{ss} C^2 = \kappa T_b = 10^{16} \text{erg} \qquad (2a)$$
$$M_{bm} C^2 / \kappa T_b = m_{ss} C^2 / \kappa T_b = 1 \qquad (2b)$$

可見，最小黑洞 M_{bm} 已經整體成為一個完全孤立的能量粒子，它不再是一個能發射霍金輻射的黑洞，它根本沒有多一點引力能量可再轉變為霍金輻射能 m_{ss}，因此，只有將整體 $M_{bm} = m_{ss}$ 爆炸成高能的粉末，即高能 γ-射線。

1-2-3 如果認為最小黑洞 M_{bm} 可繼續收縮，就必然要使得其 $m_{ss} > M_{bm}$，這不可能。

如果再發射 $m_{ss} < M_{bm}$，也不可能。這違反黑洞公式（1d）和（1e），所以它們只能在普朗克領域爆炸解體消失。

1-2-4 由於普朗克粒子 $m_p = M_{bm} = 10^{-5}g$ 的史瓦西時間：

$t_{sbm} = R_{bm}/C = 1.61 \times 10^{-33}/3 \times 10^{10} = 0.537 \times 10^{-43}s$

因此，它已沒有時間將其內部的引力質量捆綁在一起。且其史瓦西時間 $t_s=$ 其壽命 $10^{-42}s$（見 1-5 章），最後，M_{bm} 的溫度已經高達 $10^{32}k$，所以它只能解體消失。表明在 $m_p = M_{bm}$ 內，任何鄰近粒子間均無時間傳遞引力。

1-2-5 按照量子力學的測不准原理--Uncertainty Principle：$\Delta E \times \Delta t \approx h/2\pi$ [3]　　　　(2c)

對於 M_{bm}，t_{sbm} 是其史瓦西時間。其 $\Delta E = M_{bm}C^2 = \kappa T_b$ $=10^{16}erg$，　其 $\Delta t = 2t_{sbm} = 2R_{bm}/C = 2 \times 1.61 \times 10^{-33}/3 \times 10^{10} = 1.074 \times 10^{-43}s$。

$\therefore \Delta E \times \Delta t = 10^{16} \times (2 \times 0.537 \times 10^{-43}) = 1.074 \times 10^{-27}$，　但是 $h/2\pi = 6.63 \times 10^{-27}/2\pi = 1.06 \times 10^{-27}$。就是說，如果 $M_{bm} = m_p$ 再繼續收縮下去的話，就必然使得 $\Delta E \times \Delta t < h/2\pi$，　這違反了 Uncertainty Principle. 因此，M_{bm} 不可能以「黑洞」實體存在，只能以高能粒子解體消失在普朗克領域，根本不可能繼續塌縮成為「奇點」。

$M_{bm} = m_p$ 的信息量 $= I_o = h/2\pi =$ 宇宙中最小的信息量 $=$ 單元信息量。無法再小了。（見下面 1-6 章）

1-3　黑洞合併或者吞噬外界能量-物質而膨脹和因發射霍金輻射 m_{ss} 而收縮都是黑洞的本質屬性

1-3-1 無論黑洞 M_b 的膨脹和收縮，在其最後收縮成為 $M_{bm} = m_{ss} = m_p$ 之前，他會永遠是一個史瓦西黑洞

當一個黑洞 M_b 一旦形成之後，它只能因與其它黑洞合併或者吞噬外界質-能量而膨脹，也只能因發射霍金輻射 m_{ss} 而縮小，在其最後收縮 $M_{bm} = m_{ss} = m_p$（普朗克粒子）、而爆炸消失在普朗克領域之前，他會永遠是一個史瓦西黑洞（符合上面 5 個公式的黑洞）。按照史瓦西對廣義相對論方程的特殊解(1c)：

$R_b = 2GM_b/C^2$ ， (1c)

微分(1c)後得，$C^2 dR_b = 2GdM_b$ (3a)

$\therefore C^2(R_b \pm dR_b) = 2G(M_b \pm dM_b)$ (3b)

假設有另一個黑洞 M_{ba} 與黑洞 M_b 合併或碰撞，

由於 $C^2 R_{ba} = 2GM_{ba}$ (3c)

從 (3a)＋（3b）＋(3c)，結果：

$C^2 (R_b + R_{ba} \pm dR_b) = 2G (M_b + M_{ba} \pm dM_b)$ (3d)

從公式(3a)、(3b)、(3c)、(3d)可知，黑洞在與其它黑洞合併或者 M_b 在吞噬外界能量-物質時，M_b 和 R_b 增加，T_b 和 m_{ss} 減小；在發射 m_{ss} 後，M_b 減少，R_b 縮小，T_b 升高，m_{ss}

增大，直到最後收縮成為最小黑洞 M_{bm} 前，它將永遠是一個符合史瓦西公式的黑洞。一旦成為 $M_{bm} = m_{ss} \equiv m_p$ 後，只能解體消失在普朗克領域。

由公式(1d)--$m_{ss}M_b = hC/8\pi G = 1.187 \times 10^{-10}g^2$ 可知，只要黑洞存在，它就會同時吞噬外界的能量-物質和向外發射等於小於 m_{ss} 的霍金輻射。只不過被吞噬的外界存在的能量-物質總是 >> m_{ss}，所以 m_{ss} 可以忽略。由於宇宙中現存的最小黑洞是 $M_{bs} = 2 \times 10^{33}g$ 的恆星級黑洞，按照(1d)，其 $m_{ss} = 10^{-44}g$。可見只有當外界是極近真空時，才可能稍稍顯示出黑洞發射 m_{ss} 的跡象和影響。

結論：諸多黑洞碰撞時，可以合而為一。但是宇宙中沒有任何一種力量或者物體可以將一個黑洞「一分為二或為多」，或者從黑洞內取出一些能量-物質。

1-3-2 黑洞 M_b 之視界半徑 R_b 的膨脹速度 V_b 和加速度 a_b

從 (3a)式，$C^2dR_b = 2GdM_b$，令 $dR_b/dt = V_b$，於是有：
$$\therefore V_b = dR_b/dt = (2G/C^2)(dM_b/dt) \qquad (3d)$$

V_b 是黑洞 M_b 的視界半徑 R_b 因與其它黑洞合併或者吞噬外界能量-物質的膨脹速度，也可看做發射 m_{ss} 的收縮速度，它正比於單位時間內所吞噬或排出的能量-物質的總量

dM_b/dt。

從 (1c) 和 $(M_b = 4\pi\rho R_b^3/3)$，

$$C^2 = (8\pi G\rho_o/3) R_b^2 \qquad (3e)$$

令 $H_o^2 = 8\pi G\rho_o/3 \qquad (3f)$

$\therefore C = H_o R_b$， 或者 $V = H_o R \qquad (3g)$

結論：(3g)式就是我們宇宙膨脹的哈勃定律，它只是反映了我們宇宙黑洞的 R_b 最大的膨脹率可以達到光速 C，在 R_b 處，R_b 的膨脹速度一直能達到光速 C，這是因為我們宇宙的膨脹一直就是無數最小黑洞 M_{bm} 合併產生的空間膨脹，所以能夠達到最高速 C。而任何其它黑洞吞噬外界能量-物質的膨脹，其 R_b 的膨脹速度是遠小於光速 C，因此哈勃定律只能是在其 R_b 處的速度為 $V_b < C$。

再令 $a_b = dV_b/dt$，a_b 就是 R_b 的膨脹加速度，從 (3d)

$\therefore a_b = dV_b/dt = (2G/C^2)(d^2M_b/dt^2) \qquad (3h)$

從(3h)可知，R_b 膨脹的加速度 a_b 正比例於吞噬外界質-能的加速度 d^2M_b/dt^2。

1-3-3 按照(3d)式，$V_b = (2G/C^2)(dM_b/dt)$

當我們宇宙黑洞 M_u 是由於無數小黑洞合併產生的膨脹、速度達到最高速度光速 C 時，其 R_b 的最大膨脹速度 $V_b = C$（光速），它在 1 秒鐘之內，即 $dt = 1$ 秒時，所合併的能量-物質 dM_u 將達到：

$dM_u = C^3/2G = (3\times10^{10})^3/2\times6.67\times10^{-8} = 2\times10^{38}g =$

$10^5 M_\theta = 10^{38}g$。

就是說，對於任何大小的黑洞 M_b 而言，即使外面有足夠多的能量-物質可供吞噬，其 R_b 的膨脹速度 V_b 也不太可能達到 C，即 $V_b < C$。比如一個 $10 M_\theta$ 的黑洞，其 R_b 約為 30km，不可能在 1 秒時間裡吞噬 $10^5 M_\theta$ 那麼多的能量-物質。

1-3-4　黑洞的膨脹本質

按照一般物質粒子的球體公式，$M = 4\pi\rho R^3/3$，當 R 增加為 2R 時，其 M 需增加為 8M。但是按照黑洞的史瓦西公式 (1c)--$R_b = 2GM_b/C^2$，當 R 增加為 2R 時，其 M_b 只增加為 $2M_b$ 即可，這說明當大量和足夠多的黑洞合併時，會使其 R_b 產生極快速的膨脹和空間暴漲，達到光速 C，以保持 m_{ss} 在 R_b 上的力的平衡。這就是我們宇宙黑洞一直能以光速 C 膨脹，而符合哈勃定律的原因。如果黑洞只是由吞噬外界能量-物質而膨脹，其 R_b 的膨脹速度 V_c 不可能達到光速 C，即 $V_c < C$。黑洞吸收增加能量-物質而膨脹，和發射霍金輻射（能量）而收縮，表明能量-物質粒子的熱抗力超過其引力。

1-4 黑洞 M_b 發射霍金輻射 m_{ss} 的機理

　　黑洞 M_b 發射霍金輻射 m_{ss} 的機理或者說 m_{ss} 從黑洞的視界半徑 R_b 上逃離到外界的機理是與任何恆星和熾熱物體向外發射輻射能的機理是相同的，毫不神秘，都是由高溫高能向低溫低能的自然流動的過程。只有用經典理論才能正確地解釋黑洞 M_b 發射霍金輻射 m_{ss} 的機理。(詳見後面第三篇 3-6 章)

1-4-1 對霍金輻射 m_{ss} 在黑洞 M_b 的視界半徑 R_b 上的受力和運動能量的分析。公式(1c)和(1d) 的物理意義

　　按照第一宇宙速度的原理，求黑洞 M_b 對霍金輻射 m_{ss} 在其視界半徑 R_b 的引力 F_{bg} 與其離心力 F_{bc} 的平衡，即 $F_{bg} = F_{bc}$，能逃出黑洞的粒子為 $m_s < m_{ss}$。

　　求黑洞質-能量 M_b 在 R_b 上對 m_{ss} 的引力，按(1d)式: $m_{ss}M_b$
$= hC/8\pi G = 1.187 \times 10^{-10} g^2$　　　　　　　　(1d)

　　在(1d) 等式的左右 2 邊 $\times 2G/R_b{}^2$，既然以 $R_b{}^2$ 除以 2 邊，就是表示已將 M_b 看做中心力，於是得:

　　　　$2GM_b m_{ss}/R_b{}^2 = hC/4\pi R_b{}^2$　　　　　　　　(4a)

　　由於 $m_{ss}M_b = const$，可將黑洞 M_b 在其視界半徑 R_b 上對 m_{ss} 的引力視為 $= F_{bg}$，它反比於 $R_b{}^2$，而 $F_{bg} \propto M_b m_{ss}$。令:

$$F_{bg} = 2GM_bm_{ss}/R_b^2 \qquad\qquad (4b)$$

再由史瓦西公式(1c)，$2GM_b/R_b = C^2$， 也可變為：

$$2GM_bm_{ss}/R_b^2 = m_{ss}\times C^2/R_b， \qquad\qquad (1c)$$

由(1c)可見，$2GM_bm_{ss}/R_b^2$ 是黑洞 M_b 在其視界半徑 R_b 上對 m_{ss} 的引力 F_{bg}，而 $m_{ss}\times C^2/R_b$ 則是 m_{ss} 以光速 C 在 R_b 作圓周運動（按廣義相對論的說法是測地線運動）的離心力 F_{bc}。所以，將(1c)和(1d)式轉變後，都表示黑洞引力 F_{bg} 與離心力 F_{bc} 在 R_b 上的平衡。從 (4a), (1c) 和 (1d), 得離心力 F_{bc}

$$F_{bc} = hC/4\pi R_b^2 = m_{ss}\times(C^2/R_b) \qquad\qquad (4c)$$

可見，F_{bc} 表示 m_{ss} 在 R_b 上以光速 C 圍繞 M_b 作圓周運動時的離心力。因此，(1c) 和(1d) 就表示 m_{ss} 在 R_b 上圍繞 M_b 旋轉時，M_b（質量分佈力）對 m_{ss} 的引力與其離心力的平衡，而 C^2/R_b 就是 m_{ss} 的離心加速度。

結論：因此，從(1d)看，黑洞膨脹的機理就是要保持 m_{ss} 以光速 C 在 R_b 上引力與其離心力的平衡。

由於(4a)來源於(1d)，而又與(1c)式相等，因此黑洞內的質量 M_b 就應該是均勻地散佈在黑洞 R_b 的球體空間內，而不是集中於黑洞的中心的，可見 $F_{bg} = 2GM_bm_{ss}/R_b^2$ 已經將 $2M_b$ 看成為在 R_b 中心的集中力，所以要想使 m_{ss} 在 R_b 的末端以光速 C 作圓周運動，在(1c)(1d)中，M_b 是分佈粒子的引力，所以僅有 M_b 就能達到。當 M_b 在 F_{bg} 中作為集中力時，就必須有 $2M_b$ 才行。這就是運用廣義相對論公式與牛頓引力公式的顯巨區

別。於是得到：

$$F_{bg} = F_{bc} = 2GM_b m_{ss}/R_b{}^2 = hC/4\pi R_b{}^2 = m_{ss} \times (C^2/R_b)$$

$$\text{(4d)}$$

$$\therefore m_{ss} = h/4\pi CR_b \tag{4e}$$

$$\therefore 2GM_b m_{ss}/(hC/4\pi) = 1 \tag{4ea}$$

最重要的結論：由(4ea)可知，由於$(hC/4\pi) = $ 常數，所以當黑洞內任何輻射能的相當質量 $m_s > m_{ss}$ 時，就逃不出黑洞，只有能量粒子 $m_s < m_{ss}$，才有可能逃出黑洞。或者說，溫度稍高的 m_s 只有在 R_b 上降溫為 T_b 變成 m_{ss} 時，才有可能逃出 R_b。

$\therefore$ (4ea)可稱之為霍金輻射 m_{ss} 能否逃出黑洞的判別式。

驗證：由(4d)，$hC/4\pi R_b{}^2 = m_{ss}C^2/R_b$，$\therefore m_{ss}C^2 = Ch/2\pi R_b$，所以 $hC/4\pi R_b = Ch/2\pi\lambda_{ss}$，所以 $2R_b = \lambda_{ss}$，可參見(63f)

類似的，運用牛頓力學，在 M_{bn} 為中心集中力 F_{ng} 的作用下，與其離心力 F_{nc} 在 R_b 上的平衡是：

$$F_{ng} = m_{ss} \times (GM_{bn}/R_b{}^2) \tag{4f}$$

$$F_{nc} = m_{ss} \times (C^2/R_b) \tag{4g}$$

$$\text{於是}(m_{ss} \times GM_{bn}/R_b{}^2) = m_{ss} \times (C^2/R_b) \tag{4h}$$

比較(4h) 與 (4d)式，可得出：

$$2M_b = M_{bn} \tag{4i}$$

從(4i)式可見，對 m_{ss} 在 R_b 上產生相同效果的引力所需的質量，集中引力質量 M_{bn} 應等於分佈在整個空間質量 M_b 的

2 倍，就是說，分散的質量 M_b 對 m_{ss} 在 R_b 上所產生的引力效果等於將 $2M_b$ 集中於中心才產生相等的引力。可見，分散質量所產生的引力也比同等質量的中心力大 1 倍。這個道理很容易解釋的。

　　假設 1 球形黑洞 M_b，其視界半徑為 R_b，設在 R_b 軸上距離中心 a 對稱地有 2 個相等的質點 m，則將 2m 集中到中心對 R_b 端 m_{ss} 的引力和為 $F_g = 2GM_bm_{ss}/R_b{}^2$，而分散力 $F_s = GM_bm_{ss}/(R_b + a)^2 + GM_bm_{ss}/(R_b - a)^2$，　將 F_s 用二項式定理展開後：

　　　$F_s = 2GM_b/R_b{}^2 + 2GM_b \times (6a^2/R_b{}^4) + \cdots\cdots$

　　可見 $F_s > F_g$

1-4-2 按照第二宇宙速度的原理，求黑洞 M_b 對霍金輻射 m_{ss} 在其視界半徑 R_b 的位能 E_p 與動能 E_d 的平衡，即 $E_p = E_d$，以判定能夠逃出黑洞的粒子 $m_s < m_{ss}$。

　　將(1c)式 $2GM_b/R_b = C^2$，　變為(4eb)，以表示 m_{ss} 在 R_b 上位能與動能的平衡。

　　　$GM_bm_{ss}/R_b = m_{ss}C^2/2$ 　　　　　　　　　(4eb)

　　　再將(1d)式 $m_{ss}M_b = hC/8\pi G$，變為(4ec)，

　　　$GM_bm_{ss}/R_b = (hC/8\pi)/R_b$ 　　　　　　　(4ec)

　　　$\therefore E_p = GM_bm_{ss}/R_b$，$E_d = (hC/8\pi)/R_b$

　　　因此，$GM_bm_{ss}/(hC/8\pi) = 1$ 　　　　　　(4ed)

由(4ed)式可見，只有 m_i <m_{ss}的粒子或輻射能 m_i 的動能大於位能，才能從 R_b 徑向飛出黑洞。比較(4ea) 和 (4ed)式，2 式是相等的，但是意義不相同。

1-4-3 黑洞內的霍金輻射 $m_s = m_{ss}$ 是如何從其視界半徑 R_b 上逃到外界去的？作者用經典理論對黑洞發射霍金輻射 m_{ss} 機理的解釋。

上面(4ea) 和 (4ed)式完全證明了黑洞內大於 R_b 上霍金輻射 m_{ss} 的能量-物質粒子 m_s 是不可能逃出黑洞的 R_b 的。只有黑洞內小於 m_{ss} 的量-物質粒子 m_s 才能離開 R_b 逃到黑洞的外界。

現在在下面論證 $m_s = m_{ss}$ 能量粒子的 m_s 是如何從黑洞的 R_b 上逃離到外界的。

作者認為，在黑洞的 R_b 上由於有一定的溫度 T_b 為冷源，作為輻射能的 $m_s = m_{ss}$ 有相應的波長 λ_{ss}. 於是 m_s 總是在 R_b 上作微小的震（波）動，其速度或振幅在每一瞬間都在極小的改變，當 m_s 有一半時間處在其溫度和能量小於平均值時，相對應的，按照前面的（1b）和(4ea)式，其相當引力質量也對應的小於平均值，於是 m_s 的引力質量和位能相應的的稍微減少一點點。同時，由於外界附近的能量-物質幾乎都被黑洞吞噬殆盡，因此成為極近低溫度的真空。所以 m_s 就可能暫時離開 R_b 而自由地流向低溫低能的外界。於是黑洞由於失去一個 $m_s = m_{ss}$，而立即縮小 R_b 和提高 T_b 一點點，那個在外界的 m_{ss} 由於黑洞視界半徑上溫度（能量）的提高，和在外界降低一

點溫度，m_{ss} 就再也無法回到黑洞裡去了，這就成為黑洞自然發射（流出）到外界的一個霍金輻射 m_{ss}。這其實就是黑洞內輻射能由高溫高能向低溫低能自然流動的過程，就像太陽發射可見光的機理與過程是同樣的。只不過在太陽表層，約 5800k 的粒子有許許多多，它們能夠同時發射許多 5800k 的光子。

霍金的黑洞發射霍金輻射 m_{ss} 的理論和公式是正確的。但由於霍金沒有推導出 m_{ss} 的公式(1d)、(4ea)、(4ed)等，所以他對發射 m_{ss} 機理的解釋是不能令人信服的、也是不正確的。

霍金與主流科學家們都用狄拉克海的真空能概念來解釋黑洞視界半徑 R_b 上發射霍金輻射 m_{ss} 的機理。他們認為，真空狄拉克海裡的虛粒子對都在不斷地產生和湮滅，粒子對中的負虛粒子與 R_b 上的霍金輻射 m_{ss} 結合湮滅後，留在狄拉克海中的正虛粒子就變成在黑洞外空間的正粒子，它就成為從黑洞逃出來的霍金輻射 m_{ss} 的化身。於是黑洞就失去了（逃出來）一個霍金輻射 m_{ss}。這種用「狄拉克海新物理概念」的解釋是在無可奈何的「故弄玄虛」。由公式（1d）可知，霍金輻射 m_{ss} 的量僅僅取決於黑洞質量 M_b 的量，而 M_b 在發射一個 m_{ss} 之後，M_b 立即減小，下一個 m_{ss} 立即變大。這是「沒有任何外力可以控制」的一個黑洞連續發射 m_{ss} 的過程，就是說，是其霍金輻射 m_{ss} 在其視界半徑 R_b 上的引力小於其離心力的結果。任一黑洞 m_{ss} 量在不斷地增加，最大將可達到 10^{60} 倍（見後面第二篇的表二），相應地，黑洞外的狄拉克海中的虛粒子對的能量也必須隨著增加 10^{60} 倍，其負虛粒子才可能與黑洞

不斷變化的 m_{ss} 配對，這可能嗎？這必然導致狄拉克海各處須有極大能量的虛粒子對的荒唐結論，這正是惠勒等主流物理學家們得出的的悖論。再者，如果狄拉克海中沒有與黑洞 m_{ss} 相等能量的虛粒子對配對，黑洞就無法向外發射霍金輻射 m_{ss} 了嗎？這顯然與實情是不相符的。最後，負虛粒子與 m_{ss} 湮滅後的質能 ＝ $2m_{ss}$，它為何不能被吸引到黑洞內而一定逃到黑洞的外面呢？可見，霍金用真空海中的虛粒子對來解釋黑洞發射霍金輻射 m_{ss} 的機理，是無法自圓其說的。

可見，按照(1d)式，當黑洞外無能量-物質可被吞噬時，黑洞必定會發射小於等於 m_{ss} 的輻射能，這是黑洞的本性。只不過黑洞所吞噬的外界能量-物質總是大於其微不足道的 m_{ss}，因此，人們通常只看到黑洞在吞噬能量-物質而膨脹。

1-4-4　結論

既然在上面證明了公式(1c)和(1d)的物理意義是黑洞 M_b 對其視界半徑 R_b 上的霍金輻射粒子 m_{ss} 的引力與其離心力的平衡和位能與動能的平衡，這就表明黑洞在 R_b 外附近的粒子 m_s（物質與輻射能），如果有其動量矩，當其離心力大於 M_b 對 m_s 的引力時，m_s 就不會被黑洞吞噬而落入黑洞內。如果 m_s 的離心力小於 M_b 對 m_s 的引力，就會被黑洞吞噬。如果 m_s 的離心力等於 M_b 對 m_s 的引力，就會在黑洞週邊附近形成圍繞黑洞旋轉的吸積盤。

1-5 黑洞的壽命 τ_b，發射 2 個相鄰霍金輻射 m_{ss} 的間隔時間 —— -dτ_b

1-5-1 黑洞 M_b 在吞食完外界能量-物質後，會不停地發射霍金輻射 m_{ss} 直到最後收縮為 $M_{bm} = m_p$ 而消失的時間=黑洞的壽命 τ_b。

按照霍金黑洞的壽命公式：

$$\tau_b \approx 10^{-27} M_b{}^3 \quad [1] \tag{5a}$$

對於真正最小黑洞 M_{bm}，其壽命 $\tau_{bm} \approx 10^{-42}$ 秒。對於恆星級黑洞 $M_{bs} \approx 3M \approx 6 \times 10^{33}$g，其壽命 $\tau_{bs} \approx 10^{66}$ 年。對於我們宇宙大黑洞，其 $M_{bu} \approx 10^{56}$g，其壽命 $\tau_{bu} \approx 10^{133}$ 年。

由於 $\tau_b = 10^{-27} M_b{}^3$，可以微分得出，在令 $dM_b = 1\ m_{ss}$ 時，得出（5b）式

$$-d\tau_b = 3 \times 10^{-27} M_b{}^2 dM_b = 3 \times 10^{-27} M_b \times M_b m_{ss} \approx$$
$$0.356 \times 10^{-36} M_b \tag{5b}.$$

於是 $-d\tau_b$ 就正好是黑洞依次發射 2 個鄰近霍金輻射之間的間隔時間。對於恆星級黑洞 M_{bs}，其 $-d\tau_b \approx 2 \times 10^{-3}$s。對於 M_{bu}，其 $-d\tau_b \approx 10^{13}$ 年。

1-5-2 以宇宙作為黑洞（證實宇宙是真實的黑洞的證明見後面）來判斷其命運

黑洞壽命 τ_b 的長短僅決定於其 M_b 的量，這結論與廣義相對論的「弗里德曼」模型是絕對不同的。而且，「弗里德曼」模型只假想於判斷宇宙的封閉還是開放，無法計算出各宇宙模型的壽命。

我們宇宙黑洞的總能量-質量 $M_{ub} \approx 10^{56}$g。按照（5a）式，如果宇宙黑洞外面沒有能量-物質可被吞噬，而開始發射霍金輻射，它的壽命 $\tau_{ub} \approx 10^{133}$ 年。

1-5-3 黑洞是對外界能量-物質貪得無厭的掠奪者。

從公式(1d)看，對於最小黑洞 M_{bm} 的霍金輻射 $m_{ss} = M_{bm} = m_p = 1.09 \times 10^{-5}$g，恆星級黑洞 M_{bs} 的 $m_{sss} = 10^{-44}$g，對於我們宇宙大黑洞 M_{bu} 的 $m_{ssu} \approx 10^{-66}$g。 因為宇宙中不存在小於恆星級黑洞 M_{bs} 的小黑洞，其發射 m_{sss} 和 m_{ssu} 是如此之微弱，而宇宙中的能量-物質的質量均大於 m_{sss}，而易於在黑洞附近被吞噬。所以無論多麼大的物質團在黑洞附近，都可被任何大小黑洞的潮汐作用分解吞噬。因此，黑洞就成為貪得無厭的掠奪者，直到將其週邊的所有能量-物質吞噬完後（當黑洞外許多粒子的離心力與其引力平衡而形成圍繞黑洞作圓周運動時，會如土星的光環一樣，形成吸積盤），再向外慢慢吞吞地、

單個地發射極其微弱的霍金輻射 m_{ss}。所以黑洞的生長時間 t_g——即從形成到長大到吞噬完外界能量-物質的時間，相對於其衰亡時間 t_d——即從發射霍金輻射到最後成為普朗克粒子的時間來說，是很小的數值，即 $t_d/t_g >> 1$。

1-5-4 小黑洞吃掉大黑洞

當大黑洞 M_{bb} 內有小黑洞 M_{bs} 時，因為 2 者向外發射的霍金輻射都很微弱，所以 M_{bb} 內的能量-物質粒子都大於小黑洞 M_{bs} 的霍金輻射。因此，只能是 M_{bs} 先吃掉 M_{bb} 內所有的能量-物質後，而變成一個（$M_{bb} + M_{bs}$）、其視界半徑為（$R_{bb} + R_{bs}$）的大黑洞。然後，其生長衰亡的規律按照（$M_{bb} + M_{bs}$）大黑洞運行。

1-5-5 正確的推論

由於任何外界能量-物質都可以被黑洞吞食後仍然保持為黑洞。因此，宇宙中沒有任何物質物體的巨大力量可以切割一個黑洞，使其一分為二或者為多，宇宙中也沒有任何一個物體可以從黑洞內掠取出一點能量-物質。

1-6 黑洞 M_b 和其霍金輻射 m_{ss} 的信息量 I_m，I_o 和熵 S_B，S_{Bbm}

第一、無論黑洞的 M_b 和其霍金輻射 m_{ss} 的大小，其 m_{ss} 的信息量 $I_o \equiv h/2\pi \equiv$ 最小黑洞 M_{bm} 和普朗克粒子 m_p 的信息量 $\equiv$ 宇宙中最小的信息量，$M_{bm}= m_p$ 的熵 $S_{Bbm} = \pi$。第二；黑洞 M_b 的總信息量 $I_m = I_o M_b/m_{ss} = 4GM_b^2/C$，其總熵 $S_B = \pi I_m/I_o = (\pi/I_o) \times 4GM_b^2/C = 2\pi^2 R_b^2 C^3/hG$。（詳見後面第三篇 3-7 章）。普朗克常數 $h/2\pi$ 的物理意義即是任何輻射能的信息量 I_o。

1-6-1 有名的 Bekinstein-Hawking 的黑洞熵的公式(6a)如下

(1) 按照黑洞物理中的熱力學類比，可得愛因斯坦引力理論中的黑洞熵 S_B：

$$S_B = A/4L_p^2 \,^{[1]} = 2\pi^2 R_b^2 C^3/hG \,^{[1]} \tag{6a}$$

上式中，A 為黑洞面積，$A = 4\pi R_b^2$。L_p 為普朗克長度，

$$L_p = (HG/C^3)^{1/2} \,^{[1][3]} \tag{6b}$$

再從史瓦西公式(1c)，$GM_b/R_b = C^2/2$，任何一個黑洞 M_b 的熵 S_B 可改寫為：

$$S_B=A/4L_p^2=4\pi R_b^2/(4GH/C^3)= \pi R_b^2 \times C^3/GH = \pi R_b R_b C^3/GH = \pi \times Ct_s \times 2GM_b C^3/ GHC^2 = \pi \times 2t_s \times M_b C^2/H$$，t_s 為光穿過黑洞的史瓦西半徑 R_b 的時間。於是有：

$$S_B = 2\pi^2 R_b^2 C^3/hG = \pi(2t_s \times M_b C^2)/H \qquad (6c)$$

（2）按照量子力學的測不准原理**定義** $m_p = M_{bm}$ 的信息量 I_o：

m_p 為普朗克粒子，M_{bm} 為最小黑洞，其史瓦西時間為 t_{sbm}。

在上面(6c)式中，$H = (h/2\pi) = I_o$，海森伯測不准原理說，互補的兩個物理量，比如時間和能量，位置和動量，角度和角動量，無法同時測准。它們測不准量的乘積等於某個常數，那個常數就是普朗克常數 $h/2\pi$。下面定義 $m_p = M_{bm}$ 的信息量 I_o：令

$$m_{ss}C^2 \times 2t_{sbm} = h/2\pi = I_o \qquad （6d）$$

$$\Delta E \times \Delta t \geq h/2\pi \quad = I_o \qquad （6e）$$

對比（6d）和（6e），（6e）式即是測不准原理的數學公式，可見，$2t_{sbm}$ 對應於 Δt 時間測不准量，$M_{bm}C = m_{ss}C^2$ 對應於 ΔE 能量測不准量。這初步說明黑洞發射霍金輻射的整個過程就是將能量-物質量子化的過程，即發射一個一個輻射能的過程。

（3）求 $M_{bm} = m_p$ 最小黑洞的最小熵 S_{Bbm}，從(6c)式 和 (6a)式，可得：

$$S_{Bbm} = \pi \qquad (6f)$$

可見，因為霍金並不知道 $M_{bm} = m_p$，所以將 S_{Bbm} 熵無意地定義為最小黑洞的熵，因為宇宙中不存在比 $M_{bm} = m_p$ 更小的黑洞，所以它們的信息量 $I_o = h/2\pi$ 和熵 $S_{Bbm} = \pi$ 都是宇宙中的最小單位。

1-6-2 驗證 $M_{bm} = m_p = (hC/8\pi G)^{1/2} g = 1.09 \times 10^{-5} g$ 的信息量 I_o 和熵 S_{Bbm}。

　　下面根據普朗克粒子 m_p 的資料對 (6d) 和（6e）式進行驗算。在前面第 1-1 章裡，證明了宇宙中的 $M_{bm} = m_{ss} = m_p = (hC/8\pi G)^{1/2} = 1.09 \times 10^{-5} g$，其視界半徑 $R_{bm} \equiv L_p \equiv (Gh/2\pi C^3)^{1/2} \equiv 1.61 \times 10^{-33} cm$，其 $t_{sbm} = R_{bm}/C = 0.537 \times 10^{-43} s$。$h = 6.63 \times 10^{-27} g_* cm^2/s$。所以，按照（6d）（6e）對 $M_{bm} = m_{ss} = m_p$ 的 I_o 計算是：

$$I_o = 2t_{sbm} \times (M_{bm} = m_{ss})C^2 = 2 \times 0.537 \times 10^{-43} s \times 1.09 \times 10^{-5} g \times 9 \times 10^{20} = 1.054 \times 10^{-27} gcm^2/s. \tag{62a}$$

$$I_o = h/2\pi = 6.63 \times 10^{-27}/2\pi = 1.06 \times 10^{-27} g_* cm^2/s \tag{62b}$$

　　由上 2 式的計算結果幾乎完全相等，即（62a）= (62b)，於是證明了：

$$2t_{sbm} \times M_{bm} C^2 = h/2\pi = H = I_o \tag{62c}$$

　　上式說明 H 值不多不少 = 宇宙中最小黑洞即普朗克粒子的信息量。可見，$M_{bm} = m_p$ 已經量子化為宇宙中一個最小的無法分解的信息單位。這裡再次證明 M_{bm} 已由最小物質團，變成一團能量粒子（輻射能）。但是 M_{bm} 的能量不是最小，可以分割。所以 m_p 只能分解成更小的高能 γ-射線而有更長波長的低能射線之後，壽命都會變得更長，總信息量卻能極大地增加。所以 m_p 只能在普朗克領域解體消失。

下面驗證 $m_p = M_{bm}$ 的熵 S_{Bbm}，

按照 (6c)式，$S_B (h/2\pi) = \pi 2t_s \times M_b C^2$，

$S_{Bbm} (h/2\pi) = \pi 2t_s \times M_{bm} C^2$，而 $2t_s \times M_{bm} C^2 = I_o = (h/2\pi)$

$$(62d)$$

$\therefore S_{Bbm} = \pi$ $$(6f)$$

那為什麼量子化的常數，普朗克常數，會不多不少剛好是我們知道的這個數值？這個常數的具體數值到底有什麼意義？這說明普朗克常數 $I_o = h/2\pi$ 就是宇宙中最小黑洞 $M_{bm} = m_p$ 的信息量，這也是宇宙中最小信息量，比 $h/2\pi$ 更小的信息量在宇宙中不可能存在。而 $S_{Bbm} = \pi$ 就是最小黑洞的熵 = 宇宙中的最小熵。

方舟の女解釋說：[6] 「這個是什麼意思呢？哲學上說，存在即是被感知，感知也就是信息的獲得和傳遞，一樣不攜帶信息的東西，是無法被感知的，所以信息也就是存在。所以：

信息 ＝ 存在 ＝ 能量 × 時間

於是：普朗克常數 ＝ 能量測不准量 × 時間測不准量

那為什麼存在＝能量×時間呢？這反映了存在的兩個要素，存在的東西必須要有能量，沒有能量，也就是處於能量基態的真空，是不存在的。存在的東西也必須要持續存在一定時間，如果一樣東西只存在零秒鐘，那便是不存在。[6]

她的看法很可能是對的，是可以被接受的。

1-6-3 任何黑洞 M_b 發射任何一個霍金輻射 m_{ss}，只是發射一個最小的信息量 $= I_o$，與其 M_b 和 m_{ss} 的數值大小無關。

任何黑洞 M_b 的總信息量 $I_m = 4GM_b^2/C$，M_b 的總熵 $S_B = n_i\pi = \pi I_m/I_o = 2\pi^2 I_m/h$。

（1）求黑洞 M_b 發射任一霍金輻射 m_{ss} 的信息量 $I_o = h/2\pi$ 的普遍公式：

任一黑洞 M_b 的任一個霍金輻射 m_{ss} 的信息量，根據(1c) $2GM_b/R_b = C^2$ 和(1d)普遍式，$m_{ss}M_b = hC/8\pi G = 1.187\times10^{-10}g^2$。所以：

$$I_o = m_{ss}C^2\times2t_c = C^2hC/(8\pi GM_b)\times2R_b/C \equiv h/2\pi \qquad (62c)$$

(62c)證明任一黑洞 M_b 的每一個 m_{ss}，無論大小，其信息量都是 I_o，而與 M_b 和 m_{ss} 的量的大小無關。

（2）求任一黑洞 M_b 的總信息量 $I_m = 4GM_b^2/C$，總熵 $S_B = n_i\pi = \pi I_m/I_o$；

令 $n_i = M_b/m_{ss}$ 則按照(1d)：

$$n_i = M_b\, m_{ss}\,/m_{ss}^2 = \text{常數}/m_{ss}^2 = M_b^2/\text{常數} \qquad (63a)$$

按照(6c)式，$S_B = 2\pi^2 R_b^2 C^3/hG = \pi(2t_s\times M_bC^2)/H$

$$\therefore S_B = \pi(2\pi/h)\times(2t_s\times M_bC^2) = (\pi/I_o)(2t_s\times n_i m_{ss}C^2) = n_i\pi = \pi I_m/I_o$$
$$(63b)$$

$\therefore I_m/I_o = M_b/m_{ss} = n_i = S_B/\pi$　　　　　　(63c)

再用(1d)式，$I_m = I_oM_b/m_{ss} = 4GM_b^2/C$　　　(63d)

從(63b)式，

$S_B = (\pi/I_o)\ I_m = (\pi/I_o) \times 4GM_b^2/C = 2\pi^2R_b^2C^3/hG$　　　(63e)

注意：$n_i = M_b/m_{ss}$ 只是表明黑洞為 M_b 時的質-能總量是其當時 m_{ss} 的倍數，n_i 不是表明 M_b 最終能發射多少個 m_{ss}，因為黑洞 M_b 在連續發射 m_{ss} 時，M_b 變小，m_{ss} 變大。因此，黑洞最終能發射霍金輻射的實際數目應遠小於 n_i。

可見，$(63e) \equiv (6a) \equiv (6c)$　　　　　　(63f)

$n_i = M_b/m_{ss} = I_m/I_o = S_B/S_{Bbm} = 2\pi I_m/h = S_B/\pi$　　　(63g)

(63f)證明本文中所有公式的推導和計算完全是正確而自洽的。由 $m_{ss}M_b = hC/8\pi G = 1.187 \times 10^{-10}g^2$，

$M_b^2 = 1.187 \times 10^{-10}\ M_b/m_{ss}$。

$M_b = 1.09 \times 10^{-5}n_i^{1/2} = M_{bm}n_i^{1/2}$，再從上面的(63g)式：

$\therefore n_i = (M_b/M_{bm})^2 = M_b/m_{ss} = I_m/I_o = S_B/S_{Bbm}$　　　(63h)

1-6-4　宇宙中物質、輻射能和信息量、熵之間的關係

（1）下面談談宇宙中物質、輻射能和信息量之間的關係。上面已經將輻射能與信息量（熵）之間的關係建立起來了。宇宙中只有 2 種獨立而又互相依存和轉換的元素：（物質）

粒子和輻射能，而信息量（熵）只是輻射能的構成部分，是不能單獨存在的。物質和輻射能二者之間的轉換關係服從於前面的(1b)式，即 $E = m_{ss}C^2 = \kappa T_b = Ch/2\pi\lambda_{ss} = \nu_{ss}h/2\pi$。在高溫高壓的宇宙早期，無數的二者是完全能夠按照(1b)式互換的。在現時宇宙的低溫低壓情況下，物質與輻射能是分離的，不能轉換。在特殊情況下，如恆星的核聚變中，物質可部分轉換為輻射能，表現為宇宙中熵(信息量)的增加。在現實中，無法將輻射能壓縮轉化為物質粒子。

$$E = m_{ss}C^2 = \kappa T_b = Ch/2\pi\lambda_{ss} = \nu_{ss}h/2\pi \qquad (1b)$$

$$E = m_{ss}C^2 = \nu_{ss} I_o \quad 或者 \ E/\nu_{ss} = I_o \qquad (64a)$$

可見，任何輻射能的信息量 I_o 是單個頻律內的能量，任何輻射能的能量 E 是其信息量 I_o 與其頻率 ν_{ss} 的乘積。

（2）根據(6d)--$M_{bm}C^2\times 2t_{sbm} = h/2\pi = I_o$，和

$$\Delta E\times \Delta t \approx h/2\pi = I_o \qquad (6e)$$

$$I_o = h/2\pi = M_{bm}C^2\times 2t_{sbm} = M_{bm}C\times 2R_{bm} \qquad (64b)$$

由(64b)可見，M_{bm} 不可能大於 10^{-5}g，R_{bm} 不可能小於 10^{-33}cm。否則，即違反測不准原理。因此，大於 10^{-5}g 的輻射能是不可能帶有信息量而存在的。

(3)由(1b)和(64b)可得：

$$I_o = h/2\pi = \kappa T_b\times 2R_{bm}/C \qquad (64c)$$

由(64C)可知，當 R_{bm} 作為宇宙尺寸 R 而膨脹時，輻射粒子溫度 T_b 作為宇宙輻射能溫度 T_r 反比於 R 下降，即可得出第三篇 3-2 章中的(3a)式 = (64d)，

$$T_r \propto R^{-1} \qquad (64d)$$

1-7 恆星級黑洞，其塌縮前後的霍金熵比公式(7a)的物理意義

1-7-1 恆星級黑洞塌縮前後的霍金熵比公式(7a)

按霍金恆星塌縮前後的熵比公式(7a)，任何一個恆星在塌縮過程中，熵總是增加的。假設 S_b—恆星塌縮前的熵，S_a—塌縮後的熵，M_θ—太陽質量=2×10^{33}g，

$$S_a/S_b = 10^{18}M_b/M_\theta \text{[1]} \qquad\qquad (7a)$$

Jacob Bekinstein 指出，在理想條件下，$S_a = S_b$，就是說，如果熵在恆星塌縮的前後不變時，就從(7a)式可得出一個小黑洞 $M_{bo} = 2\times10^{15}$g。這個小黑洞常被稱之為宇宙的原初小黑洞 $= M_{bo}$。[1] 按照前面公式(1a) 到(1e)等，可得：

$M_{bo} = 2\times10^{15}$g 的密度 $\rho_{bo}= 0.7\times10^{53}$g/cm^3；視界半徑 $R_{bo}=3\times10^{-13}$cm； R_{bo} 上的溫度 $T_{bo}= 0.4\times10^{12}$k； 其霍金輻射 $m_{sso} = 6\times10^{-24}$g； $\qquad\qquad$（7b）

$M_{bo} = 2\times10^{15}$g 所包含的核子數 $n_{bo} = 2\times10^{15}$g/(1.66 $\times10^{-24}$) $\approx 10^{39}$，約等於靜電力與引力之比，即狄拉克大數。M_{bo} 的年齡按照（5a）式 $\tau_{bo} \approx$ 我們宇宙年齡。其半徑 R_{bo} 正是一個原子核的半徑。霍金曾認為，M_{bo} 有可能殘存在宇宙空間，科學家在 70 年代化 10 年尋找未果。可見，M_{bo} 實際上不可能存在於宇宙空間。

1-7-2 從 Bekinstein 對恆星塌縮的前後熵不變的解釋可以得出有非常重要物理意義的結論。

　　Bekinstein 對霍金公式 (7a)只作了一個簡單的數學處理，使其能夠和諧地成立。但是沒有給出其中的恰當的物理意義。作者認為，(7a) 應該能夠用於解釋恆星塌縮過程中有重要的物理含意。

　　首先，(7a) 表明黑洞在密度 $< \rho_{bo}=10^{53} g/cm^3$ 的塌縮過程中是不等熵的。這表示質子(超子)作為粒子在此過程中能夠保持質子的結構沒有被破壞分解為夸克，所以質子才有熱運動、摩擦和熵的改變。質子可變為超子 Λ 或 Σ，它們是具有高能量和高溫的質子，但它仍然由夸克組成。然而，既然密度從 $10^{53} g/cm^3$ 到 $10^{93} g/cm^3$ 的改變過程中，不管是膨脹還是收縮，熵不能改變，這顯然可看成為就是理想過程。因此，質子必須解體而不能再作為粒子，也就是說，質子在此過程中只能分解為夸克。換言之，夸克就是沒有熱運動和摩擦可在密度 $10^{53} g/cm^3$ 和 $10^{93} g/cm^3$ 之間作理想過程的轉變的。

　　重要的結論：現在宇宙中所能產生的最強烈的爆炸是超新星爆炸，它們所能產生的最大壓力只能將物質壓縮成密度約 $5 \times 10^{15} g/cm^3$ 的中子星或宇宙中最小的恆星級黑洞的核心，即超子 Λ 或 Σ。所以實際上，在恆星級黑洞塌縮的前後過程中總熵是增加的，因為要向外拋射出大量的能量－－物質。可見，從密度 $5 \times 10^{15} g/cm^3$ 到 $10^{53} g/cm^3$ 的塌縮或膨脹過程就是非等熵過程，質子的結構未被破壞。這特性也許就是質子

在宇宙中有超過 10^{31} 年的長壽命而難以被破壞的原因。在密度從 $10^{53}g/cm^3$ 到變為普朗克粒子 m_p 密度的 $10^{93}g/cm^3$ 的塌縮或膨脹過程是等熵的理想過程中，此時質子已經解體成為夸克。既然夸克在過程中作等熵運動，表明與膠子在一起的夸克可能是具有超導性的膠體，它們可以一直存在到密度達到 $10^{93}g/cm^3$ 的普朗克領域，而會成為阻止任何物體和黑洞內部質量引力塌縮的堅實核心。

在愛因斯坦建立廣義相對論的時代，他只知道引力和電磁力這 2 種長程力，在其作用下，物質所能達到的最大密度，是太陽中心的密度約為 $10^2g/cm^3$。那時，不知道還有核心密度為 $10^6g/cm^3$ 的白矮星，和密度為 $10^{15}g/cm^3$ 的中子星。更不知道弱作用力和強作用力可以組成密度為 $10^{16}g/cm^3 \sim 10^{53}g/cm^3$ 的質子，和密度為 $10^{53}g/cm^3 \sim 10^{93}g/cm^3$ 的夸克。因此，那時愛因斯坦和其他的科學家們想當然的認為，物質粒子的引力可以自由而無休止地收縮和增大密度而達到「奇點」。這是可以被理解的歷史原因。然而，現在主流的的科學家們還固執的堅持物質粒子的引力可以收縮而壓碎其中心堅實的高密度核心，再繼續塌陷成為「奇點」，這卻是盲目而失去理智的。

1-7-3 恆星級黑洞 M_{bs} 是宇宙中現有的最小黑洞，其內部不可能出現「奇點」。

在我們宇宙中，實際存在的有 3 種類型的大黑洞：1、恆星級黑洞 $M_{bs} \approx 6 \times 10^{33}g(3M_\theta)$ ；　2、巨型黑洞 $M_{bh} \approx (10^7 \sim 10^{12})$

M_θ；3、是我們宇宙黑洞 M_{bu} = CBH = 10^{56}g。

在宇宙從誕生到進入物質占統治時代（Matter-dominated Era）後不久，在每一個星系和星團的中心，都會塌縮出巨型黑洞 M_{bh}，類星體是部分巨型黑洞 M_{bh} 的少年時期。由於其質量巨大，所以其 R_b 很大，其密度 ρ_{bh} 很小，$\rho_{bh} < 10^{-1}$g/cm^3，所以在 M_{bh} 內也可能存在恆星級黑洞。至於我們宇宙黑洞 $M_u = 10^{56}$g，它誕生於普朗克領域，由無數的普朗克粒子 m_p 不斷地合併膨脹而成。在我們宇宙黑洞 CBH 內，有許許多多巨型黑洞 M_{bh} 和恆星級黑洞 M_{bs}，這是由實際的觀測已經證實的事實。

（1）在宇宙中獨立存在和運行的星體都有較大的質量，其中心必有對抗引力塌縮的較堅實的核心或者高溫抗體核心。

一個典型的慧星質量也有大約 10^{15}g，太陽的質量 $M_\theta = 2 \times 10^{33}$g，這些大質量的星體可用 3 種方式共同對抗其外層物質向中心的引力塌縮。

第一、質量小於 10^{15}g 的物體中，其氫原子的數目約為 $n_p < 10^{15}/1.67 \times 10^{-24} = 10^{39}$. 由於物質的質量小，所產生的引力收縮往往能為分子結構組成的物體所承受，而形成不改變結構的熱脹冷縮，因而可以沒有一個較堅實的核心。

第二、小於 0.08 $M_\theta > 10^{15}$g 質量的行星：其中心都有密度較大溫度較高的較堅實的核心。它一方面承受週邊物質壓力以對抗引力的塌縮，一方面又維持對週邊物質的足夠引力使其不會逃離出去，以保持該物體的整體的穩定性。這種氣

體或者固態行星的中心多為固態或液體的鐵所形成較堅實核心以平衡和對抗週邊物質的引力塌縮。

第三、質量大於 $0.08 M_\theta$ ＜ $150 M_\theta$ 天體會成為恆星：這類恆星由物質收縮所產生的高溫達到大於 1500 萬 k 時，其核心能點燃中心的核聚變，當核聚變發出的熱能能保持核心的高溫不下降，就能長期地對抗物質向其中心的引力塌縮。

我們知道，一般（3~8）M_θ 質量恆星演化的末期，在其核心的氫氦碳等元素在核聚變反應中耗盡後，經由引力塌縮會產生新星或超新星爆炸。根據原始恆星質量的大小，其內部殘骸可被壓縮成為白矮星、中子星、恆星級黑洞等緻密天體，或產生 Ia 型超新星爆炸成為粉末。但是主序星的質量若超過 $8M_\theta$，在演化結束前，如果不能拋掉足夠的質量成為穩定的白矮星，因此會成為中子星或是黑洞。所以演化的最後命運可有 4 種情況：1、白矮星由於吸收外界質量或與其伴星碰撞，而總質量超過錢德拉塞卡極限=$1.4M_\theta$ 時，就成為 Ia 型超新星爆炸成為粉末。2、白矮星：當恆星末期的質量 ＜ $1.4M_\theta$ 時，電子簡並壓力能夠支撐質量的塌縮，就成為白矮星。3、中子星：由於新星或超新星爆炸時，其中心殘骸受到爆炸時超強的內壓力壓縮而成。一顆典型的中子星質量 =（1.35~2.1）M_θ，其密度 ρ_n =（8×10^{13}~2×10^{15}）g/cm^3 = 原子核的密度，中心或成為 Λ 或 Σ 超子。4、恆星級黑洞：質量大於奧本海默-沃爾可夫極限（3.2 倍太陽質量）的恆星會繼續發生引力坍縮，則無可避免的將產生黑洞。另外，中子星也可與其伴星合併，或者掠奪外界的能量-物質而長大，當其總質量長大到 ≥

3.2M_θ 時，中子間的「泡利斥力」頂不住萬有引力的作用，就可成為一個約 3M_θ 的恆星級黑洞，其中心的密度 ≈ 中子星密度。

（2）恆星級黑洞 M_{bs} ≈ (2 ~ 3) M_θ 是現實宇宙中所可能存在的最小黑洞，它們可為（5 ~ 8）M_θ 的原始星雲經過核聚變後塌縮形成。而（8~50）M_θ 的原始星雲能否形成恆星級黑洞尚未有實際的觀測可證實。至於稍大的恆星級黑洞 M_{bsb} ≈ (3 ~ 10) M_θ 一般認為是 M_{bs} 吸收其週邊物質或與其它緻密天體碰撞合併而成。在宇宙空間發現的最小恆星級黑洞 ≈ 1.7 M_θ，最大約為 10 M_θ。

於是，M_{bs} =3M_θ = 6×10^{33}g 的數據是：其 R_{bs} = 9×10^5cm，再根據(1m)式，其密度 ρ_{bs} = 2×10^{15}g/cm^3。可見，M_{bs} 恆星級黑洞的密度 ρ_{bs} 就是中子星核心的密度，也就是現今宇宙中原子核的密度。這同時也表明，在現實宇宙中，所可能存在的最高密度的物質就是原子核，而新星和超新星的爆炸的內壓力也只能將單獨的元素壓合（聚合）成大小不同的原子核。現在宇宙中，尚無任何比超新星爆炸更強大的壓力可以將原子核壓縮以增高其密度。因此,恆星級黑洞 M_{bs} ≈ (2 ~ 3) M_θ 就成為現實宇宙中所可能存在的最小黑洞，從(1m)式可見，黑洞愈大，其密度愈低。這還表明，即使大於 3M_θ 的大黑洞內出現超新星爆炸，也只能塌縮出一個恆星級黑洞 M_{bs}。

可見，所有宇宙中獨立存在的實體，特別是能夠較長期存在的個體，其內部結構必定存在對抗自己引力塌縮的機制，即其內部的引力與熱抗力的斥力，引力塌縮力與其對抗

力能夠達到較長期的平衡和穩定的結果，各種星體和黑洞也不例外。各種物體和能量粒子團的本性表明：在其體積收縮時所增強的熱壓力是引力如影隨形的對抗力量，因此，只要能夠保持其熱量不流失和溫度不降低，它就不會收縮。其次，物質的結構之間的結合力和其組成的粒子之間的不相容也對抗著引力的收縮，即以結構的內能對抗其收縮的引力能，往往在其中心形成密度更大的堅實核心以對抗其週邊能量－－物質的引力收縮。黑洞在宇宙中長期存在的事實就表明其內部斥力（無法排出的熱抗力）與引力達到了極好的平衡，所以能保持長期的穩定存在，這就否定了黑洞內部具有無窮大密度的「奇點」存在的可能性。

（3）為什麼恆星級黑洞 M_{bs} 形成後，內部不可能靠自身能量-物質的引力收縮塌縮出「奇點」呢？

第一、因恆星級黑洞形成後，其內部物質已經是新星或超新星爆炸後的殘骸，它們再無可能產生核聚變，不可能再發生超新星爆炸，因而沒有強大的爆炸壓力來壓縮黑洞內的能量-物質繼續塌縮（見上小節）

第二、星雲之所以能夠收縮成為恆星，是因為物質粒子在收縮時所產生的熱量可由輻射能不斷地帶出粒子團以排除內部熱應力，使物質粒子團能繼續收縮到點燃核聚變而成為恆星，而恆星之所以能夠長期地發熱發光，就是因為散發出去的能量能與其核聚變產生的能量達到平衡。而當恆星級黑洞形成後，除了發射極其微弱的、看不見的霍金輻射 m_{ss}（<10^{-44}g）之外，黑洞內部（熱）能量在黑洞強引力的束縛下，

無法散到黑洞外面，黑洞內部所有物質收縮而產生的高溫抗力就足以與其總質能自身的引力達到平衡，而不可能繼續一直收縮成為「奇點」。

第三、雖然超子的密度也許還可以增加到 $5×10^{15}g/cm^3$ $~10^{52}$ g/cm^3，但不可能由黑洞內總質量自身的引力收縮來達到，而且其較高密度的超子核心結構完全能夠承受和對抗黑洞內質-能量自身的引力壓縮，使其無法再繼續收縮成為「奇點」。我們從上面知道，當質子或超子在極高的壓力下分解為夸克時，其密度更可達到（$10^{52}~10^{92}$）g/cm^3。可見，恆星級黑洞內不可能壓垮那些極高密度的核子物質，而塌縮出「奇點」。但相對論學者們掩耳盜鈴地不承認這些個事實。

第四、從以上各節可見，即使恆星級黑洞內真能繼續塌縮，也只能塌縮成普朗克粒子 m_p 在普朗克領域解體消失，而不是成為「奇點」。

第五、如果真如相對論學者們所說，黑洞內會塌縮出「奇點」，一旦「奇點」出現，必然在黑洞內出現「奇點」的「大爆炸」，結果只有 2 種可能：1、將黑洞炸成粉粹，黑洞消失了；2、是不能炸開黑洞，那這種「大爆炸」就會在黑洞內形成無窮盡的「塌縮成奇點——奇點大爆炸」的循環。我們宇宙空間有許多的恆星級黑洞，我們為什麼沒有感覺到奇點「大爆炸」的壓力和強引力的威脅呢？因奇點根本不存在。

第六、其實，我們宇宙本身就是一個巨無霸宇宙黑洞 CBH（證明可見第二篇），如果有「奇點」，它的「大塌縮」和「大爆炸」必然會威脅人類的生存，奇怪的是人類根本沒有感覺

到。這表明宇宙黑洞內根本就沒有「奇點」跡象存在。

1-7-4　霍金‧彭羅斯在解廣義相對論方程時得出的解和史瓦西度規對黑洞所得出的解，二者的錯誤是相同的。

　　他們認為物質團在收縮成黑洞後，黑洞內部能量-物質的自身引力會繼續塌縮成「奇點」。他們說，黑洞形成後，內部出現 3 種反常狀態：1、內部時空顛倒。2、黑洞內部空間為真空。3、所有能量-物質都集中到黑洞內部中心成為「奇點」。他們之所以得出這些錯誤的結論，是由於他們在解廣義相對論方程時：1、是只考慮物質粒子收縮時的引力，而未考慮粒子收縮時引力能所產生的熱能，如不能排出，就能對抗物質粒子團的收縮。黑洞內的強大引力根本無法讓熱能排出黑洞外，因此黑洞內的物質粒子不可能收縮。2、當物質粒子團收縮形成黑洞之後，黑洞內外的狀態，如溫度密度等，都產生了極大地改變，不能用一個同一個連續方程來描述。（參考後面 3－3、3－4 兩章）

　　由於相對論學者們在解廣義相對論方程時，至少犯了上述 2 個根本性錯誤，所以他們的解必然導致背離實際的重大錯誤。因為他們假設恆定量物質團的收縮不需向外界排除熱量，就能收縮，這就根本違反了熱力學定律。

參考文獻：

1．王永久：《黑洞物理學》。湖南師範大學出版社。2000年4月。公式（4.2.35）。

2．蘇宜：《天文學新概論》。華中科技大學出版社。2000年8月。

3. 何香濤：《觀測天文學》。科學出版社。2002.4.

4. 本書後面 3-3、3-4。

5. 約翰・皮爾・盧米涅：《黑洞》。譯者：盧炬甫。湖南科學技術出版社。

6. 方舟の女文章。

http://www.gaofamily.com/viewtopic.php?p=29139

7. Jhon & Gribbin；Companion to The Cosmos (Chinise Version). 海南出版社。中國。2001。

第二篇　黑洞理論和宇宙學完善地結合成為《黑洞宇宙學》——新黑洞理論論證了宇宙起源於最小黑洞 M_{bm}，而不是「奇點」

> 伽利略：「宇宙是一本永遠在我們面前打開著的大書，它是用數學語言寫成的。只有學會它的語言，我們才能讀懂它，否則只能在黑暗的迷宮中瞎逛。」

前言

《黑洞宇宙學》的實質就是要能夠運用作者的新黑洞理論，寫出一部我們宇宙真實的《時間簡史》。

上面第一篇的黑洞新理論證明，一旦黑洞形成，除其最後變成最小黑洞 M_{bm} = m_p 普朗克粒子而解體消失在普朗克領域外，將永遠是一個黑洞。

第二篇是在用第一篇的黑洞新推導出來的公式，來解決我們宇宙的「生長衰亡」和演變中的一些重大問題：

1、完全證明了我們現在膨脹的宇宙 M_u = 10^{56}g 就是一個真實的宇宙巨無霸黑洞 Cosmo-BH(CBH)。哈勃定律就是我們宇宙極大量的最小黑洞 M_{bm} = m_p 合併所造成的膨脹規律。由於黑洞 M_b 規定了唯一密度 ρ_b，所以黑洞的平直性 $\Omega \equiv \rho_r/\rho_o \equiv 1$ 是黑洞的本性，因此科學家們數十年來，用「弗里德曼」模型所定義的 Ω 去判斷宇宙是開放還是封閉，實際上是一個偽命題。

而且，廣義相對論根本無法解釋哈勃定律。

2、按照時間對稱原理，假設在我們宇宙誕生前，有一前輩大宇宙的一次大塌縮，其最後的塌縮規律近似於我們宇宙誕生時的理想膨脹規律，因此可推導出公式(3c)，即 $t \leq [k_1(2G\kappa)/C^5]^{2/3}$，並由此計算出當前輩宇宙大塌縮到 $t_m = --0.5563\times10^{--43}s$ 時，形成了粒子之間和粒子內部的引力斷鏈，最後成為 $M_m = M_{bm} = m_p$ 在普朗克領域的爆炸解體消亡，而不可能塌縮成為「奇點」，而成為「奇點大爆炸」。其殘骸物必定會在 $t_m = +0.5563\times10^{--43}s$ 時重新聚集而恢復其引力、結合成為新的次小黑洞 $M_{bs} = 2M_{bm} = 2m_p$（上篇 1n），它們的出現就是我們新宇宙的誕生。新的極大量的 M_{bs} 的合併造成了宇宙的「原初暴漲」的「大爆炸」和直到現在的宇宙仍然以光速 C 膨脹。

3、作者用新的簡單的原理論證了我們宇宙為什麼有「原初暴漲（Original Inflation）」，並證明了宇宙現在的膨脹就是極大量的原初次小黑洞 $M_{bs} = 2M_{bm} = 2m_p$ 不斷地合併的結果。

4、用宇宙黑洞膨脹的表二對「宇宙大爆炸標準模型」的膨脹圖一和公式的對錯進行了驗算。由作者黑洞新公式計算出來的表二中的資料，即宇宙各時間階段膨脹的各參數值顯示了我們宇宙黑洞「時間簡史」各階段數值的確定性。

5、在第八章，從宇宙 7 種大小不同的典型黑洞 M_b 的演變來分析黑洞宇宙的演變，由各種黑洞的物理參數值，計算定出了我們宇宙演變「時間簡史」。

6、第九章用正確的黑洞理論來檢驗「大爆炸」標準宇宙模型公式的對錯。

2-1 證明我們現在宇宙是一個質量為 M_u $=10^{56}g$ 的真正的巨無霸宇宙黑洞（Cosmic-BH，CBH）。

> 克裡福特‧西麥：「也許最大的奇跡是一種好奇的小靈長類動物，脫離野蠻時代才幾千年，竟會向他周圍廣大的太空深淵窺測，並且遠索往古，試圖瞭解宇宙的結構和演化。」

2-1-1 現代各種精密的天文望遠鏡實際的觀測資料證明，我們宇宙球體是一個真正的「史瓦西宇宙黑洞 CBH」。

（1）Hubble 常數的實際的可靠的觀測數值是，$H_r = (0.73±0.05)×100$ kms^{-1} Mpc^{-1}，由此算出宇宙黑洞的實際密度 $\rho_r = 3H_o^2/(8\pi G)≈10^{-29}g/cm^3$. 並得出宇宙黑洞史瓦西時間 $t_{ub}^2 = 3/(8\pi G\rho_r)$，$\therefore t_{ub}= 0.423×10^{18}s = (134 ± 6.7)$ 億年。故宇宙的總質量可確定為 $M_r = 8.6× 10^{55}g$。

（2）WMAP 天文望遠鏡給出了宇宙真實可靠的年齡 A_u 的觀測數值是，$A_u = 137$ 億年. 由此可計算出，其視界半徑 $R_u = C×A_u=1.3×10^{28}cm$，其平均密度 $\rho_u=3/(8\pi GA_u^2)= 0.958×10^{-29}$ g/cm^3。 $\therefore$宇宙的總質量 $M_u=4\pi R_u^3\rho_u/3 = 8.8×10^{55}g$. 兩種不同的精確觀測資料得出 $t_{ub}=A_u$ 完全一致，證明宇宙完合乎黑洞的膨脹規律。

（3）證明我們宇宙是一個真正的史瓦西黑洞。從第一篇的公式(1m)可知，凡是符合公式(1m)的球體就是史瓦西黑洞。

$$\rho_b R_b^2 = 3C^2/(8\pi G) = 1.6 \times 10^{27} \text{g/cm} \qquad (1m)$$

取上面實際觀測值 $R_u = C \times A_u = 1.3 \times 10^{28}$ cm， $\rho_r = 3H_o^2/(8\pi G) \approx 10^{-29}$ g /cm^3，於是：

$$\rho_r R_u^2 = 10^{-29} \times (1.3 \times 10^{28})^2 = 1.7 \times 10^{27} \text{ g/cm} \qquad (1a)$$

於是 (1m) = (1a)。也表明上面的資料符合史瓦西公式(1c)，$GM_b/R_u = C^2/2$。再由黑洞新理論計算的宇宙黑洞現今的密度 ρ_b 與宇宙的現今的實測密度 ρ_r 幾乎完全相等，即 $\rho_b = \rho_r$。這是從理論上到實際上最強有力地證明瞭我們宇宙從誕生直到現在一直在合乎哈勃定律，而以光速膨脹的真正的史瓦西引力黑洞。

由(1c)，$GM_b/R_u = C^2/2$， 計算出黑洞的總質-能量-- $M_b = 8.7 \times 10^{55}$g.為了以後計算的方便，取我們宇宙黑洞的參數值為：

$$M_u = M_b = 8.8 \times 10^{55}\text{g}，R_u = 1.3 \times 10^{28} \text{ cm}，\rho_u = 0.958 \times 10^{-29} \text{ g/cm}^3. \qquad (1aa)$$

$M_u = M_r = M_b$ 再次證明了宇宙黑洞的真實性。

2-1-2 宇宙膨脹的 Hubble 定律一直就是宇宙誕生時，無數次小黑洞 $M_{bs} \approx （2M_{bm} = 2m_p）$ 的合併而膨脹的規律。

將 Hubble 定律運用到宇宙球體的視界半徑 R_u，t_u 宇宙的

年齡 $= A_u$

　　$M_u = 4\pi\rho_o R_u^3/3 = 4\pi(3H_0^2/8\pi G)C^3 t_u^3/3 = 4\pi(3H_0^2/8\pi G)C^3$
$t_u/3H_0^2 = C^3 t_u/2G = C^2 R_u/2G$ 　　　　　　　　　(1b)

　　從第一篇史瓦西公式(1c)，$2GM_b = C^2 R_b$，t_b 黑洞的史瓦西時間 $= R_b/C$

　　$M_b = R_b C^2/2G = C^3 t_b/2G = R_b C^2/2G$ 　　　　　(1c)

　　既然 R_u 是宇宙真實年齡 A_u 的視界半徑，由(1b)，它又是我們宇宙黑洞的視界半徑 R_b：

　　$\therefore t_u = t_b$，　　$R_b = R_u$，　$M_u = M_b$. 　　　　(1d)

　　因此，(1b) = (1c).

　　從而證實我們宇宙黑洞的膨脹完全一直在符合哈勃定律。由第一篇可知，黑洞只有與其它黑洞合併或者在吞噬外界能量-物質時才產生膨脹。因此，Hubble 定律所反應的是宇宙視界半徑的膨脹速度 $R_u/A_u = C$ 的規律。Hubble 定律是：

　　$V=HR$ 　　　　　　　　　　　　(1e)

　　當 $V= C$ 時，$R = R_u = Ct_u$

　　$\therefore H=1/t_u$ 　　　　　　　　　　　(1f)

　　這表明（1）我們宇宙黑洞 CBH 從宇宙誕生時刻起，其 R_u 就一直以光速 C 在膨脹；（2）、只有無數原生的次小黑洞 $M_{bs} \approx$ （$2M_{bm} = 2m_p$）的數目 $N_{bu} > 8.073\times10^{60}$ 時，宇宙才能合併 M_{bm} 一直以光速 C 膨脹，才能一直達到 $A_u = t_{ub} = R_b/C$。

　　什麼時候會發生 $A_u \neq t_{ub}$？一旦黑洞吞噬完外界能量-物質，黑洞就會停止膨脹，而改變為不停地發射霍金輻射，以減少 M_b 和 R_b，此時宇宙年齡 $A_u > t_{ub}$，--黑洞的史瓦西時間，

A_u 會繼續增長，Hubble 定律也就失效了。或許哈勃常數 H 變為極其微小、接近於 0 的負值，以極其緩慢的速度減少，以反映黑洞發射霍金輻射而微微地縮小 R_b 的情況，黑洞的壽命也極其緩慢的減小。

2-1-3 只有黑洞宇宙理論才能解決宇宙的「平直性」問題，即($\Omega = \rho_r / \rho_o \approx 1$)問題。

按照作者在第一篇黑洞新理論的 5 個基本公式，任何黑洞的平均密度 ρ_o 在確定的質-能 M_b 下只有一個確定值。我們宇宙作為一個真正的宇宙黑洞是有一確定 ρ_o 的巨大球體，所以($\Omega = \rho_r / \rho_o \equiv 1$) 是黑洞的本性，是必然的結果。因為 ρ_r 與 ρ_o 是同一的。因此，近百年來，科學家們根據弗里德曼的不實結論，對($\Omega = \rho_r / \rho_o \approx 1$)的爭論是一個毫無意義的偽命題。已經導致許多科學家提出某些錯誤的觀念，比如最明顯地是「尋找宇宙丟失的能量-物質」，其次「零點能」與「暗能量」等也與此有關。就從 $M_u = M_b = 8.8 \times 10^{55}$g 來看，我們宇宙黑洞一點能量-物質也未丟失，一點不少，當然也無一點額外的增多。

由 2-1-1 中可知，此地 $\rho_o = \rho_u = 0.958 \times 10^{-29}$g/cm^3，而 $\rho_r = 3H_o^2/(8\pi G) \approx 10^{-29}$g/cm^3。所以，$\Omega = \rho_r/\rho_o = 10^{-29}/0.958 \times 10^{-29} = 1.044$。而這個 $\Omega = 1.044$ 只不過是根據不實的弗里德曼模型理論所觀測和計算出來的誤差所造成的錯誤結果。但是，對於宇宙黑洞 M_b 來說，由於 $\rho_o \equiv \rho_r \equiv \rho_b$，所以 $\Omega \equiv 1$。

2-1-4 我們宇宙大黑洞 $M_u = M_b = 8.8×10^{55}$g 只能來源於無數最小黑洞 $M_{bm} = m_p$（普朗克粒子）的合併

從 1-3「黑洞的本性」可知，我們宇宙黑洞 CBH 不可能像恆星級黑洞一樣由其外界 5~8 倍 M_θ 的能量-物質收縮塌縮而成；也不可能像星系中心的巨型黑洞一樣，由其外界龐大的能量-物質收縮而成。因為這些黑洞的年齡 A_b 均有 $CA_b >> R_b$—其視界半徑，均在我們宇宙誕生後生成。只有我們宇宙黑洞的視界半徑 R_u 就一直以光速 C 在膨脹，所以其年齡 $CA_u = R_u$。因此推論，按照哈勃定律膨脹的我們宇宙黑洞，只能來源於無數個次小黑洞 $M_{bs} ≈ 2m_p$ 的合併，而造成其視界半徑 R_u 一直以光速 C 在膨脹。只有這一種可能。而黑洞吞噬外界能量-物質所造成的黑洞 R_b 的膨脹速度 V_b 不可能一直達到最高的光速 C。

2-1-5 再次嚴格證實我們宇宙黑洞來自 $N_{bu}=10^{61}$ 個最小黑洞 $M_{bm} ≈ m_p$ 的合併。

假如我們現在宇宙是一個真實的巨無霸宇宙黑洞--CBH，按照質-能不滅原理，它就必然來自大量宇宙誕生時最小黑洞 M_{bm} 的合併。為計算方便，資料仍取用最小黑洞 $M_{bm} ≡ m_p = m_{ss} = 1.09×10^{-5}$g， 其 $R_{bm} = 1.61×10^{-33}$cm， $T_{bm} = 0.71× 10^{32}$k， 令 N_{bu} 是 M_u 擁有原始 M_{bm} 的數目。如取 M_{bs} 來計算，結

果與取 M_{bm} 相同。因 M_{bm} 與 M_{bs} 的各種參數都同比增加。

$$N_{bu} = M_u/M_{bm}=8.8\times10^{55}/1.09\times10^{-5}=8.073\times10^{60} \qquad (1g)$$

假如我們宇宙是一個由 N_{bu} 個 M_{bm} 合併而成的宇宙黑洞，按照史瓦西公式(1c)，宇宙的 R_u 也應該準確地是 R_{bm} 的 $N_{bu} = 8\times10^{60}$ 倍。計算結果如下：

$$N_{bu} = R_u/R_{bm}=1.3\times10^{28}/1.61\times10^{-33}=8.075\times10^{60} \qquad (1h)$$

(1g) = (1h) 再次清楚地證明，我們宇宙 M_u 確實是由 $N_{bu} = 8.075\times10^{60}$ 個最小黑洞 $M_{bm} \equiv$ m_p 合併膨脹而成的宇宙黑洞。

從邏輯上看，如果我們現今的宇宙是一個一直膨脹的宇宙黑洞，它必然來源於無數最小黑洞的合併，關鍵在於找出這個最小黑洞的資料，即它是什麼？

2-2 根據什麼原理來確定我們宇宙準確的誕生時刻 $t_m = t_{sbm}$ ？

上節已從多方面論證了我們宇宙黑洞 CBH 只能來源於 $N_{bu} \times M_{bm}$。下面幾節將詳細論證 CBH 是如何誕生於 N_{bu} 最小黑洞 $M_{bm} = m_p$ 的原由和演變的過程。

既然我們宇宙 $M_u = M_b$ 的視界半徑 R_u 過去一直在按照 $R_u = Ct_u(t_u = A_u$ 宇宙年齡)在膨脹，我們就可以從宇宙縮小的方向往回看，以便找到宇宙較準確的、有根據的誕生時刻 t_m。上面所提到的，下面將論證宇宙在 $t_u = 10^{-43}s = t_{sbm}$ 時，就是要找到的 t_m。

我們宇宙黑洞球體之所以能連成一個整體，在於宇宙中所有物質粒子之間有足夠的時間以光速 C 傳遞他們彼此之間的引力。其充要條件是 $R_u = R_b = Ct_u = Ct_b$，R_u 是宇宙黑洞的視界半徑，t_u 是宇宙特徵膨脹時間，即從其中心將引力能以光速 C 傳遞到 R_u 末端的時間，因此才能將 R_b 內的總質能 M_b 聯繫在一起。

當對 t_u 一直往回看退縮小下去時（注意：由於我們宇宙是一個真實的宇宙大黑洞 $M_u = M_b$，而黑洞無論是膨脹還是收縮，在最後收縮成為最小黑洞 $M_{bm} = m_p$ 前，都永遠是黑洞，都遵循公式(1c)，所以 $M_b \propto R_b \propto t_b$），就會不斷地收縮成 t_b 所對應的小黑洞，最後達到一個極限，可使 $R_b \geq Ct_b$。因為當 t_u 減小時，R_b 和宇宙黑洞的質量 M_b 同比的減小，而其溫度 T_b

和密度 ρ_b 同比增加，質能會形成許多高溫高密度的粒子團，即「小元黑洞 M_m」，從黑洞理論可知，這實際上是在向最小黑洞 $M_{bm} = m_p$ 普朗克粒子方向收縮。

當 t_u 繼續減小下去時，那些在 M_b 內的小粒子團 M_m（其實是許多半徑為 R_m 的小元黑洞 M_m）的溫度和密度最終會高到無法被壓縮，使得縮小到最後 $R_u = R_m$ 時，就無法再縮小，最終也會達到一個極限，達到 $R_u = R_m \geq Ct_u$，這即造成任何粒子團 M_m 的中心引力無法傳遞到其邊界，也造成相鄰粒子團 M_m 之間無足夠時間傳遞彼此的引力，在此時刻 $t_u = t_m$ 造成了宇宙內所有粒子內外的引力斷鏈，它們只能在極高溫度下爆炸，變成碎末，無法繼續引力收縮。但從宇宙誕生膨脹的方向看，也正是在此時刻 $t_u = +t_m$，宇宙中的質-能會重新聚集形成高密度的新 M_m 粒子團（小元黑洞 M_m），而恢復其內外引力，此時 $t_u = t_m$ 就成為我們新宇宙誕生的時刻。相應的，我們應求出 t_m 時的 M_m 是什麼。

2-3 求宇宙誕生時，恢復引力鏈的那一時刻 $+t_m$，和重新結合成新粒子 M_m（如表 1）

2-3-1 宇宙「大爆炸」標準模型圖演變的 [t—T] 的對應關係值

表中資料來源於參考文獻[5]和[10]。從表中第 2 項到 13 項的輻射時代結束時，可用 (3--a)式 $Tt^{1/2}=k_1$ 和表 1 的資料表示，這是近代天體物理、宇宙觀測、基本粒子等的新成就，第 14 項可用(3—b)式 $Tt^{2/3}=k_2$ 近似地表示。k_1 ，k_2 為常數。

$$Tt^{1/2}=k_1 \text{[2][5]} \qquad\qquad (3\text{---}a)$$
$$Tt^{2/3}=k_2 \text{[2][5]} \qquad\qquad (3\text{—}b)$$

表 1 宇宙大爆炸標準模型 t—T 的對應值，此地表中的 t 即文中的 t_u：

t—宇宙特徵膨脹時間；T—宇宙（輻射能）溫度：

	t—特徵時間	T—特徵溫度	說明 [5][10]
1	$t = 0$	$T\text{--}\infty$	虛構的「奇點」
2	$t = 10^{-43}s$	$T=10^{32}k$	普朗克時代
3	$t = 10^{-35}s$	$T=10^{27}k$	大統一時代
4	$t = 10^{-6}s$	$T=10^{13}k$	
5	$t = 10^{-4}s$	$T=10^{12}k$	重子時代

6	$t = 10^{-2}s$	$T=10^{11}k$	
7	$t = 0.11s$	$T=3\times10^{10}k$	
8	$t = 1.09s$	$T=10^{10}k$	輕子時代
9	$t = 13.82s$	$T=3\times10^{9}k$	
10	$t = 3m2s$	$T=10^{9}k$	
11	$t = 3m46s$	$T=9\times10^{8}k$	
12	$t = 34m40s$	$T=3\times10^{8}k$	
13	$t \approx 4\times10^{5}yrs$	$T \approx 3000k$	輻射時代
14	t—直到現在	$T = 2.7k$	物質占統治時代

2-3-2　求宇宙誕生的準確時間 $t_u = +t_m$

設 d_m--兩相鄰粒子間的實際距離，M_u –宇宙往後退縮小時與 R_u 對應的宇宙總質能量，R_u—M_u 的視界半徑，t_u —宇宙質能團的引力從中心傳遞到其視界半徑的特徵時間--史瓦西時間，C—光速，ρ—宇宙質能團 M_u 的平均能-質密度 g/cm^3，H—哈勃常數，在宇宙膨脹的任一時刻，宇宙中任一地點的密度 ρ 相同。

$$d_m \geq C\times2t_u， \quad 即 d_m/2C \geq t_u \tag{3}$$

(3)式 d_m 是質能團 M_m 內外引力斷鏈條件。(3ab)是球體公式。　H = 宇宙在同一時間的哈勃常數。

$$H = V/R = 1/t_u \tag{3aa}$$

$$M_u = 4\pi\rho R_u^3/3 \qquad\qquad (3ab)$$

另一決定性條件是，當 M_u 退縮到最後成 M_m 在閥溫 T_m 可與輻射能轉換時，M_u 內大量的 M_m 就無引力而爆炸解體了。將(3aa) (3ab) (3ac)代人 (3)成為(3a)：

$$M_m = \kappa T_m/C^2 \qquad\qquad (3ac)$$
$$\therefore t_u^3 \le 3\kappa T_m/4\pi\rho C^5 \qquad\qquad (3a)$$

由哈勃定律可得出，將(3ad）代人(3a)成為(3b)：
$$\rho = 3H^2/8\pi G = 3/(8\pi G t_u^2) \qquad\qquad (3ad）$$
$$\therefore t_u \le T_m(2G\kappa)/(C^5) \qquad\qquad (3b）$$

從(3--a)，$Tt^{1/2} = k_1$，此地表中的 t 即文中的 t_u：
$$\therefore t_u^{3/2} \le k_1 (2G\kappa)/C^5 \quad 或$$
$$t_u \le [k_1 (2G\kappa)/C^5]^{2/3} \qquad\qquad (3c)$$

公式 (3a)，(3b)，(3c)都是從公式（3）推導出來的，所以3 式中的 t_u 是等值的。

求 k_1，從表 1 取 $t_u = t = 10^{-43}$s，其對應溫度 $T=10^{32}$k
$$\therefore k_1 = Tt_u^{1/2} = 10^{32} \times 10^{-43}s = 3^{1/2} \times 10^{10} \approx 1.732 \times 10^{10}$$
將 k_1 代入公式 (3c)， 得出下面(3ca)
$$t_u^{3/2} \le [(2G\kappa)/(C^5)] \times k_1 = 1.732 \times 10^{10}(2G\kappa)/C^5 \qquad (3ca)$$

由於 $G = 6.67×10^{-8}cm^3/gs^2$，$C = 3×10^{10}cm/s$，$\kappa = 1.38×10^{-16}gcm/s^2k$：

$\therefore t_u^{3/2} ≤ [(2×6.67×10^{-8}×1.38×10^{-16})/(3×10^{10})^5]×1.732×10^{10})] = 0.075758 ×10^{-74}×1.732×10^{10} ≈ \mp 0.1312×10^{-64}$，

於是最後得出（3d）：

$t_u^3 = 0.017217×10^{-128} = \mp 0.17217×10^{-129}$

所以當宇宙黑洞的 $R_u = R_b$ 收縮到粒子團 M_m 時，令 $t_u = \mp t_m$；於是，

$\therefore t_m = \mp 0.5563×10^{-43}s$ （3d）

可見，t_u 收縮到 $= \mp t_m$ 時，即是宇宙中所有 M_m 內和相鄰舊粒子間引力斷鏈的時間，也是新宇宙新粒子 M_m 在 $\mp t_m$ 恢復引力的時刻。M_m 粒子的溫度 T_m，

$T_m = k_1/t_m^{1/2} = 0.734× 10^{32}k$ （3e）

M_m 粒子質量和其相應的密度 ρ_m，視界半徑 R_m

$M_m = \kappa T_m/C^2 = 1.125 ×10^{-5}g$ （3f）

$\rho_m = 3/(8\pi Gt_m^2) = 0.5786× 10^{93}g/cm^3$ （3g）

$R_m = (3m_m /4\pi\rho_m)^{1/3} = 1.67×10^{-33}cm$ （3h）

$d_m = C×2t_u = 3.34×10^{-33}cm = 2R_m$ （3i）

2-4　$M_{bm} = m_p$　和　M_m 各種參數的比較

由上面計算可知，在我們宇宙出生時，引力斷鏈和恢復的新粒子 M_m 就是宇宙收縮退到最後的粒子，與第一篇中的最小黑洞 M_{bm} 和普朗克粒子 m_p 的比較結果列在下面的表中。由下面表中的資料可知，上節得出的粒子團 M_m（小元黑洞）就是 $= M_{bm} = m_p = 1.09 \times 10^{-5}$g $= (hC/8\pi G)^{1/2}$。

M_{bm}，m_p 和 M_m 的各種參數計算值的比較表：可見 M_m 就是 M_{bm}

M_m--引力斷鏈狀態	$M_{bm} = m_p$
$M_m = 1.125 \times 10^{-5}$g	$M_{bm} = 1.09 \times 10^{-5}$g $= m_p$
$t_m = \mp 0.5563 \times 10^{-43}$s	$t_{sbm} = 0.539 \times 10^{-43}$s $= t_p$
$T_m = 0.734 \times 10^{32}$k	$T_{bm} = 0.71 \times 10^{32}$k $= T_p$
$R_m = 1.67 \times 10^{-33}$cm	$R_{bm} = 1.61 \times 10^{-33}$cm $= L_p$

分析和結論：從邏輯推論上看，很明顯，既然我們宇宙現在是真實的巨無霸「史瓦西宇宙黑洞」，當將現在以光速 C 膨脹的「宇宙黑洞」往回看時，歸根結底，我們現在的宇宙黑洞 CBH 只能誕生和來源於宇宙誕生時的 N_{bu} 個最小黑洞 M_{bm} 的合併，因為在整個宇宙黑洞的連續膨脹過程中，在其任何一個中途時期，不可能突然發生出現某種強大的宇宙塌縮力，塌縮出一大群大於 M_{bm} 的黑洞，然後膨脹成現在的宇宙黑洞。上面的 2-1-2，2-1-4，2-1-5 已證明了我們宇宙來源於 $N_{bu} = 10^{61}$ 個 M_{bm} 的合併。

2-5 前輩宇宙是如何在普朗克領域消失的？

我們的物質-能量宇宙不可能來源於虛無。按照時間對稱原理，假設有個前輩大宇宙有一次「大塌縮」，很顯然，其最後的塌縮規律與我們宇宙誕生時的膨脹規律應極其近似，由第一篇 1-7 章可知，塌縮與膨脹都應是處於高密度理想狀態，其最後塌縮的結果在（--t_m）時刻只會同時產生 3 種狀態：相鄰粒子 M_m 之間的引力斷鏈、$M_m = M_{bm} \equiv m_p$、在第一篇已經論證了 $M_{bm} = m_p$ 只能爆炸解體消亡在普朗克領域。這是前輩宇宙塌縮成普朗克粒子的一次「大塌縮」式的「前大爆炸」，即所謂「Big Crunch」。

前輩宇宙塌縮成為 $M_{bm} = m_p$ 在普朗克領域的前「大爆炸」在--t_m時刻造成的 3 種結果為我們宇宙的誕生提供了充分和必要的條件：第一，前「大爆炸」使前輩宇宙發生「相變」，即從「塌縮相」轉變為「膨脹相」，從而阻止前輩宇宙繼續塌縮成為「奇點」。第二，前輩宇宙的大塌縮最後的前「大爆炸」使宇宙密度和溫度的少許降低而使宇宙中能夠產生比 M_{bm} 稍大、壽命比 M_{bm} 的史瓦西時間稍長的「新小黑洞」M_{bs}，他們才是我們新生宇宙的、能夠穩定成長的實際細胞。第三，前「大爆炸」使 $M_{bm} = m_p$ 解體後的全部能量-物質碎末，為轉變組成為新宇宙的「新細胞」（新的最小黑洞 M_{bs}）提供了所有的能量-物質，它們的出現就是我們新宇宙的誕生。

2-6　我們新宇宙是如何從舊宇宙的廢墟中誕生的？

關鍵在於從前輩舊宇宙解體的廢舊能量-物質，能夠重新集結成為新的稍長壽命的次小的引力（史瓦西）黑洞 M_{bs} ≈（$2M_{bm} = 2m_p$）．其實，在 10^{32}k 和密度 10^{93}g/cm^3 如此高的普朗克領域，本來就是能量與粒子隨時都在湮滅和產生而互相轉換的。我們知道它們湮滅和產生的時間就是康普頓時間，即 Compton Time t_c = 史瓦西時間 t_{sbm}。因此，只有當在+t_m 時刻恢復引力的新生稍大粒子 M_{bs} 的壽命 τ_b 大於其康普頓時間 t_c 時，該粒子才能存活下來，長大下去，成為穩定的新小黑洞。上篇中已論證過，黑洞一旦形成，除因發射霍金輻射 m_{ss} 而最後變為普朗克粒子 m_p 而爆炸消失外，它將永遠是一個黑洞。按照霍金黑洞壽命 τ_b 公式：

$$\tau_b \approx 10^{-27} M_b^3 \text{ (s)} \tag{6a}$$

$$t_c = t_s = R_b/C \tag{6b}$$

因此，只有在 $\tau_b > t_s$ 時，即 $10^{-27} M_b^3 > R_b/C$ 時，新產生的次小黑洞 M_{bs} 才能存活，並互相合併或吞噬外界能量-物質而不斷地長大，從(6a) (6b) 和上篇(1c)公式，$GM_b/R_b = C^2/2$，得出：

$M_b = M_{bs} = 2.2 \times 10^{-5}g\ (\approx 2M_{bm})$ (6c)

M_{bs} 的壽命 $\tau_{bs} = 10^{-27}M_{bs}^3 = 10^{-27}(2.2 \times 10^{-5}g)^3$

$\therefore \tau_{bs} = 1.06 \times 10^{-41}s$ (6d)

$\tau_{bs}/\tau_{bm} = \tau_{bs}/t_{sbm} = (2.2/1.09)^3 = 8$ (6e)

$\tau_{bs}/t_{sbm} = 1.06 \times 10^{-41}/1.07 \times 10^{-43} = 100$ (6f)

可見，此 M_{bs} 與 1-1-1（1n）式中的 M_{bs} 完全相同，其壽命 τ_{bs} 比最小黑洞 $M_{bm} = m_p$ 的壽命 τ_{bm} 增長約 8 倍多。這就是許多新生的 M_{bs} 能穩定和互相合併而繼續長大的原因。

在當時「宇宙包」裡如此高密度 $\approx 10^{93}g/cm^3$ 下，密度和溫度因「前大爆炸」的膨脹而少許降低後，是很容易形成稍大的 $M_{bs} \approx 2M_{bm}$ 新次小黑洞的。

我們宇宙誕生時的「大爆炸」：一旦大量的新 M_{bs} 在 $+t_m$ 之後形成，它們是在極高密度下緊貼在一起的，於是立即合併將它們連在一起，由無數的 M_{bs} 合併成稍大的黑洞，而產生「原初暴漲」，此即我們宇宙的「大爆炸」，造成了宇宙的「空間大暴漲」。此後，無數緊貼著的 M_{bs} 不停地合併膨脹，造成了我們宇宙以光速 C 膨脹到現在。在「原初暴漲」後，次小黑洞 M_{bs} 迅速長成為較大的「原初小黑洞 $M_{bo} = 10^{15}g$」。它們再繼續合併造成以光速 C 的膨脹形成了現在 137 億年的膨脹宇宙。

結論：我們宇宙誕生的幾個必要條件和過程是：

第一、必有前輩宇宙及其無數的最小黑洞 M_{bm} = m_p=1.09×10^{-5}g 在「--t_m」時的引力斷鏈消亡，為我們新宇宙提供了充足的能量-物質。

第二、前輩宇宙最後在普朗克粒子的爆炸解體使宇宙從「塌縮相」轉變為「膨脹箱」，阻止了宇宙出現「奇點」。

第三、前輩宇宙及其舊的最小黑洞 M_{bm} = m_p 的爆炸使「宇宙包」裡的溫度密度少許降低，而能夠產生較大的較長壽命的穩定的新次小黑洞 M_{bs} ≈（2M_{bm} = 2m_p），它們就成為產生新宇宙的胚胎。只有極大量的 N_{bu} > 10^{61} 個 M_{bs} 胚胎形成後，它們的合併才可能使宇宙膨脹成我們現在的宇宙黑洞 CBH。

第四、從前輩宇宙在「--t_m」時刻的引力斷鏈，到「+t_m」時刻的引力恢復，都是在普朗克領域的膨脹狀態下進行，不可能使宇宙密度達到無限大。該領域作為一座橋，使舊的「前輩宇宙」直接過渡到新的「現在宇宙」，從而避免了 t = 0 時「奇點」的出現。

2-7 宇宙「原初暴漲」的新機理和宇宙誕生的「大爆炸」

奧康姆剃刀:「從簡的回答是最好的回答。」

作者用宇宙誕生於「最小黑洞 M_{bm} 的合併」原理,對宇宙「原初暴漲」的機理、過程和終結時間提出了最新最簡單的解釋和計算。認為宇宙「原初暴漲」終結的時間 t_0 就是將宇宙總質能 M_u 內所有 $N_{bu} \times M_{bm}$ 連成一個整體的「宇宙包」、而造成宇宙黑洞「空間暴漲」的結束時間。

說明:(1)本節仍然用最小黑洞 $M_{bm} \equiv m_p$ 的參數值以代替次小黑洞 M_{bs}。(2)按照第一篇的(1c)和 1-3,一個孤立的黑洞不會膨脹,只有 2 個或許多黑洞碰在一起才產生膨脹。(3)在我們宇宙誕生時,由於我們「宇宙包」內有超過 N_{bu} 個 M_{bm},外面還可能有許多「宇宙包」緊緊地捆綁在一起。因此,單獨幾個 M_{bm} 是無力長期膨脹的,所以只有整個「宇宙包」內有超過 N_{bu} 個 M_{bm} 連成一體,才造成突發的強烈的空間膨脹,即「宇宙的原初暴漲」=「大爆炸」。

從上幾節可知,令現在黑洞宇宙的總質量 $M_b = M_u = 8.8 \times 10^{55}$g, 它來自宇宙誕生時;

$N_{bu} = 8 \times 10^{60}$ 個最小黑洞 $M_{bm} \equiv m_p = 1.09 \times 10^{-5}$g 的合併。因此,我們宇宙黑洞 137 億年的膨脹就是那諸多 N_{bu} 個最小黑洞不斷合併產生的光速 C 膨脹。

　　下面將證明從宇宙誕生到將原始「宇宙包」內所有組成 M_u 的 $N_{bu} \times M_{bm}$ 連成一整體的時間為 $t_o = 10^{-36.5}$s。已知 M_{bm} 的視界半徑 $R_{bm} = 1.61 \times 10^{-33}$ cm。

2-7-1　將 N_{bu} 個 M_{bm} 連接成一體為 M_u 宇宙包的時間。假設某個 M_{bm} 在誕生後需要 2 或者 3 倍的 t_{sbm} 時間將其鄰近的 N_m 個 M_{bm} 連接起來，t_{sbm} 是最小黑洞 M_{bm} 的史瓦西時間，$t_{sbm} = R_{bm}/C = 1.61 \times 10^{-33} /(3 \times 10^{10}) = 5.37 \times 10^{-44}$s. 當引力走完 $2 \times t_{sbm}$ 時，M_{bm} 所能夠連接的其它的 M_{bm} 的數目為 N_{bm2}，於是：

$$N_{m2} R_{bm}^3 = (2R_{bm})^3 , \quad N_{m2} = 8 \qquad (7a)$$

　　(7a) 式表明，當 M_{bm} 的引力傳遞時間從 t_{sbm} 延長到 $2t_{sbm}$ 時，M_{bm} 能夠連接 8 個 M_{bm}，那麼，該 M_{bm} 需要延長多少倍時間才能將所有 M_u 中所有的 $N_{bu} = 8.075 \times 10^{60}$ 個 M_{bm} 連成一體呢？

$$N_{bu} = 8.8 \times 10^{60} \approx 10^{61} = (8^{67.5}) \qquad (7b)$$

　　(7b) 式表明，在 M_{bm} 的引力走過 $(2^{67.5})$ 倍的 t_{sbm} 後，所有的 $N_{bu} (=8^{67.5} \approx 10^{61}) \times M_{bm}$ 就連成一體成為宇宙（M_u）的原初「宇宙包」了。

　　於是，$(2^{67.5}) \approx (10^{20.3})$，令 $n_{o2} = 10^{20.3}$ \qquad (7c)

現在以同樣的方式求 N_{m3}，即當引力走完 $3 \times t_{sbm}$ 時

$$N_{m3} R_{bm}{}^3 = (3R_{bm})^3, \quad N_{m3} = 27 \qquad (7d)$$

$$N_{bu} = 8.8 \times 10^{60} \approx 10^{61} = (27^{42.6})，而 (3^{42.6}) \approx (10^{20.3})，$$
令 $n_{o3} = 10^{20.3}$，所以

$$n_o = n_{o2} = n_{o3} = (10^{20.3}) \qquad (7e)$$

分析：正常合併膨脹：10^{61} 個 M_{bm} 正常合併膨脹在一起所須時間，由(7c) 和 (7e)可知，不管 t_{sbm} 以幾倍的時間延長，10^{61} 個 M_{bm} 連接成整個 M_u 所需的時間倍數是一樣的，即 $n_o = 10^{20.3}$ 倍。

原初暴漲：但從(7a)和(7d)看，由於大量最小黑洞 M_{bm} 的合併，其實就是 10^{61} 個「最小黑洞」在極高的溫度壓力下，彼此在一定時間內合併，並由共同的引力連成一體所產生的「宇宙大爆炸」，這必然會產生整個宇宙包的「空間暴漲」，這種「空間膨脹 ＝ 暴漲」 就是宇宙的「原初暴漲」＝「大爆炸」， 從(7a)看，當 M_{bm} 連接其它的 8 個 M_{bm} 時，其 R_{bm} 最終應會增長 8 倍，即 $8 = 2^3$ 倍。同樣在 (7d)， R_{bm} 最終也會增長 $27 = 3^3$. 但是實際上，當 t_{sbm} 延長到 $2t_{sbm}$ 時，其所連接的 M_{bm} 數就不只是 2^3，而可能是 $(2^3)^3 = 2^9$. 這說明「原初爆炸」就是將來不及膨脹的諸多最小黑洞也抱在一起同時合併所造成的巨大「空間膨脹」。因此，當時間 t_{sbm} 延長到 $3t_{sbm}$， 其所連接的 M_{bm} 的數目就應是 3^9. 下面用同一方式求一般規律的 n_o：

令　　　$N_{mn} = n_o^9$，和　$n_o = 10^x$　　　　　　　　(7f)

但　　　$N_{bu} \approx 10^{61}$，$10^{61} = 10^{9x}$　　　　　　(7g)

$x_1 = 61/9 = 6.8$，$n_1 =$　$(10^{6.8})$　　　　(7-1a)

（7-1a）是「暴漲」情況下 t_{sbm} 延長的倍數 n_1。現按照從 (7e)式的原理，可得出一個在沒有「暴漲」情況下的 x_2 和 n_2，稱為「正常合併膨漲」。

$x_2 = 61/3 = 20.3$　　　$n_2 = 10^{20.3}$　　　　（7-1b）

所以　　$n_2 = n_1^3$　　　或者 $n_2 = 10^{13.5} n_1$　　　（7-1c）

2-7-2 公式(7-1a) 和 (7-1b)證明了將所有 Mu 連成一體而組成整個「宇宙包」的可能有 2 種方式

但不管以何種方式，將所有 M_{bm} 連成一體為 M_u 所需的時間都是僅僅由 M_u 的總值所確定的。

（1）「原初暴漲」的結束時間：$t_{o1} = t_{sbm} \times n_1 = 5.37 \times 10^{-44} \times 10^{6.8} = 0.2 \times 10^{-36}s = 2 \times 10^{-37}s = 10^{-36.5}s$。　　　(7-2a)

（2）「正常合併膨漲」的結束時間：$t_{o2} = t_{sbm} \times n_2 = 5.37 \times 10^{-44} \times 10^{20.3} = 2 \times 10^{-24}s = 10^{-23}s$　　　(7-2b)

$t_{o2}/t_{o1} = n_2/n_1 = 2 \times 10^{-24}/2 \times 10^{-37} = 10^{13}$　　　(7-2c)

2-7-3 從（7-1a）和（7-1b）到（7-2a）和（7-2b），似乎可以推測出有 2 種「膨漲」的方式。

但是在實際上，極大量 M_{bm} 的極快速的「原始暴漲」必然使得「正常合併膨漲」沒有機會發生。所以「正常合併膨漲」的各種數值只能作為對「原初暴漲」極好的對比和參考。

（1）第一種是「原初暴漲」，即符合 (7-1a) 和 (7-2a) 的規律，其膨脹的時間從宇宙出生時的 $5.37×10^{-44}$s 到 $t_{o1} = 10^{-36.5}$s，但其膨脹的結果仍然會達到了與 ($t_{o2} = 10^{-23}$s) 時的「正常合併膨脹」的結果一致，2 種不同的結束時間 $t_{o1} = 10^{-36.5}$s 和 $t_{o2} = 10^{-23}$s 都達到了相等（一致）的視界半徑 R_b，即將整個 M_u 都連成一體，只不過是其終結的時間不同而已。因此，「原初暴漲」後在時間段從 $t_{o1} = 10^{-36.5}$s 到 $t_{o2} = 10^{-23}$s， 宇宙黑洞似乎在踹一口氣，成為光速 C 膨脹。

（2）第二種是「正常合併膨脹」（因為上面已經有了的「原初暴漲」，這種情況實際上無法產生），它符合(7-1b) 和 (7-2b)的規律， 其時間是 $5.37×10^{-44}$s 連續到 $t_{o2} = 10^{-23}$s，其膨脹結束時的 R_b 與 （1）種是相同的。 但二者結束的時間點是不相同的。1.是 $t_{o1} = 10^{-36.5}$s，2.是 $t_{o2} = 10^{-23}$s.

（3）從 $t_{o2} = 10^{-23}$s 直到現在， 我們宇宙黑洞的膨脹就成為合乎哈勃定律的正常膨脹，即 R_b 以光速膨脹，是由宇宙中小黑洞不斷合併長大所產生的。

順便說一下，宇宙暴漲的結束時間 $t_{o1} = 10^{-36.5}$s 和 $t_{o2} = 10^{-23}$s 是與 NASA/WMAP 所觀察到的「暴漲時間」大致相同的。

2-7-4 下面驗算作者「原初暴漲」新機理的計算與其他學者的計算資料作比較。

按照蘇宜《新天文學概論》中 12.7 節中的資料和計算資料，[2] 他寫道，在宇宙 t_{sbm} 為從宇宙創生起的宇宙年齡，到達 $t = 10^{-36}$s 時，宇宙經過「暴漲」的尺寸為 R_{-36} = 3.8 cm，根據其說法，宇宙尺寸 R 暴漲為：

$$R_{-36}/R_{-44} = 3.8/10^{-13} = 3.8×10^{13}\,[2] \qquad (7\text{-}4d)$$

他說宇宙體積暴漲了 $(3.8×10^{13})^3 = 10^{40}$ 倍。[2]

下面是作者的計算結果，可與蘇教授上面的資料作比較。

已知：宇宙誕生 t_{sbm} = 5.37×10^{-44}s 時 $M_{bm}=10^{-5}$g，其 R_{bm} = 1.61×10^{-33}cm，其 $\rho_{bm}=10^{93}$g/cm^3， 宇宙總質-能 $M_u=10^{56}$g，先求宇宙在誕生 t_{sbm} 時宇宙 M_u 的尺寸 R_{44}.

$R_{44}{}^3=3M_u/4\pi\rho_{bm}$ ，

所以 R_{44}= 2.8×10^{-13}cm $\qquad\qquad$ (7-4e)

前節已經證明，宇宙經過「原初暴漲」時間 $10^{6.8}$ 倍，在達到 $t_{o1} = 10^{-36.5}$s 後，就將所有的 $N_{bu}×M_{bm}$（$=M_u$）連接在一起，而與「正常合併膨漲」經過 $t_e = 10^{20.3}$ 倍 到達 $t_{o2}=10^{-23}$s 時的結果是相同的，就是說，整個宇宙 M_u 都由同樣大小黑洞 M_{bo} 組成。

現在求「原初暴漲」到 $t_{o1}=10^{-36.5}$s 後的 M_{bo}。由於最小黑洞 M_{bm} 的 R_{bm} 和 t_{sbm} 暴漲的倍數 $n_o=10^{20.3}$ 是相同的。所以，

M_{bo} 的 R_{bo} 是：

$R_{bo} = n_o R_{bm} = 10^{20.3} \times 1.61 \times 10^{-33} = 3.2 \times 10^{-13}$ cm，

所以　　　$M_{bo} = C^2 R_{bo}/2G = 2 \times 10^{15}$ g，

可見，$M_{bo} = 2 \times 10^{15}$ g 就是宇宙原初小黑洞。

所以　　　$\rho_{bo} = 3M_{bo}/4\pi R_{bo}^3 = 1.46 \times 10^{52}$ g/cm^3，

此時，宇宙密度 ρ_{bo} 也即是宇宙「原初暴漲」到 $t_{o1} = 10^{-36.5}$ s 後宇宙的密度。而此時宇宙的 R_{ub}（$R_{-36.5}$）是：

$R_{ub}^3 = 3M_u/4\pi\rho_{bo}$

所以　　$R_{ub} = 12$ cm　　　　　　　　　　　(7-4f)

$R_{ub}/R_{44} = R_{-36.5}/R_{-44} = 12/2.8 \times 10^{-13} = 4.3 \times 10^{13}$　　　(7-4g)

結論：

（1）比較(7-4d)與(7-4g) 2 式，它們數值是極其近似的，這表明作者提出的對我們宇宙誕生時所發生的「宇宙原初暴漲」的新觀點、公式、證明和結果都是正確的，與先前學者們的計算也是吻合的。

（2）宇宙從誕生於無數 $N_{bu} \times M_{bm}$（$= 1.09 \times 10^{-5}$ g）起，將 $M_u = 10^{61} M_{bm}$ 在從 5.37×10^{-44} s 到 $10^{-36.5}$ s 的時間間隔內以「空間暴漲」的「大爆炸」形式連接成一體，這就是宇宙的「原初暴漲」即「宇宙大爆炸」的正確機理。

（3）作者計算出來了宇宙「原初暴漲」的結束時間 $t_{o1} = 10^{-36.5}$ s，宇宙此時變成為由許多的原初小黑洞 $M_{bo} = 2 \times 10^{15}$ g 組成。但蘇宜的書並未指出暴漲的終結時間，可能以前的學者們也不知道何時終結。

2-8 從宇宙 7 種大小不同的典型黑洞 M_b 的演變，來分析各種宇宙黑洞的參數的變化規律。

桑德奇：「我們生活在一個黑洞之中，同另外一個世界完全隔絕。」

下面表二中的資料是研究黑洞和宇宙起源演變資料的寶庫，並將黑洞理論和宇宙學緊密地聯繫在一起，是我們宇宙演變的有實際資料和數據的「時間簡史」。

從前面可知，一旦新的 #1 最小黑洞 M_{bm} 在普朗克領域生成之後，它們在極高密度為 $10^{92} g/cm^3$ 的宇宙包裡是互相緊貼著的。它們最初的合併造成了宇宙的「原初暴漲」，即「大爆炸」。它們只有在不停地合併和膨脹才能降低內部的壓力和溫度。在「原初暴漲」後，最小黑洞「暴漲」成為 $2 \times 10^{15} g$ 的 #2 微型黑洞，即宇宙原初小黑洞。但這許多的微型黑洞仍然是在高密度約 $10^{53} g/cm^3$ 下緊貼在一起，他們的繼續合併造成宇宙的繼續以光速 C 膨脹，即從下面表二中從#1 最小黑洞經過 ⇒ #2 ⇒#3 ⇒#4 ⇒ #5 ⇒ #6 ⇒ #7 直到成為 #7 我們宇宙大黑洞 CBH，這就是我們宇宙黑洞演變的「時間簡史」。各個時期的「宇宙黑洞」的各個參數值均經計算後列於表二中。

表二中列出了宇宙在膨脹過程中7種典型黑洞的參數值。其中的M_b、R_b 、T_b 、τ_b（黑洞壽命）、ρ_b 、m_{ss}等可從

第一篇中的（1a）、（1b）、（1c）、（1d）、(1m)、（5a）等式中得到。

表二：宇宙在膨脹過程中 7 種典型黑洞的各種參數值。

黑洞型號；#1 最小黑洞；#2 微型黑洞；# 3 中型黑洞；#4 月亮型黑洞：#5 恆星級黑洞；#6 巨型黑洞；#7 宇宙黑洞。

黑洞型	#1	#2	#3	#4	#5	#6	#7
$M_b(g)$;	10^{-5}g;	2×10^{15}	2×10^{18}	10^{26}	6×10^{33}	10^{42}	10^{56}
$R_b(cm)$;	10^{-33};	10^{-13};	10^{-10};	10^{-2}	10^6;	110^{14}	10^{28}
$T_b(k)$;	10^{32};	10^{11};	10^8;	8	10^{-7}	10^{-15}	10^{-29}
$\tau_b(s \cdot y)$;	10^{-42}s;	10^{10}ys;	8×10^{27}ys	10^{44}y	10^{66}yrs	10^{92}yr	10^{134}y
$\rho_b($ g/cm^3);	7×10^{92};	7×10^{52}	2×10^{46};	7×10^{30}	1.5×10^{15}	7×10^{-2}	7×10^{-30}
$m_{ss}(g)$	10^{-5};	10^{-24};	10^{-27};	10^{-36}	10^{-44};	10^{-52};	10^{-66};
ni，	1;	10^{39};	4×10^{46};	10^{62};	4×10^{77};	10^{94};	10^{122};
$\lambda_{ss}(cm)$	10^{-33};	10^{-13};	6×10^{-10};	10^{-2};	1.8×10^6;	3×10^{14}	3×10^{28}
$d\tau_b(s)$，	10^{-42};	10^{-21};	10^{-18};	10^{-11}	10^{-3};	10^5;	10^{12}y
$v_{ss}(s^{-1})$	10^{43};	10^{23};	0.5×10^{20}	10^{12};	0.2×10^5;	10^{-4};	10^{-18};
$E_r(erg)$	10^{16};	10^{-3};	10^{-7};	10^{-15}	10^{-23};	10^{-31};	10^{-46};
$I_m(I_o)$，	I_o;	10^{39} I_o;	$4 \times 10^{46} I_o$;	$4 \times 10^{62} I_o$	$4 \times 10^{77} I_o$	4×10^{94} I_o;	10^{122} $\underline{I_o}$

下面再定出表二中的其它參數的公式來源；

m_{ss} 的波長 $\lambda_{ss} = Ch/(2\pi m_{ss}C^2)$，

由於 $m_{ss}C^2 \times 2t_s = h/2\pi = I_o$，所以，

$$\lambda_{ss} = 2Ct_{sb} = 2R_b，\quad 而頻率 \nu_{ss} = C/\lambda_{ss} \tag{8b}$$

黑洞的史瓦西時間 $t_{bs} = R_b/C$ $\tag{8c}$

霍金輻射的能量 $E_r = m_{ss}C^2$ $\tag{8d}$

由於 $\tau_b = 10^{-27}M_b{}^3$，所以微分後－$d\tau_b = 3 \times 10^{-27}\ M_b{}^2 dM_b$。如果令 $dM_b = 1$ 個 m_{ss}，則－$d\tau_b$ 就是黑洞發射 2 個鄰近 m_{ss} 之間所需的間隔時間。因此：

$$--d\tau_b \approx 3 \times 10^{-27}\ M_b{}^2 dM_b = 3 \times 10^{-27}M_b \times\ M_b m_{ss} \approx 0.356 \times 10^{-36}M_b \tag{5b}$$

令 $n_i = M_b/m_{ss} = (M_b/M_{bm})^2 = I_m/I_o = S_B/S_{Bbm}$ $\tag{63h}$

所有 m_{ss} 的信息量 ＝ 最小信息量 ＝ $I_o = h/2\pi$，而與 M_b 和 m_{ss} 的大小無關。$\underline{I_m}$ 是黑洞 $\underline{M_b}$ 的總信息量，

$$I_m = 4GM_b{}^2/C = n_i I_o. \tag{63d}$$

2-8-1 我們宇宙黑洞的生長衰亡規律和過程，即我們宇宙演變的實際的「時間簡史」。

表二中黑洞質-能量 M_b 從 $10^{-5}g \sim 10^{56}g$ 就是我們宇宙黑洞從誕生到現今的連續膨脹過程和演變歷史。宇宙在以光速 C 連續膨脹過程中，黑洞由小變大，列舉上面 7 種黑洞，各有其代表意義。我們宇宙在 137 億年以前誕生於無數宇宙最小黑洞 $M_{bs} \approx 2M_{bm}$ 及其後的合併，膨脹而成為現今 $M_u = 10^{56}g$ 的

宇宙大黑洞。這個膨脹過程完全證明我們宇宙黑洞是一個開放過程，僅僅這一點就證明廣義相對論方程的無能為力。所以只能用本書中新黑洞理論的 5 個公式取代該方程以解決黑洞和宇宙學中演變中的各種問題。

關於我們宇宙黑洞今後的膨脹演變有 3 種可能性：（1）如果現今宇宙黑洞外面已無能量-物質可被吞噬，宇宙黑洞就會一直發射霍金輻射，再經過約 10^{134} 年以後，將收縮成為 $M_{bm} = m_p \approx 10^{-5}g$ 的最小黑洞消亡在普朗克領域。（2）如果宇宙黑洞外尚有能量-物質可供吞噬，或者未來會與另外的宇宙大黑洞碰撞和合併。那麼，我們宇宙黑洞就會繼續因吞噬外界能量-物質而膨脹，在合併其它黑洞和吞噬完所有能量-物質後，就會不停地發射霍金輻射而不停地收縮，直到最後收縮成為 $M_{bm} = m_p \approx 10^{-5}g$ 普朗克粒子而消亡在普朗克領域。但宇宙的壽命就會大大的增加，而壽命 $>> 10^{134}$ 年。（3）如果我們宇宙誕生時的原生宇宙包的總能量-物質 $M_{ua} > M_u$（$= 10^{56}g$），即誕生時 M_{bm} 的數目多多於 $N_{bu} = 8.8 \times 10^{60}$ 的數目，即我們宇宙黑洞外還有許多原生的 M_{bm}，那麼我們宇宙黑洞就可能會繼續以光速 C 的速度膨脹，直到將所有 M_{bm} 都囊括進來為止。然後會以小於光速 C 的速度膨脹，吞噬完外界的能量-物質後，而後回到上面（2）的結果。這就是我們宇宙黑洞的一個生死輪回，即「時間簡史」。它符合宇宙中任何事物都有生長衰亡的普遍規律。

前面已經證明，我們宇宙黑洞—CBH 的 $M_u = 10^{56}g$ 誕生於 $N_{bu} = 10^{61}$ 個最小黑洞 $M_{bm} = m_p = 1.09 \times 10^{-5}g$，其視界半徑

$R_{bm} = 10^{-33}$cm。我們可將最小黑洞 M_{bm} 稱之為宇宙黑洞—CBH 的「元黑洞」。此時整個宇宙的視界半徑 $R_b = 10^{-13}$cm。隨著宇宙時間 t_u 的增長，$R_u = R_b = Ct_u$ 而增長，當然每個「元黑洞」的 R_b 也在增加，N_{bu} 在減少。而只有 $M_u = 10^{56}$g 保持為常數，$R_b < R_u$。只有到了現今，才使得 $R_u = R_b$，宇宙黑洞—CBH 膨脹成為 1 個大「元黑洞」。如果從宇宙誕生起，就有人類住在某「元黑洞」內的話，那麼，他所能看到的世界永遠只有 R_b 的範圍，而不知道自己「元黑洞」之外還有無數的其它的「元黑洞」，他的視界半徑 R_b 隨著 t_u 的增長而增長，直到宇宙誕生後 137 億年的今天，他才能看到一個 $M_u = 10^{56}$g 的大宇宙，但是他仍然看不到這個宇宙之外是什麼。不過，科學家們現在可從宇宙誕生時的微波背景輻射的異常現象，可判斷出我們宇宙之外，還有其它的平行宇宙的存在。

2-8-2 #1~#6 的 6 種原生小（元）黑洞都不可能存在於過去的宇宙中。

按照哈勃定律公式，t_u 是宇宙特徵膨脹時間，ρ_{bu} 為其相對應的宇宙密度。

$$t_u = (3/8\pi\rho_{bu}G)^{1/2} \qquad (8a)$$

在 t_u 約為宇宙誕生後 $t_u \approx 40$ 萬年時，即宇宙剛結束輻射時代 Radiation Era，那時宇宙密度已經下降到 $\rho_{bu} \approx 10^{-20}$g/cm³。而此時#6巨型黑洞的密度 $\rho_{b6} > 10^{-1}$ g/cm³。可見，在輻射時代結束之前，從宇宙背景輻射圖顯示，宇宙內

部的能量-物質密度是相當均勻的,物質和能量是可以相互轉化的。這些原初黑洞只能與緊貼在一起的其它的元黑洞合併而隨著宇宙的膨脹而膨脹,不可能單個地收縮而保存下來。可見#5、#6 號黑洞是宇宙膨脹到物質統治時代後,由於輻射與物質的分離,輻射溫度的降低比粒子溫度的降低快得多,於是大量的物質粒子才會收縮成為後生的 #5、#6 黑洞。

但是不管是原生黑洞,還是後生黑洞,只要其 M_b 相同,其它的一切特性和參數值 R_b,T_b, m_{ss},τ_b 都完全相同,其膨脹和收縮規律和命運也相同。

2-8-3 #1 最小黑洞 M_{bm};是產生我們宇宙的原細胞——原生最小黑洞。

$N_{bu} \approx 10^{61}$ 個 M_{bm} 的不斷地合併形成了我們宇宙的「原初暴漲」,即我們宇宙的「大爆炸」。之後它們繼續不停地合併膨脹又造成了宇宙黑洞以光速 C 的膨脹。它們是宇宙中有最高能量密度和溫度的粒子,也是宇宙中壽命最短的粒子,壽命 10^{-43} 秒。

$M_{bm} = m_p$ 是連接我們物質世界與普朗克領域的臨界點與轉折點,將二者天衣無縫地連接在一起,又分隔為本質截然不同的兩個物理世界,二者服從決然不同的規律。人類未來是否探測到、認識到普朗克領域的規律呢?

對「弦論」的質疑:從前面的證明可知,實際上,最小黑洞 $M_{bm} = m_p = 10^{-5}$g 普朗克粒子就是宇宙中最高能量的「弦」

--最大的能量粒子，其波長 λ_{ss} =2R_{bm}= 3×10^{-33}cm 為宇宙中最短的「弦」；其溫度=0.7×10^{32}k。我們宇宙只能誕生於 M_{bm}= m_p 的「弦」，所有的霍金輻射 m_{ss} 都是頻率和波長不同的「弦」，它們必須符合公式 (1b)的「弦」。

如果「弦論」中的「弦」不同於作者在本書中 m_{ss} 波長、溫度、相當質量的此「弦」，「弦論」與我們現實宇宙何干？

2-8-4 #2 微型黑洞稱之為「原初宇宙小黑洞」$M_{bo} \approx 2×10^{15}$g，它是宇宙「原初暴漲」後的結果。

它發射的霍金輻射 m_{ss} 相當於質子質量。它的總質-能量含有 $M_b \approx 10^{39}$ 個質子，其視界半徑只有一個原子核的大小。10^{39} 是狄拉克大數假說中的大數。它的壽命與宇宙的年齡相當。霍金在 1970 年代曾預言它們可能遺留而存在於宇宙空間，但實際不可能。因為當時的宇宙密度 ρ_u，即 M_{bo} 的密度 ρ_{bo}= 10^{15}g/cm^3，在如此高密度下，所有的 M_{bo} 只能緊貼在一起合併，並隨著宇宙的膨脹而膨脹，物質粒子和輻射能在不停地轉變，它們不可能殘存至今。

2-8-5 #3 中型黑洞. $M_{b3} \approx 10^{19}$g：其霍金輻射 m_{ss} 的質能 $m_e \approx 10^{-27}$g $\approx$ 電子質量。此時宇宙中多於質子數的正負電子會湮滅成為能量。

2-8-6 #4 月亮質量的黑洞 $M_{b4} \approx 10^{26}g$； 它們在其視界半徑 R_b 上的溫度 $T_b \approx 2.7$ k，即宇宙現在的微波背景輻射的溫度 2.7k。

從理論上說，如果現在宇宙空間有一些孤立的 $M_{b4} < 10^{26}g$ 黑洞，其 R_b 上的溫度 $T_b > 2.7k$，它就無法吞噬宇宙中的能量，只能向宇宙空間發射相當於 $m_{ss} > 10^{-36}$ g 能量的輻射，而不停地收縮其體積，直到最後收縮成為 $M_{bm} \approx 10^{-5}g$ 在普朗克領域爆炸而消亡。如果這些黑洞 $M_{b4} > 10^{26}g$，其霍金輻射溫度 $T_b < 2.7$ k，它就會吞噬完其周圍的能量後，再發射霍金輻射而收縮，最後收縮成為 $M_{bm} \approx 10^{-5}g$ 在普朗克領域爆炸而消亡。其壽命將極大地增加。

2-8-7 #5 恆星級黑洞 $M_{bs} \approx 6 \times 10^{33}g(3M_\theta)$；這類黑洞是後生的、它們是確實存在於宇宙空間的實體。

由於新星或超新星的爆炸後，其中心的殘骸在巨大的內壓力下塌縮而成。也有可能由於雙星系統中的中子星在吸收其伴星的能量-物質後，當質量超過 $3M_\theta$ 的奧本海默・沃爾可夫極限時，就會塌縮成一個恆星級黑洞。由於宇宙中多雙星系統，此類黑洞大多數隱藏於雙星系統中，也有一些恆星級黑洞孤獨地在宇宙空間漂浮。由於其溫度 $T_b \approx 10^{-7}k$， 即 $T_b << 2.7k$，所以它只會吸收其伴星和其周圍的能量-物質而繼

續增長其質量。它的壽命一般大於 10^{66} 年。實際上，尚無真實直接的觀測證據顯示恆星級黑洞是如何形成的。

2-8-8 #6 巨型黑洞 $M_{b6} \approx (10^7 \sim 10^{12}) M_\theta$：此巨型黑洞存在於星系團和星系的中心，他們是在宇宙進入物質為主的時代後的早期形成。

巨型黑洞內還可能存在有恆星級黑洞。類星體是其中的一些巨型黑洞的少年時期。[3]由於它們都處在星系團的中心，其週邊尚可能有許多能量-物質可供吞噬，因此，它們還在繼續長大。直到吞噬完週邊所有的能量-物質後，才會極慢地發射極微弱的霍金輻射。其壽命將大到 $10^{76\sim101}$ 年。

2-8-9 #7 我們宇宙巨無霸黑洞 $M_{bu} \approx 10^{56}$g：前面已完全證實我們現在的宇宙就是一個宇宙大黑洞。

哈勃定律所反映的宇宙膨脹規律就是我們宇宙無數最小黑洞 M_{bm} 合併所造成的膨脹規律。我們宇宙黑洞現在還在膨脹，這表明宇宙外面還有許多剩餘的 M_{bm} 和能量-物質可供吞噬。我們無法知道宇宙外面還有多少 M_{bm} 和能量-物質可被吞噬。我們宇宙黑洞現在發射的霍金輻射粒子 $m_{ss} \approx 10^{-66}$g，約隔 10^{12} 年才發出另外一個 m_{ss}。而 10^{12} 年比我們宇宙現在的年齡 137 億年還長呢。

2-8-10 不同大小質量黑洞 M_b 的霍金輻射 m_{ss} 有不同的特性。

第一、#1 最小黑洞只能爆炸解體在普朗克領域，產生最高能量的 γ-射線。

第二、在#1 最小黑洞 ~#2 微型黑洞 10^{15}g 之間黑洞 ：其霍金輻射 m_{ss} ≥質子質量（$p_m = 1.66 \times 10^{-24}$g ）≤ M_{bm} 最小黑洞 10^{-5}g。它們是高能量的 γ-射線。

第三、在在#2 微型黑洞 10^{15}g ~#3 中型黑洞 2×10^{18}g 之間的黑洞，它們所發射的霍金輻射 m_{ss} 的質量是介乎質子質量 p_m ~ 電子質量 e_m 的 γ-射線。

第四、在#3 中型黑洞 2×10^{18}g ~ #5 恆星級黑洞 6×10^{33}g 之間的黑洞，它們所發射的霍金輻射 m_{ss} 的波長是介乎 x 射線 ~ 最長的無線電波的輻射能。

第五、在#5 恆星級黑洞 6×10^{33}g~ #7 我們宇宙大黑洞之間的黑洞，它們所發射的霍金輻射 m_{ss} 是 10^{-44}g ~ 10^{-66}g， 根據它們的波長判斷，它們應該是目前尚無法觀測的引力波。

2-8-11 將#1 最小黑洞 $M_{bm} = 10^{-5}$g 與#7 我們宇宙大黑洞 $M_{bu} \approx 10^{56}$g 的各種參數值比較如下：

質量比值；$M_{b7}/M_{b1} = M_{bu}/M_{bm} = 10^{56}/10^{-5} = 10^{61}$；

視界半徑比；$R_{b7}/R_{b1} = 1.5 \times 10^{28}/1.5 \times 10^{-33} = 10^{61}$，

史瓦西時間比；$t_{s7}/t_{s1} = 0.5 \times 10^{18}/0.5 \times 10^{-43} = 10^{61}$；

R_b 上閥溫比值；$T_{b7}/T_{b1}=7\times10^{-30}/0.8\times10^{32}= 10^{-61}$ ，

m_{ss} 的比值；$m_{ss7}/m_{ss1} = 10^{-66}/10^{-5} = 10^{-61}$ ，

--$d\tau_b$ 是黑洞發射 2 個鄰近 m_{ss} 的間隔時間的比值 ：

$-d\tau_{b7}/-d\tau_{b1} =3\times10^{19}/3\times10^{-42} = 10^{61}$

m_{ss} 的數目 ni 比值；$ni_7/ni_1 = 10^{122}/1 =10^{122}$ ；

信息量 I_m 的比值；$I_{m7}/I_{m1} = 10^{122}/1 = 10^{122}$

黑洞平均密度 ρ_b 比值；$\rho_{b7}/\rho_{b1}= 7\times10^{-30}/7\times10^{92} = 10^{-122}$ ，

壽命比值；$\tau_{b7}/\tau_{b7} = 10^{142}/10^{-42} = 10^{184}$ ；

　　從上面的比值來看，#7 黑洞與#1 各種性能參數的比值，凡與黑洞質量 M_b 成正比或成反比的參數，其比值均為 10^{61}（與組成宇宙 M_{bu} 的最小黑洞的數目相同）；凡與黑洞質量 M_b^2 成比例的參數，其比值均為 10^{122}；黑洞壽命與 M_b^3 成比例，所以其比值為 10^{183}。這些準確的比例數值證明了本文新黑洞理論和所有公式的正確性和圓滿的自洽性。同時，也證明 EGTR 中存在無準確數值、無限大密度的「奇點」的荒謬性。由參數比值表看，可得出許多宇宙黑洞的新公式，

$t_u=k_1M_b$; $t_uT_b=k_2$; $t_u=k_3I_m^2$; $t_u=k_4\tau_b^{1/3}$ ，　　　（8b）

2-8-12 作者黑洞新理論和公式的正確性，可以完全從表 2 中計算出來，可從宇宙現在的真實密度 ρ_u 的正確性得到證實。

　　根據史瓦西黑洞的的本性公式（1m），可知，$\rho_uR_u^2 = $ 常

數。因此，

$$\rho_u = \rho_{b1} (R_{b1}/R_{b7})^2 = 10^{92}(10^{-61})^2 = 10^{-30}\text{g/cm}^3 \quad (8c)$$

重要結論：這就是宇宙當今的實際密度 $\rho_u = 10^{-30}\text{g/cm}$，可直接由黑洞公式和表 2 中的資料正確地直接計算出來，並完全與現代觀測資料相符合，這再一次驗證了作者在本書中提出的新黑洞理論的正確性。

2-9 用作者新黑洞理論正確的公式進一步比較和驗證「大爆炸標準宇宙模型」的演變資料的正確性和錯誤

2-9-1 宇宙的演化規律根據「大爆炸標準宇宙模型」可用兩種不同的簡單方式，即下面的圖一和公式(9-a)(9-b)來大致地描述。

這是學者們根據近代粒子物理學、熱力學、量子力學和近代天文觀測的成就而得出的結果。

首先，圖一詳細地標列出了宇宙在各個不同時期的演化過程中特徵時間 t 與輻射溫度 T 的相互對應的關係，其各種資料簡明正確而不夠精確，有誤差。[10][5]

其次，下面的公式(9-a)從量上定出了宇宙從輻射時代末期到大爆炸的過程中各個物理狀態參數間的變化規律：（從 $t = \pm 10^{-43}$ 秒到 $t = 4 \times 10^5$ 年）

$Tt^{1/2} = k_1$，　$R = k_2 t^{1/2}$（註 1），$RT = k_3$．$R = k_4 \lambda$，[2]　(9-a)

t—宇宙的特徵膨脹時間，　T—宇宙(輻射)溫度，R—宇宙的特徵尺度或大小，　λ—輻射的波長，　k_1，k_2，k_3，k_4—常數.

註 1：後面可證明，上面(9-a)中的 $R = k_2 t^{1/2}$，　$RT = k_3$ 並不正確。嚴格的說，應該更正改為 $R = k_2 t$，和 $TR^{1/2} = k_3$

圖一：宇宙「大爆炸」標準模型中溫度 T 與時間 t 演變的數值對應關係[10][5]

下面的（9-b）式定出了宇宙在物質占統治地位時代各物理狀態參數之間的近似變化規律和相互關係）$t = 4×10^5$ 年到現今）

$$Tt^{2/3} = k_6 , \quad R = k_7 t^{2/3} , \quad RT = k_8 , \quad R = k_9\lambda , \quad ^{<2>} \qquad (9\text{-}b)$$

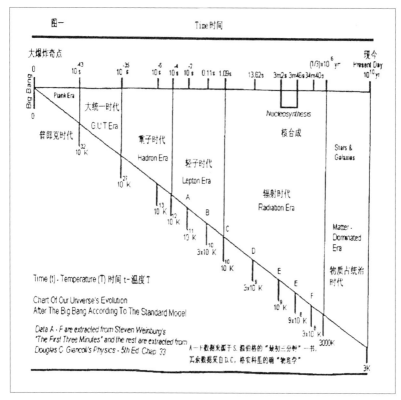

T，t，R，λ—同上，k_6，k_7，k_8，k_9，—常數。

上式 $Tt^{1/2} = k_1$ 和 $Tt^{2/3} = k_6$. 可參考 S. Weinberg 的 「最初三分鐘」之附錄。如果將圖一中的數值與按照(9-a)和(9-b)式中計算出來的資料相比較，t--T 相關數值大致相同。這就是建立在近代粒子物理基礎上的標準宇宙模型的演變資料，而且這

些資料也與近代的天文觀測資料 MBR（微波背景輻射）近似地相吻合。

　　我們如果給出一組宇宙演化的初始值或特定值，就可以取代(9-a)(9-b)中的各個常數 k_1……k_9，從而可以計算出對應於宇宙演化各個時間 t 和相對應的的其它各參數如 T， R，……。作為例子，用(9-b)驗證宇宙在物質占統治時代的各個物理參數的變化，粗略地計算結果如下：

　　$R_1/R_2 = (t_1/t_2)^{2/3}$，　　$R_1T_1 = R_2T_2$，　$T_1/T_2 = (t_2/t_1)^{2/3}$，　$R_1/R_2 = \lambda_1/\lambda_2$，如取 $t_1 = 13\times10^9$yrs，　$t_2 = 4\times10^5$ yrs，　則 $t_1/t_2 \approx 32$，500，$(t_1/t_2)^{2/3} \approx 1$，000.

　　取 $R_1=12\times10^{27}$cm，　則 $R_2=$ $R_1/1$，000$=12\times10^{24}$cm；取 $T_1=3$K，　則 $T_2=3$，000K；取 $\lambda_1= 0.1$cm，　則 $\lambda_2=10^{-4}$ cm。

　　註2：以上計算貌似正確，實際是錯誤的，因為 $R_1/R_2 = (t_1/t_2)^{2/3}$ 並不正確，見後面第三篇 3-2 章。我們宇宙黑洞一直在以光速 C 膨脹，「大爆炸標準宇宙模型」除了公式(1a)-- $-Tt^{1/2} = k_1$ 正確和計算數據合乎宇宙實際外，其餘全錯。

　　以上各參數的初始值可見於圖一，算出結果與近代觀測數值粗略近似地吻合。以上數值表明宇宙從物質占統治時代的最初時刻膨脹至今，時間膨脹了約 32,500 倍，尺寸擴大了約 1，000 倍，溫度則降低約 1，000 倍，輻射波長增長約 1，000 倍，大致符合 MBR(微波背景輻射)的觀測資料。

2-9-2 用黑洞理論和公式驗證大爆炸宇宙模型的膨脹圖——在輻射時期結束前的資料。

（1）取上面圖一中的「重子時代」相應的一對資料 t--T，例如：取重子時代內的 $t_u = 10^{-6}$s; $T_u = 10^{13}$k;

由哈勃定律，$\rho = 3H^2/8\pi G = 3/(8\pi G t^2)$　　　　　　（9a）

$\rho_u t_u^2 = 3/(8\pi G) = 1.79 \times 10^6$　　　　　　　　　（9b）

由 $t_u = 10^{-6}$s，　得 $\rho_u = 1.79 \times 10^{18}$g/cm^3，　由 $R_u = C t_u$，

$R_u = 3 \times 10^4$cm，　　　　　　　　　　　　　　　　（9c）

其相對應的黑洞 M_u 的質量是，

$M_u = 4\pi \rho_u R_u^3/3 = 2.023 \times 10^{32}$g，　　　　　　（9d）

（2）根據（1a）式 $Tt^{1/2} = k_1$ 求出 T_u，從第一篇 1-1 章中最小黑洞 $M_{bm} = m_p$ 普朗克粒子的參數，$R_{bm} \equiv L_p = 1.61 \times 10^{-33}$ cm；$T_{bm} \equiv T_p = 0.71 \times 10^{32}$k；最小黑洞 M_{bm} 的康普頓時間 t_c =史瓦西時間 t_s，$t_c = t_s = R_{bm}/C = 1.61 \times 10^{-33}/3 \times 10^{10} = 0.537 \times 10^{-43}$s。得 $T_p (t_s/t_u)^{1/2} = T_u$

所以，$T_u = 0.71 \times 10^{32}(0.537 \times 10^{-43}/10^{-6})^{1/2} = 1.65 \times 10^{13}$k；

可見，$T_u = 1.65 \times 10^{13}$k 與上面表中列出的 $T_u = 10^{13}$k 幾乎全相同。表明黑洞公式與圖一的數值吻合。

再驗算 R_{bm}/t_s 與 R_u/t_u，

$R_{bm}/t_s = 1.61 \times 10^{-33}/0.537 \times 10^{-43} = C$。

$R_u/t_u = 3 \times 10^4/10^{-6} = C$

$R_{bm}/t_s = R_u/t_u$，

而（$R_{bm}/t_s^{1/2} = 0.69 \times 10^{-11}$）$\neq$（$R_u/t_u^{1/2} = 3 \times 10^7$），

可見，上面(9-a)式中 $R = k_2t^{1/2}$ 是錯誤的。應改為 $R=k_2t$.

（3）驗證(9d)中的 $M_u = 2.023×10^{32}g$ 是一個史瓦西黑洞。

根據史瓦西黑洞公式(1c)，　$GM_b/R_b = C^2/2$. 求出，$R_b=2GM_u/C^2=2×6.67×10^{-8}×2.023×10^{32}g/9×10^{20} = 3×10^4cm = R_u$. 這證實了 M_u 就是一個真實的黑洞。

其實，可根據(9d)，(9a)和(9c)推導出公式(1c)--$GM_u/R_u = C^2/2$. 這表明，宇宙膨脹到任何時刻的 M_u 都是真實的黑洞。

驗算 $R^{1/2}T = k_3$，證明(9-a)式中 $RT = k_3$，錯誤，應該是 $R^{1/2}T = k_3$。（對輻射能的說明：$R^{1/2}T = k_3$ 用於宇宙是開放式膨脹，$RT = k_3$ 用於封閉系統膨脹）

對於 M_u　：$R^{1/2}T= (3×10^4)^{1/2}×10^{13}k=1.7×10^{15}$

對於　M_{bm} ：　$R_{bm}^{1/2}T_{bm}=$ $(1.61×10^{-33})^{1/2}×0.71×10^{32} = 0.9×10^{16}$。

可見，$R^{1/2}T = R_{bm}^{1/2}T_{bm}$。因此，$R^{1/2}T = k_3$，是正確的。

（4）M_u 黑洞內平均輻射溫度 T_u 與霍金輻射 m_{ss} 在其視界半徑 R_u 的溫度 T_{uss} 是完全不同的兩回事。

既然 M_u 是黑洞，可按照公式(1d)，$m_{ss}M_b=hC/8\pi G=1.187×10^{-10}g^2$，求出 M_u 的霍金輻射 m_{uss} 和其溫度 T_{uss}。

$$m_{uss} =1.187×10^{-10}/2.023×10^{32} = 0.57×10^{-42}g \qquad (9e)$$

所以　　$T_{uss} = C^2 m_{uss}/\kappa = 3.7×10^{-6}k$ \qquad (9f)

其實，還可直接從（8b）$t_uT_b=k_2$ 求出；

$T_{uss} =0.71×10^{32}×0.537×10^{-43}/10^{-6} = 3.8×10^{-6}k$

$T_{uss} = 3.8×10^{-6}k$ 與 $T_u= 10^{13}k$ 是差別巨大和完全不同的兩回事。T_u 是黑洞 M_u 內總質-能量的即輻射能的平均溫度。而

T_{uss} 是黑洞視界半徑 R_u 上的冷源溫度，是黑洞 M_u 在 R_u 上將其質-能量轉變為霍金輻射 m_{uss} 的閥溫溫度。因為

$$T_u t_u^{1/2} = k_1; \quad 而 \ t_u T_b (T_{uss}) = k_2。 \tag{9g}$$

（5）最重要的結論：圖一是根據近代科學觀測資料的公式計算出來的、真實的宇宙大爆炸標準模型膨脹資料表。表二是根據第一篇作者黑洞理論的許多新公式計算出來的宇宙黑洞的膨脹各參數的資料表。從上面一系列的計算資料可以得出結論，本文中作者推導出的黑洞理論新公式計算出來的表二中的資料和宇宙大爆炸標準模型圖一的資料，只有在宇宙演變的 $t = 4 \times 10^5$ 年內（輻射時代結束）的公式 $Tt^{1/2} = k_1$ 是一致的。而表二比圖一中計算出來的數值更準確。

[注]. 在蘇宜的「天文學新概論」和溫伯格的「宇宙最初三分鐘」裡，(9-a)式中均是 $R = k_2 t^{1/2}$，$RT = k_3$，而不是本文中的 $R = k_2 t$，$R^{1/2}T = k_3$。作者經過驗算圖一中在 $t = 4 \times 10^5$ 年內的各組 t—T 資料後證實，只有 $R = k_2 t$，$R^{1/2}T = k_3$，才是正確的，與圖一、哈勃定律和表二資料完全吻合。而 $R = k_2 t^{1/2}$，$RT = k_3$ 是錯誤的，與圖一中對應的各組 t—T 資料卻大相徑庭，溫伯格搞理論，大概也沒有對宇宙演變的參數進行驗算。可見(9-a)式中應更改為 $R = k_2 t$，$R^{1/2}T = k_3$

而且，從普朗克粒子 m_p 的參數來看，其 $R_{bm}/t_{sbm} = 1.61 \times 10^{-33}/0.537 \times 10^{-43} = 2.998 \times 10^{10}$ cm/s = C--光速。可見，在宇宙膨脹過程中，從宇宙誕生到現在，$R = Ct$ 完全成立，因為宇宙的膨脹都是諸多最小黑洞不停地合併而產生空間膨脹的結果。

2-10 對黑洞和宇宙學中的一些重大問題的解釋、分析和結論

2-10-1 根據本文中的新理論和公式對我們宇宙黑洞和生命的未來命運的探討

「奇點」被廣義相對論學者們定義為具有無窮大密度的點。廣義相對論方程中的粒子是點結構、粒子沒有熱壓力作為對抗力、零壓宇宙模型和定質量物質粒子的收縮等假設條件都違反了熱力學定律，就必然造成解廣義相對論方程時出現「奇點」的結果。正是這些錯誤的假設使 S・霍金和 R・彭羅斯在 50 多年前證明瞭我們宇宙誕生於「奇點」或「奇點大爆炸」的錯誤結論（其結論與史瓦西度規完全一致。見第三篇 3-4 章）。也就是這些假設導致錯誤的弗里德曼模型，用子虛烏有的平直性 $\Omega \neq 1$ 來判斷宇宙的命運。

本文在運用霍金的黑洞理論公式和其它經典理論公式的基礎上，進一步推導發展出來 2 個新的黑洞重要公式(1d) 和(1e)，證明了所有黑洞在吞食完其外界的能量-物質後，就開始不停地向外發射霍金輻射 m_{ss} 而收縮，直到最後只能收縮成為最小黑洞 $M_{bm} = m_p$ 普朗克粒子而解體，而不可能繼續塌縮為「奇點」。因此，本文的新理論和公式定性定量地確定了我們宇宙黑洞的命運只決定於其總質-能量 M_b 的值。

同樣，根據第一篇的新黑洞理論和公式，作者在第二篇推導出公式(3c)，即是 $t^{3/2} \leq k_1(2G\kappa)/(C^5)$，　並精確地計算出，

我們的宇宙並不是誕生於「奇點」或「奇點」的「大爆炸」，只能是誕生於大量的最小黑洞 $M_{bm} = (hC/8\pi G)^{1/2} \equiv m_p = 1.09 \times 10^{-5}g$，即普朗克粒子 m_p 的合併。

下面根據本書的新黑洞理論從生命的角度談談宇宙演變的幾種命運：

（1）從霍金黑洞的壽命公式（5a）可知，$\tau_b \approx 10^{-27}M_b{}^3$，我們宇宙黑洞的總質能量 $M_b = 10^{56}g$，如果外界空空如也，我們宇宙黑洞的壽命 $\approx 10^{134}$ 年，如果外面還有能量—物質可被吞食，壽命則 $>> 10^{134}$ 年。此後宇宙是無生氣的輻射能世界。我們無法推測這輻射能世界如何演變。

（2）按照 1974 年喬治（Georgi）和格拉肖（Glashow）的 SU（5）大統一理論，質子也不是永遠穩定的，它的壽命超過 10^{31} 年。但實際上美國、印度和日本等國的實驗尚無確切公認的證據，證實質子有衰變的跡象。有生命的世界在於質子的穩定存在，如果在 10^{31} 年之後，質子衰變崩潰了，即使宇宙黑洞遠未消失，對生命來說，一個毫無生氣的宇宙（能量）黑洞又有什麼意義呢？

（3）我們宇宙中之所以會出現生命，在於有氫原子的存在，一方面氫能組成生命所需要的水，一方面恆星的核聚變是供給生命能量的必要條件，同時最後還能合成生命所需的各種重元素。但是宇宙中的核聚變又在大量的消耗氫，這是個不可逆過程。宇宙中的明物質包括氫在內，也只占總能量-物質的 4%，一旦宇宙中的氫稀少或者稀薄到不足以產生核聚變形成恆星時，我們宇宙中的生命也就停止了。如果在現在

宇宙年齡為 1.37×10^{10} 年中，假設已經消耗了 1%氫的話，那麼，在宇宙年齡到達 10^{14} 年時，宇宙中可能因無恆星，生命早已經絕跡了。

2-10-2 作者在本書中的新理論只不過證實了 John & Gribbin 的預見

實際上 John & Gribbin 已在他的<Companion to the cosmos>一書中指出，「我們宇宙可能來源於 $M_{bm} \approx 10^{-5}$g 的粒子」[7]「（普朗克領域）實際上是我們宇宙誕生時的狀態。」[7] 作者在本文中只不過用一些正確的新公式和資料通過精密的計算準確地證實了 John & Gribbin 的這個正確的猜想而已。

2-10-3 宇宙現存的只能有#5 恆星級黑洞、#6 巨型黑洞和#7 宇宙黑洞中，它們內部都不可能出現「奇點」。

由(8a)式可知，比#5 恆星級黑洞更小的黑洞不可能在宇宙中存在。恆星級黑洞是由新星或超新星最後爆炸的極強大的內壓力壓縮其殘骸而成，其內部再無可能發生新星或超新星爆炸，而黑洞除了發射極微弱的霍金輻射（引力波）外，連光都逃不出去。內部引力能的收縮定會與其產生的高溫相對抗以達到平衡。這簡單的道理和邏輯推論，就可推翻彭羅斯和霍金等由簡化解廣義相對論方程，而認為黑洞內會出現

「奇點」的錯誤結論。至於星系和星系團中心出現的#6 巨型黑洞，是由宇宙進入物質占統治時期的早期，輻射與物質分離後，極大量物質粒子團在當時宇宙密度較大的情況下，由於輻射能的膨脹大於物質粒子的膨脹，使得物質粒子團排出熱量，而造成引力收縮而成，我們現在所能看到的類星體就是一些巨型黑洞的前身。在其內部，或早或遲都會收縮成高溫核聚變，而產生一些恆星級黑洞，但是我們無法透過巨型黑洞的視界測知到其存在。同樣，那些在巨型黑洞內的恆星級黑洞與我們在宇宙空間所看到的恆星級黑洞的性質應該是相同的，因為他們的參數值都為其總質-能 M_b 所決定。所以其內部同樣不可能出現「奇點」。至於#7 我們宇宙黑洞 CBH，其內部已經有#5 和#6 許許多多的黑洞，連更小的黑洞都不可能存在，更不可能出現和存在「奇點」。否則，處於宇宙黑洞內的生物和人類為什麼都沒有感覺到「奇點」爆炸或被「奇點」吞噬的危險呢？

本文在理論上和實際上都證明「奇點」是一些科學家在一些錯誤前提條件下，解廣義相對論方程得出的錯誤結果。（參看後面第三篇 3-3 和 3-4）

2-10-4 1998 年，澳大利亞和美國的科學家在測量遙遠的 Ia 型超新星爆炸時，發現了宇宙的加速膨脹現象。

這種加速膨脹發生在宇宙誕生後約 87 億年時。現在主流

的科學家們將產生加速膨脹的原因歸因於宇宙中出現了有排斥力的暗能量。作者在後面一文章中指出（參看後面的第三篇 3-9 章），宇宙的加速膨脹可能來源於我們宇宙黑洞在其 50 億年前與宇宙中另外一個宇宙大黑洞的碰撞和合併。因為黑洞在加速吞噬外界的能量-物質時，也會產生其視界半徑的加速膨脹（擴大）現象。由宇宙加速膨脹現象的產生，作者指出這也可能是多宇宙存在的體現。

2-10-5 多宇宙（平行宇宙）存在的極大可能性。

#7 我們宇宙巨無霸黑洞 $M_{bu} \approx 10^{56}$g。根據計算，將現在整個宇宙退回到其誕生時的普朗克領域時，其球半徑 $\approx 10^{-13}$cm， 就是說，初生的宇宙只有現在的一個氫原子的大小。由於我們宇宙現在還在按照哈勃常數定律以光速 C 膨脹，這表明我們宇宙黑洞 M_{ub} 現在的視界半徑之外還有多於 $N_{bu}=10^{61}$ 個的最小黑洞 M_{bm} 尚未合併進來，還在繼續合併。而且宇宙之外還可能有能量-物質存在，表明宇宙之外並非真空。而且，我們宇宙誕生時是如此之小，如果是前輩大宇宙塌縮而成，就不太可能只塌縮出唯一一個我們宇宙如此小的泡泡，定會同時塌縮出大小不同的、像葡萄珠一樣的許多宇宙小泡泡，在大宇宙膨脹之後，成為與我們宇宙平行的多宇宙，我們宇宙只不過是其中之一個小泡泡或一粒葡萄而已。

美國北卡萊羅納大學教堂山分校理論物理學家勞拉・梅爾辛・霍頓（the U.S. University of North Carolina at Chapel Hill， theoretical physicist Laura Mersin Horton）早在 2005 年，她和卡耐基梅隆大學的理查德‧霍爾曼教授提出了宇宙背景輻射在早期存在異常現象的理論，並估計這種情況是由於其它外在宇宙的重力吸引所導致。今年 3 月，歐洲航天局公佈了根據普朗克天文望遠鏡捕捉到的資料繪製出的全天域宇宙背景輻射圖。這幅迄今為止最為精確的輻射圖顯示，目前宇宙中仍存在 138 億年前的宇宙大爆炸所發出的背景輻射有異常現象。霍頓在接受採訪時說：「這種異常現像是其他宇宙對我們宇宙的重力牽引所導致的，這種引力在宇宙大爆炸時期就已經存在。這是迄今為止，我們首次發現有其他宇宙存在的切實證據。」[13]

2-10-6 我們宇宙外「大宇宙」的結構可能就是大黑洞內套著諸多小黑洞（平行宇宙）的多層次多宇宙結構。

從上節可見，我們宇宙黑洞CBH內的各個星系中心有巨型黑洞，包括我們銀河系中心也有巨型黑洞。在我們宇宙空間，還有許多恆星級黑洞。如果某些巨型黑洞內可能存在恆星級黑洞的話，那在我們宇宙就有3層大小黑洞套著。既然我們宇宙外現在還有大量的能量-物質被吞噬近來，而且近來已經發現已有其他宇宙的證據，表明我們宇宙只不過是誕生於一串葡萄中的一顆葡萄而已。至於我們宇宙之外有多少層更大的宇宙黑洞套著我們宇宙黑洞，而我們宇宙黑洞又有多少

平行的兄弟姐妹黑洞，這都是人類永遠無法知道的。人類本身不過是大宇宙中偶然的短暫的過客而已。假如我們宇宙內的某巨型黑洞內有類地行星，如果上面有高級智慧生命，我們與他們都無法通訊，對我們宇宙黑洞CBH之外就更加不可知了。

2-10-7　黑洞概念和宇宙學來源於經典理論，作者用經典理論解決問題合乎實際。

只有用經典理論和公式才能解決其中許多重大和懸而未決問題的，經典理論並未走到盡頭。這或許就是作者在文中能有幸的解決許多重大問題的緣故吧。

本文根據現成的經典理論和現成的有效公式就能闡明和推算出我們宇宙誕生時的演變機理、條件和過程，這種演變過程（見表2）完全符合最新的觀測資料和現有的物質世界的規律和物理定律，如因果律，質能轉變守恆定律，以及我們現在宇宙黑洞的膨脹規律。

如果本文排除了宇宙誕生於「奇點」或者「奇點的大爆炸」的不實論點，那就沒有必要在宇宙創生時給於任何特殊的邊界條件，也不必乞靈於上帝的奇跡或新物理學如量子引力論，弦論或超對稱理論等，它們只能對我們宇宙起源或對「宇宙大爆炸」作出諸多牽強附會的錯誤解釋.

北京時間 2013 年 5 月 6 日消息，據國外媒體報導，著名宇宙學家史蒂芬·霍金日前在加利福尼亞理工學院指出：「我

們的宇宙在大爆炸中產生，這個過程不需要上帝說明。」 但本文所證明的大爆炸不是霍金所說的「奇點」的大爆炸，而是大量最小黑洞 $M_{bm} = m_p$ 在普朗克領域合併時產生的「大爆炸」，即「原初暴漲」。

平行宇宙與我們宇宙可能有極大地差異，比如大小，物質與輻射能的比例，物質粒子的成分和結構，是否有反物質宇宙等。

2-10-8 黑洞 M_b 和霍金輻射 m_{ss} 與其每個 m_{ss} 的信息量 $I_o = h/2\pi =$ 最小單位（單元）信息量的統一

本文根據黑洞新理論推導出無論黑洞 M_b 和霍金輻射 m_{ss} 的量是多少，其每個 m_{ss} 的信息量 $I_o = h/2\pi =$ 最小單位（單元）信息量，並將質量—輻射能—信息量之間的關係定量地統一起來了。

這對研究任何波長的輻射能，如可見光熱輻射無線電波等的能量、波長、溫度的性質指出了新的途徑，有極其重要的意義。

2-10-9 我們宇宙的物質按照不同的溫度呈現出有序連接而類似物質的固體態、液體態、氣體態、等離子態 4 態。

本文在論證和計算黑洞宇宙的演變過程中，似乎無意中

看到了宇宙也有 4 態，黑洞新理論將這 4 態也有序地連接起來了。（1）當黑洞收縮成為最小黑洞 $M_{bm}= m_p$ 時，就成為宇宙中最高溫最高能的普朗克粒子狀態，它可比擬為宇宙的高溫量子態吧。（2）當宇宙溫度由普朗克領域降低到宇宙輻射時代—Radiation Era 結束時，宇宙中的物質粒子與輻射能處於共存和互相轉變的時代，可稱之為混沌時代。（3）當輻射時代結束，就進入物質粒子與輻射能分離的時代。在這個時代裡，宇宙變得透明了，物質粒子慢慢地在逐漸不可逆地轉變為輻射能。生命和人類只可能出現和存在於這個時代早期的極為短暫的時間裡。這就是我們現在所處的宇宙黑洞時代，或物質粒子愈變愈少的時代。當我們宇宙外所有的能量—物質被吞噬進我們宇宙黑洞後，宇宙就開始不停地向外發射霍金輻射，經過極其漫長的時間，直到最後所有黑洞變成為普朗克粒子而消失。（4）此後，於是宇宙空間充滿了極低溫的霍金輻射—輻射能。宇宙這種了無生息的狀態或可比擬為宇宙的低溫量子態吧。它將如何演變呢？這種太太遙遠的事件又有誰能知道呢？可見，人類在宇宙時空裡，都是極其渺小短暫的和極其偶然出現的。這才是宇宙真實的真理。

2-10-10　表二是宇宙各時間各參數值的新「時間簡史」，它準確自洽地描述了宇宙黑洞平滑的演變過程。

　　本文用黑洞新理論和公式計算出來的宇宙演變不同時期資料的表二是一部宇宙各個時間各參數值準確的新「時間簡

史」，它自洽地描述了我們宇宙作為黑洞 137 億年來平滑高速的膨脹演變過程。

而表現這個過程的各個物理參數之所以能夠連續平滑的演變，就是因為哈勃定律（$H = 1/t$）證實了我們宇宙黑洞 CBH 的視界半徑 $R_u = R_b$ 一直以光速 C 在膨脹，這是無數最小黑洞 M_{bm} 一直在不斷地合併的結果。近一百年來，無數科學家們耗盡心血，也未提出宇宙演變任何一個時期各種物理參數（M_u，R_u，T_u，ρ_u，t_u）的正確的、自洽的任何資料，「大爆炸」標準宇宙模型實際上只較準確地解決了從宇宙誕生到輻射時代結束之間的 t—T 關係問題，即 $Tt^{1/2} = k_1$ 問題，對其餘的物理參數值是沒有計算的公式的；而在物質占統治時代，$Tt^{2/3} = k_2$ 的誤差是相當大的。而且本文對宇宙誕生於最小黑洞 M_{bm}、原初暴漲、宇宙膨脹的哈勃定律都作出了新的理論論證和數值計算，還沒有任何一個資料是違反近代精密觀測儀器的測量記錄的。

值得注意的是，在上面第九章 2-9 中，作者用表二中黑洞演變的正確資料指出和糾正了宇宙「大爆炸」標準模型中（9-a）式中的錯誤。因此本文可名符其實的稱之為「黑洞宇宙學」，這是一部名符其實的、新的、有確切資料的、正確的「時間簡史」。

作者根據本文中的新理論、觀點和公式還在第三篇另作專文探討和解決其它的一些黑洞和宇宙學中的重大問題，如推演精密結構常數，推算出黑洞及其霍金輻射 m_{ss} 的熵 I_o，黑洞發射霍金輻射的機理，宇宙的加速膨脹，人造黑洞，計算微波背景輻射溫度的新方法，和對廣義相對論方程缺陷的分析和探討等等，從多方面驗證了本文中新理論和公式合乎實際的正確有效性。

2-11 宇宙黑洞中物質和輻射能的演變，人類的危機和命運

　　前面已經將輻射能與信息量（熵）之間的關係建立起來了。下面談談我們宇宙黑洞中物質、輻射能（信息量）之間的演變關係，及人類的前途和命運。

　　我們現今的宇宙中只有 2 種獨立而又互相依存和轉換的元素：運動著的（物質）粒子和輻射能（熱能）。物質粒子和物體在 4 種基本力（引力、電磁力、強力、弱力）和場的作用下產生運動和互相結合分解而具有能量，一旦其中的部分能量轉變為熱能（輻射能）時，就是一個熵增加的不可逆過程。宇宙黑洞不斷膨脹，和物質粒子轉變為輻射能都是我們宇宙中的不可逆的熵增加過程。

　　信息量是輻射能的構成部分，是輻射能存在和運動的一種狀態，按照(1b)式（$E_s = m_{ss}C^2 = \kappa T_v = \nu_{ss}I_o$）即可看出。物質和輻射能二者是相反相成和相輔相成而合為一體的。物質和輻射能都來源於時空。時空就如老子所說的「道」，「道生一」即是我們宇宙初期在高溫高壓下的物質和輻射能統一體。「一生二」即是宇宙降溫到輻射時代結束後，物質和輻射能完全分開為獨立的 2 部分。「二生三」表明宇宙在「物質占統治時代」生成星系恆星行星等，「三」生「萬物」即是說明某些行星在其恆星的適當作用和供給輻射能的條件下，演化出來生命萬物甚至智慧生物—人類。所以老子又說，「萬物生於有，

有生於無。」

宇宙中任何獨立、穩定的實體事物都是由特定量長壽命物質粒子--主要是質子和電子，在特定溫度區間的條件下，構成不同層次和不同結構的物（實）體。

物質粒子與輻射能在我們宇宙誕生後的早期，約在 40 萬年的輻射時代結束前，在那時相當高的溫度和壓力下（即在高於等於該粒子的閥溫 T_v 時），是按照公式 $E = mC^2 = \kappa T_v$，可以整體按照某些對稱原理不停地互相轉換的。在輻射時代結束後（約為宇宙誕生後 40 萬年）的物質占統治時代（Matter-dominated Era）直到現在，物質粒子根據(1b)式（$E_s = m_{ss}C^2 = \kappa T_v = v_{ss}h/2\pi = Ch/2\pi\lambda_{ss}$），在恆星中心的核聚變中，可逐漸一小部分一小部分地轉變為輻射能而向外發出，就是說宇宙中的物質粒子在緩慢地減少而轉變為輻射能的不可逆的增加。由上面(1b)式可見，任何一個輻射能具有 3 種不同的能量的表現形式而有相等的能量 E_s，所以它同時有其相當的引力質量 m_{ss}、閥溫 T_v 和震動頻率 v_{ss}。

宇宙中最簡單而能獨立穩定存在的長壽命物質粒子是氫原子，它是由一個在中心的長壽命的質子和一個外層的負電子結合而成，它是組成現實宇宙中任何複雜物質物體的基元單位。宇宙在週期表中的 100 多種元素都是由不同數量的氫原子在不同的溫度條件下（恆星中的核聚變，新星和超新星爆炸）結合而成。宇宙中任何複雜物質物體都由許多層次的、每一層次有許多不同的元素錯綜複雜地結合為分子而成。現在人類尚無能力人工製造核聚變，因此，無法人工將最簡單

的氫原子合成氦。就是說，人類尚無能力製造元素，宇宙中週期表中的 100 多種元素都是大自然偉大力量創造的產物，即恆星核聚變、新星和超新星爆炸的結果。

由於恆星內部的核聚變將部分物質變為輻射能（熱能）向外發射到宇宙空間，從而使得恆星周圍的行星能夠接收到熱量，使在其上面的物質粒子中的原子分子和電子都會因接受到輻射能的刺激而產生運動或被啟動，彼此之間在輻射能的作用下，由長期反復地接觸碰撞而產生化合，這就必定會逐漸產生出新的分子、複雜的無機物而後有機化合物甚至物種。同時恆星內的核聚變及其後的新星和超新星爆炸為生物進化成人類，和人類的生存和發展提供了所必須的各種元素。因此，人類的出現是大自然力量（恆星和核聚變）長期作用和演化的產物。

生命的主要奧秘不在原子裡，而在分子裡，即主要在原子外層的電子裡，在電子與輻射能的複雜的互相作用裡。從上面的論述可知，地球上幾乎具有週期表中所有的 100 多種元素，它們都來源於宇宙中前期的新星或超新星爆炸後的產物，而不是太陽製造的，太陽只能將氫製造出氦鋰鈹碳氧等較輕的元素。可見，我們太陽系是次生的恆星。

但是，地球上有千萬種不同的生物，甚至沒有兩片完全相同的樹葉。這種千變萬化的現象和千差萬別的結構不是由百來種不同的元素造成的，而主要是由千千萬萬不同的分子結構及其不同的結合和運動形態造成的；就是說，是原子的外層電子的不同結構和與輻射能複雜的互相作用造成的。從

植物 4 季的春生夏長秋收冬藏和花開花落，就可瞭解太陽輻射能溫度不大的差別對植物的生長衰亡有多麼大的影響和作用，那些微不足道的「光子小精靈」對地球上的生命有多麼大的神通啊。可人們現在尚不知道太陽輻射能（訊息）對植物分子中的外層電子是如何影響和作用（傳遞訊息）的。因為人們現在尚不知道運動中的電子結構（是點，是線，是面，是雲）的複雜狀態、運動規律、互相作用、和與輻射能如何作用等等，也不知道輻射能之間的複雜的互相作用。

宇宙中有不同量能級的輻射能 E_r，其最大能量 E_{sb} 與最小能量 E_{ss} 之比 E_{sb}/E_{ss} 是相差極大的 $E_{sb} / E_{ss} \approx T_{vb} / T_{vs} \approx \nu_{ssb} / \nu_{sss} \approx \lambda_{sss} / \lambda_{ssb} \approx 10^{60}$。 作者上面已證實各種不同的輻射能都有相同的信息量 I_o，但是各種不同的輻射能都有其特定的溫度、特定的頻率和波長。由第一篇的 6-4（2）節可知，當輻射能的相當質量 $m_{ss} > 10^{-5} g$ 或者波長 $\lambda_{ss} < 10^{-33} cm$ 時，是不可能帶有信息量 I_o 的，也就是說，宇宙中不存在有相當質量 $m_{ss} > 10^{-5} g$ 或者波長 $\lambda_{ss} < 10^{-33} cm$ 的輻射能。而且，所有相同頻率的輻射能的性質是相同的，互相作用主要來自共振效應。我們只知道當物體的分子運動、狀態、結構發生改變時，必須有相應的、足夠的輻射能參與。同時所帶有的信息量 I_o 也被一同帶進或者帶走了。

但是，我們不知道，所含不同頻率信息量的輻射能是對分子、從不同方向、在適當溫度和物質環境中，是如何反復長期作用的，如何能被某物體的複雜分子有序地感受、接受、共振，如何造成選擇性的吸收或排除作用，而產生新陳代謝

功能的。這些複雜功能的演進會形成有機大分子，而后形成 RNA 和微生物，進而形成蛋白質和 DNA。只有生物膜系統最後形成後，細胞膜能將 DNA，RNA 和蛋白質包涵在內演變時，才算完成了從無生物有機物到生命（單細胞生物）的起源過程。DNA 有序地、有選擇性地「突變」是物種演化的根源，形成了從微生物再到高級生物直到人類的慢長地進化和演變的過程。生物愈高級，其遺傳密碼 DNA 就愈複雜，其保存、修復、修改遺傳密碼的生物神經系統就愈複雜發達。在事物的進化（退化）即 DNA 的「突變」過程中，溫度的改變起著重要的作用，它表示對 DNA 作用的輻射能的波長和頻率的改變。

　　遺傳密碼的複製必須要有各種能量和輻射能的參與和物質粒子的新陳代謝，其資訊密碼的分子載體需具有感知功能，即由共振效應產生的選擇性的吸收和排除功能，這些功能之間互助合作關係的複雜化，也許就是生物對「各種感受的互相作用到產生喜惡情感」的來源。當生物和人類的情感在外界環境通過輻射能和微粒子的不斷作用和衝擊下，神經系統對其中某些東西經過各種嚴重的反復刺激、篩選和考驗，被感覺神經的經驗形成具有高度的穩固性和某些固定的特徵時，可能就形成了生物感情和思想的「慣性」，而成為人的各種「理性」的來源。長期慣性的許多「感情」和「理性」的交互作用形成了人的性格。所以性格就是人的慣性的生活、思想、行為方式。人們常說，性格決定命運，有相當大成分的道理。人的性格由其先天的遺傳基因和後天的長期經

歷和閱歷互相複雜的慣性作用而形成。人的性格也會因經歷而發生「漸變」，和可受到巨大的衝擊（巨大的打擊失敗或成功）而產生某些「突變」，「本性難移」和「脫胎換骨」都有可能發生，這取決於「外因」和「內因」在特的條件下的複雜作用和機遇。人生最大的矛盾就是「感性」和「理性」的矛盾，即「感性」的喜惡和「理性」的對錯所產生的反復較量。人在每天的日常生活中，無論所作的每一件大事還是小事，都是多種可能性選擇後的結果，是慣性的「感性」和「理性」作用衝突後選擇的結果。

「感性認識」和「理想思維」結合後使人們產生「分辨」和「分析」的能力，從而指導著人們的思想和行為作自認為正確的選擇，在處理自己和他人、社會、外界環境關係時，總會使自己在功名利祿、情權色、好惡各方面的權衡後，作出有成敗、利弊、得失、進退、升遷甚至死活等的選擇，並會引起其自身的喜、怒、憂、思、悲、恐、驚等狀態，進而採取相應的行為。快樂與痛苦不是絕對的，是矛盾的統一體，也會因人因事因時空而變化。老子：「禍兮福之所倚，福兮禍之所伏。」佛教：「禍福無門，唯人自找」，就是說，每個人的禍福苦樂都是其感受的知識經歷和理性的人生觀等綜合考量分析後選擇決定的結果。

人對世界的認識可能永遠是片面的，因為人們對世界的感知和各種事物之間的複雜聯繫和運動規律的認識永遠都是片面的。因此最好不應輕易談「改變世界」或「改造世界」，而應首先權衡利弊後，以便先「改變」和「改造」自己，即

修正過去舊的、片面的、甚至錯誤的思想觀念和行為。所以人的「認識世界」和隨後的「改變自己」的目的應該是使人類更適應、更和諧地與自然界共同生存和發展。人類製造飛機大炮汽車是「改造世界」了，但當它們過度發展造成環境的嚴重污染和損害人類自身時，那就是在破壞世界。此時，人就必須限制和改變自己的行為以適應環境，就是說，人的行為必須得和世界（自然）環境達到動態平衡，才可共同持續的發展。人類在「改變和改造物質世界」的同時，必然也在或多或少的「破壞」世界。世界上沒有「百利而無一害」的好事。只有當「改變」與「破壞」、「好作用」與「壞作用」取得適當的動態平衡時，才能持續的發展和進步。

三峽大壩是真的「改變了世界」，在廣大地區改變破壞了幾千上萬年形成的人類與自然界的平衡，這種平衡是那裡的人們的生存和生活已經適應慣了的，建大壩後的「突變」改變了長江上下游廣大地區的氣候溫度雨量河流湖泊地質地貌地震和動植物的生態環境，從而它突然地改變了人與自然過去的既定的平衡互動關係，必然在今後很長的時間裡，對那裡的人們造成生活和生存的災亂，如果人們為消除災難所付出的損失代價大於所得的利益時，其實是在「自作孽」。當然，少數邪惡政權的當權者會假「為人民謀利益」之名，非法撈取各種利益，以滿足自己的各種欲望。

人類的前途和命運：人性有自私和邪惡的一面，人的思想行為短期的功利性，「好大喜功」和「急功近利」也妨礙人們更好的認識世界和發展自己。人，特別是在壞制度下無制

約的「專制獨裁」掌權者和財富壟斷者們的惡性欲望的膨脹是阻礙人類良性發展和造成社會罪惡的主要根源。一個較好的政治經濟社會制度就是要起到「懲惡揚善」的作用，既能阻制掌權者和壟斷富豪們的惡性欲望的膨脹，也能較好地防止許多人的「好逸惡勞」和「損人利己」。如果人類社會的政治經濟制度今後一、二百年之內不能改善到能起到「懲惡揚善」的作用，人類在其自身的「惡性欲望暴漲、人口暴漲和知識爆炸、環境毀壞、物種滅絕」等情況下，人類自身可能在未來被其「物欲橫流、盲目仇恨、自相殘殺、戰爭、毀壞的環境」等所毀滅。兩年前霍金警告說：「一兩千年以後地球將不適合人類居住，動物滅絕後就輪到人了！那麼面臨的無疑將是被滅絕的命運，甚至可能活不過下一個千年！」

　　在近 200 年內，人類科學技術如果不能突破解決下面的一些重大問題，人類不僅不可能繼續發展，還會面臨生存危機。第一個問題是徹底解決「可控核聚變」問題，如能成功，就為人類製造出可提供「無限能源」的太陽，就可改善地球環境，或將某些行星改造為適宜於人類生活的類地球。還可製造出短缺的元素。

　　第二個問題是突破「超光速宇宙航行」的問題，如能成功，部分人類就可突破時空限制，移住宇宙中其它環境好的行星。光速 $C = R/t$ 是現在人類製造的物體運動所能達到的最大空時比例的極限。人類早就突破音障而達到超音速。如果空間和時間都不是絕對的，未來能否改變時空的最大比例而達到超光速 C？

第三個問題是，人類光靠使社會政治經濟文化制度公正合理化，就能制止人們各種惡性欲望（特別是掌權者和巨富者）的膨脹，和提高人口質量和道德質量，從而能夠消滅戰爭、消除恐怖分子和各種仇殺、減少個人犯罪和淨化環境嗎？現代的科學技術能夠促使人類快速發展和提高物質生活水準，控制人類人口數量，但可能永遠無法消除人類「惡性欲望膨脹」所需的無止境的需求和浪費。未來的基因改造能否修改去除人類的壞基因，提升人類的道德質量，使人性增強真善美，而減少假惡醜，使大自然供給人類所需的物質和能量，可以滿足人類的合理需要呢？

第四個問題是機器人的大量快速發展和智慧的飛速提高，會不會被恐怖分子或仇恨社會和人類的分子所利用，或者由於科學家的疏忽和不可預計的錯誤，造出強大而危害人類的機器人？機器人能否成為新人種？能否優於人類？

第五，同樣，改變生物的基因工程會不會出現失控，而製造出毀滅人類細菌動物等？

第六，2015 年 6 月，由斯坦福大學、普林斯頓大學和伯克利大學科學家聯合發布的一項研究報告指出，地球已經進入第六次物種大滅絕階段，人類可能是最早遭殃的物種之一。其次是人口爆炸、大規模迅速的工業化、人類的貪婪慾望所造成的環境破壞和大量的物種滅絕；因此，地球人的生存危機將可能在千年內達到某種頂峰，但是不太可能滅絕。

人類（智慧生物）在某個行星，如地球上的出現生存和演化具有極小的概率，例如我們銀河系約有 2000 億個恆星，

可能出現和同時存在智慧生物的行星大概不會超過 200 個吧，即小於 10 億分之一（10^{-9}）的概率吧。地球上有消失的文明，如瑪雅文明、亞特蘭提斯等。考古學家發現了許多史前文明遺跡的證據，雖不能全信，但也不可不信。愛因斯坦和不少科學家堅信，如今冰天雪地毫無生機的南極，在一萬多年前可能曾經存在著史前文明。英國人詹姆士·丘吉沃德在他的《遺失的大陸》一書中，詳細描繪了地面上「姆大陸」繁榮昌盛的「姆帝國」。人們在這裡共同創造了燦爛的文化。「姆大陸」消失於一萬兩千年前，與亞特蘭蒂斯大陸同時沉沒。地球歷史上有過許多巨大的自然災難，如小行星撞擊地球，大地震，大火山爆發，大洪水等，曾經引起地球上物種的大滅絕。據研究，我們人類祖先最少的時候，大約只有 2000 人在非洲生存，但是上述這些危機，包括人類的核大戰，都不足以毀滅整個人類。地球的歷史約 45 億年，如果真正能製造極其簡單工具的人類的出現有 100 多萬年歷史的話，也只不過地球歷史的千分之幾（10^{-3}），再過約 45 億年之後，太陽將成為紅巨星，地球就會被吞沒毀滅，但是人類還能在現今美麗的地球上安穩地再生活 45 億年嗎？

然而天文學家布朗尼在去年暢銷書《罕有的地球，為什麼複雜的生命在宇宙中並不常見》寫道，「地球能有複雜的生命是因為很多條件都恰到好處（就是說，有嚴格的定量規定）。專家指出的生命必要條件不斷地在增加，目前最常見的清單中一般有二十條之多。」為了估算同時具備這麼多不同條件所需要的幾率，有些科學家很保守地選定了 1/10 的數

量，作為高等生物存活所需要的每一個條件。如果每一個條件都要同時出現的話，那要將個別的幾率相乘，這個使最後的數值變得很小，你有 10% 的這個，10% 的那個，相乘就成了極小的一個數值。數值大概是 $1/10^{15}$ 次，而銀河系約有 2×10^{11} 恆星。就是說，銀河系內，除了地球有智慧生物的人類之外，不太可能有第二顆地球了。在我們整個宇宙 $M_{ub} = 10^{56}g$ 內，適合智慧生物生存的行星數目 n_{pm} 只可能約有 $n_{pm} = 10^{56}/2 \times 10^{33} \times 10^{15} = 10^8$ 個 = 8 億個。這大約相當於在 $1km^3$ 的山上存在一塊 $1cm^3$ 唯一有特殊顏色的石頭。據說，古今中外，都有關於 UFO 和飛碟的記錄和報導，甚至有人說在地球內部和月球背面都有外星人的基地。還說，美國有秘密存有外星人的 51 區。這種可能性是存在的。

　　但是，在不遠的未來，能滅絕人類的最大威脅也許來自空間不遠處的超新星爆炸。近來天文學家表示，在銀河系中，有一個質量是太陽 90 倍的恆星「船底座海山二星」將會發生一次超新星爆炸，該超新星的質量是太陽的 100 到 300 倍，是一個距離地球 7500 光年的恆星，一個超超新星的爆炸範圍為 50000 光年，不幸的是，地球正在死亡區域內。爆炸時將爆發出大量的伽瑪射線。如果擊中地球，它能破壞臭氧層，相當於每平方英里一千噸核爆炸的輻射量將會直射地球。一些科學家認為，可能就在我們的有生之年，「船底座海山二星」就會爆炸，並且摧毀地球上的所有生命。如此大規模的爆發很可能是地球過去一些生物滅絕的重要原因。但是人類的毀滅不等於生物的滅絕，經過 1 億年的進化，也許進化為

另類的高級智慧生物。

　　保羅・大衛斯：「科學家普遍認為，生命是一種物質的自然狀態，不過，是一種可能性很小的狀態。」智慧生物是宇宙時空中「來之不易」的極其短暫的過客，人類自己應該懂得珍惜，人類的文明發展到現在的高度，應該有信心和能力首先將那些宣揚「鬥爭和仇恨」的邪惡理論的群體和制度清除到歷史的垃圾堆裡。

參考文獻：

1．王永久：《黑洞物理學》。湖南師範大學出版社。2000年4月。公式（4.2.35）。

2．蘇宜：《天文學新概論》。華中科技大學出版社。2000年8月。

3．何香濤：《觀測天文學》。科學出版社。2002.4。

4．本書前面第一篇

5．S・溫伯格：《宇宙的最初3分鐘》。中國對外翻譯出版公司，1999.北京

6．張洞生：對廣義相對論方程的質疑。下面第三篇的第三章，第四章。

7．Jhon & Gribbin；Companion to The Cosmos (Chinise Version). 海南出版社。中國。2001。

8．人類也許永遠不可能製造出任何真正的人造引力(史瓦西)黑洞. http://www.sciencepub.net/academia/0509

9. Giancoli，Donglasc. Physics，Principles With Application，5th Edition，Upper Saddle River. NJ. Prentice Hall，1998.

10．方舟の女文章。
http://www.gaofamily.com/viewtopic.php?p=29139

11．天文學家首次清晰觀測到銀河系中心黑洞(圖)。
http://www.enorth.com.cn　　2008-09-05 08:45

12．美科學家首次發現切實證據，稱宇宙或非唯一
http://www.chinareviewnews.com　　2013-05-21 16:27.

13．約翰—皮爾・盧米涅（Jean—Pierre Luminet）:《黑洞》。譯者；盧炬甫。湖南科學技術出版社。

第三篇 用新黑洞理論和公式解決《黑洞宇宙學》中的一些重大問題

霍金：「人類的思想史就是試著去理解宇宙的歷史。」

前言：本篇共有 10 篇文章，是運用第一篇中的新黑洞理論和公式解決黑洞理論與宇宙學中的一些重大問題，一方面可用以對新公式理論的正確與否進行檢驗，另一方面也是對新黑洞理論的進一步發展、提高。

3-1 第一章 如何運用黑洞理論推導出精密結構常數--$1/\alpha$ = F_n/F_e = $hC/(2\pi e^2)$。

3-2 第二章 用新方法計算宇宙的微波背景輻射的溫度 $=2.7k$。

3-3 第三章 對廣義相對論方程的質疑（1）----先天不足。即廣義相對論方程的根本缺陷和先天不足是其能量-動量張量項中的粒子無熱力以對抗引力。

3-4 第四章 對廣義相對論方程的質疑（2）----後天失調。即學者們為了簡化解出複雜的廣義相對論方程 EGTR，而提出諸多違背熱力學和實際的簡化的先決條件，導致得出許多荒謬的結論。

3-5 第五章 用黑洞模型和新公式可準確地計算出狄拉克大數 L_n = 2.27×10^{39}。

3-6 第六章 用經典理論解釋黑洞 M_b 發射霍金輻射 m_{ss} 的

機理。

　　3-7 第七章　用黑洞的新理論推導出黑洞M_b的霍金輻射m_{ss}的信息量 I_o，I_m 和熵S_{bm}，S_b的一般公式。對熵的本性作一些探討。

　　3-8 第八章　證明黑洞是大自然偉大力量的產物，人類也許永遠不可能製造出來任何「真正的人造引力黑洞」。

　　3-9 第九章一個猜想，「宇宙加速膨脹」可能是我們「宇宙黑洞」在早期與「另外一個宇宙黑洞」的碰撞合併造成的。

　　作者的編後記

3-1 用作者的新黑洞理論和公式推導出精密結構常數 $1/\alpha = F_n/F_e = hC/(2\pi e^2)$，$L_n$ 和 $1/\alpha$ 的物理意義

中國古諺語：「他山之石，可以攻玉。」

內容摘要：通過將 1 個氫原子作為模型和對比，可求出氫原子上正電子對殼上負電子的電磁力 F_e 與原子核質量與殼上電子質量的引力 F_g 之比，即 $F_e/F_g = L_n = 2.27\times10^{39} =$ 狄拉克大數，這是因為靜電力和引力都同時作用在相同的電子和原子核上，而有著同一個距離 R。迄今為止，物理學家們尚未找到原子核中強核力 F_n 的準確公式和數值。作者用求 L_n 的類比的方法，取某一個特殊的微黑洞 $M_{bo} = 0.71\times10^{14}g$ 作為模型，其內部粒子全部夸克化，於是 2 鄰近核子（夸克）之間的強核力 F_n 與正負電子之間電磁力 F_e 共同作用在相同的夸克之上，由此可用對比和推論求得 F_n/F_e 之比 ，得出公式 $F_n/F_e = 1/\alpha = 137.036 =$ 精密結構常數。

下面是費曼論述精細結構常數（Fine-structure constant）的一段話：

Richard Feynman： " It has been a mystery ever since it was discovered more than fifty years ago，and all good theoretical physicists put this number up on their wall and worry about it... It's one of the greatest damn mysteries of physics: a magic number that comes to us with no understanding by man. You might say the ' hand of God ' wrote that number，and we don't know how He pushed his pencil。"

關鍵字：精密結構常數 $F_n/F_e = 1/\alpha = hC/(2\pi e^2) =$ 137.036；精密結構常數 $1/\alpha$ 的物理意義；狄拉克大數 $L_n = F_e/F_g$ $= 10^{39}$；宇宙微黑洞 $M_{bo} = 0.71 \times 10^{14}g$；

3-1-1 精密結構常數 $1/\alpha$ 可定義為 $1/\alpha = hC/(2\pi e^2)$ $= 137.036$，並可得出

$$1/\alpha = hC/(2\pi e^2) = 137.036 = F_n/F_e \qquad (1a)$$

注意：本文中所用的核力F_n，靜電力F_e，引力F_g只是為求其相對應的核力Fn，靜電力Fe，引力Fg之比而用，它們並不是真正的核力，靜電力，引力。而宇宙中真正的基本力應該是核力Fn，靜電力Fe，引力Fg，即，

$Fn = F_n/R^2$， $Fe = F_e/R^2$， $Fg = F_g/R^2$ (a)

R是產生作用力的2粒子之間的距離。

在上面(1a)中，普朗克常數 $h = 6.626 \times 10^{-27} g*cm^2/s$；光速 $C = 2.998 \times 10^{10}$ cm/s；電子電量 $e = 4.80325 \times 10^{-10} esu = 1.6022 \times 10^{-19}C$（庫倫）；於是，$1/\alpha = hC/(2\pi e^2) = 6.626 \times 10^{-27} \times 2.998 \times 10^{10}/[2\pi(4.80325 \times 10^{-10})^2] = 137.0368 \approx 137.036$.下面，讓我們來逐步推導出(1a)式即可。

作者在下面就是要利用一個特定的微黑洞 $M_{bo} = 0.71$

×10^{14}g 的内部是純粹夸克的性質，求出夸克之間的作用力（核力）F_n與靜電力F_e 之比，即 $F_n/F_e = 1/\alpha = 137.036$。

3-1-2 用一個氫原子作模型求出 $F_e/F_g = L_n$ =$2.27×10^{39}$ = 狄拉克大數

首先來回顧一下拉克的大數L_n是怎樣得來的。按照狄拉克的「大數假設」的觀念，求電磁力F_e 與萬有引力 F_g之比 F_e/F_g。

以氫原子作為模型，質子質量 m_p =$1.6727×10^{-24}$g，電子質量$m_e = 9.1096× 10^{-28}$g，電子電量 $e^+ = e^- =1.602×10^{-19}$C，R 是正負電子之間的距離，萬有引力常數 G = $6.6726×10^{-8}$ cm^3/s^2*g，實驗測定的比例常數 k = $9.0×10^9$ N•m^2/C^2。由於F_e 與F_g在氫原子中的距離R相同，因此有，

$F_g = Gm_pm_e/R^2 = 6.6726×10^{-8}×1.6727×10^{-24}×9.1096$ ×$10^{-28}/R^2 =101.67×10^{-60}/ R^2$ [3] (2a)

$F_e=ke^2/R^2=9.0×10^9$N•$m^2/C^2×(1.6022×10^{-19}C)^2/R^2=9.0×10^9$ ×$10^5×10^4×(1.6022×10^{-19}C)^2 /R^2 = 23.10×10^{-20}/ R^2$ [3] (2b)

∴ $F_e/F_g = L_n=23.10×10^{-20}/101.67×10^{-60} = 2.27×10^{39}$.[3] (2c)

(2c) 式表明，在同時帶電和引力的一電子和質子的距離都為 R 時，狄拉克大數 $L_n = F_e/F_g = ke^2/Gm_pm_e = 2.27×10^{39}$ 表示電磁力 F_e 與萬有引力 F_g 之比。

3-1-3 黑洞普遍適用的幾個基本公式

(3a) 是霍金黑洞的溫度公式，下面各式來源於前面的第一篇 1-1，

$$T_b M_b = (C^3/4G) \times (h/2\pi\kappa) \approx 10^{27}gk \quad [1][4] \qquad (3a)$$

M_b—黑洞的總質能量；R_b—黑洞的視界半徑， T_b--黑洞的視界半徑 R_b 上的溫度，m_{ss}—黑洞在視界半徑 R_b 上的霍金輻射的相當質量，κ--波爾茲曼常數= $1.38 \times 10^{-16}g_*cm^2/s^2_*k$，

m_{ss} 和 T_b 是在視界半徑 R_b 上的霍金量子輻射 m_{ss} 和溫度，

$$m_{ss} = \kappa T_b/C^2 \quad [1][2] \qquad (3b)$$

根據史瓦西對廣義相對論方程的特殊解，

$$GM_b/R_b = C^2/2 \quad [1][2] \qquad (3c)$$

作者用 (3a) 和 (3b)， 很容易推導出下面一個黑洞在 R_b 上新的普遍式，

$$m_{ss} M_b = hC/8\pi G = 1.187 \times 10^{-10}g^2 \quad [4] \qquad (3d)$$

3-1-4 微黑洞 $M_{bo} = 0.71 \times 10^{14}g$ 的特性：由純夸克組成

按照著名的霍金黑洞理論下面的熵公式(4a)，任何一個恆星在塌縮過程中，熵總是增加而信息量總是減少的。假設 S_b—恆星塌縮前的熵， S_a—塌縮後的熵， M_θ—太陽質量 $= 2 \times 10^{33}g$，

$$S_a/S_b \approx 10^{18}M_b/M_\theta \quad [1][4] \qquad (4a)$$

Jacob Bekinstein指出，在理想條件下，$S_a = S_b$，就是說，熵在恆星塌縮的前後不變。這樣，就從(4a) 式得出一個黑洞 $M_{bs} \approx 2 \times 10^{15}g$。它被稱為宇宙的原初小黑洞 $= M_{bs}$，[1] [4] 其密度 $\rho_{bs} \approx 1.8 \times 10^{52}g/cm^3$。

但為了下面的計算方便，取一個特殊的微黑洞 $M_{bo} = 0.71 \times 10^{14}g$ 作為求 $1/\alpha$ 的計算模型。

由前面的(3a)，(3b)，(3c)，(3d)式，在 $M_{bo} = 0.71 \times 10^{14}g$ 的情況下，得出其視界半徑 $R_{bo} = 1.05 \times 10^{-14}cm$；視界半徑 R_{bo} 上的溫度 $T_{bo} = 1.09 \times 10^{13}k$；視界半徑上的霍金輻射的相當質量 $m_{sso} = m_p = 1.67 \times 10^{-24}g =$ 質子質量；黑洞裡平均密度 $\rho_{bo} = 1.5 \times 10^{55}g/cm^3$；該黑洞內總質子數 n_p，

$$n_p = M_{bo}/m_{sso} = 0.71 \times 10^{14}/1.67 \times 10^{-24} = 0.425 \times 10^{38} \quad （4b）$$

從 Bekinstein 對恆星塌縮的前後熵不變的解釋可以得出有重要意義的結論。

Bekinstein 對霍金公式 (4a) 只作了一個簡單的數學處理，使其能夠和諧地成立。但是沒有給出其中的恰當的物理意義。作者認為，(4a) 應該用於解釋恆星塌縮過程中有重要意義的物理含意。

首先，(4a) 表明黑洞在密度$< \rho_{bs} = 1.8 \times 10^{52}g/cm^3$ 的恆星在塌縮過程中是不等熵的。這表示質子作為粒子，在其密度 $< 1.8 \times 10^{52}g/cm^3$ 的情況下，能夠保持質子的結構沒有被破壞而分解為夸克，所以質子才有熱運動、摩擦、能量交換等所造成的額外熵的增加。但質子仍然由 3 夸克 uud 組成。其次，既然密度從大於 $1.8 \times 10^{52}g/cm^3$ 到 $10^{93}g/cm^3$ 的改變過程中，不

管是膨脹還是收縮，熵沒有額外的增加，證明這就是理想過程。因此，質子必須解體而不再作為粒子，質子在此過程中只能變為夸克。換言之，夸克就是沒有熱運動和摩擦可在 $>$ $1.8 \times 10^{52} g/cm^3 \sim 10^{93} g/cm^3$ 之間作理想過程的轉變的。[4]

重要的結論：由於微黑洞$M_{bo} = 0.71 \times 10^{14} g$的平均密度$\rho_{bo} = 1.5 \times 10^{55} g/cm^3$大於$\rho_{bs} \approx 1.8 \times 10^{52} g/cm^3$，而其視界半徑$R_{bo}$閥溫高達$T_{bo} = 1.09 \times 10^{13} k$。因此，黑洞內部已是理想狀態，其內部所有的 $n_p = 0.425 \times 10^{38}$個質子都是非粒子狀態的夸克，沒有非夸克的質子存在。因此所有被囚禁在黑洞內的質子都由被囚禁在質子內的夸克組成，在如此高溫之下，任意2個相鄰夸克之間的作用力必然由最強大的核力來維持。

由於近代物理學對夸克模型的結構和運動狀態的認識並不完全清楚，下面只對夸克模型與本文有關方面簡短的描述一下：[5]（1）根據近代粒子物理學和量子色動力學（QCD）理論認為，夸克都是被囚禁在粒子（質子或重子）內部，不能存在單獨自由的夸克。（2）一個質子由 3 個夸克 uud 組成，3 夸克之間的強核力將他們捆綁在一起。但每個夸克有自己的一種固有的顏色，3 個夸克各有紅 R 綠 G 藍 B 的 3 種顏色，3 種不同的顏色共同構成白色，才能共同存在組成一個質子而不能分開，這就是「夸克囚禁」現象，是泡利不相容定律的表現，「色」是夸克強作用「核力」的根源。3 夸克之間既有排斥力，也有吸引力使 3 者能保持一定的距離，以維持 3 者的穩定平衡，永不分離。（3）2 個上夸克 uu 各帶有電 $2e^+/3$，而 1 個下夸克帶有電 $1e^-/3$，以維持質子內電力的為 e^+。（4）

每個夸克上都同時具有強核力 F_n 和電力 F_e，而 2 種力的作用距離 R_k 應該是同一的。這就使得求 F_n/F_e 變得簡易可行。

3-1-5 求夸克之間的作用力 F_n 與一對正負電子之間的靜電力 F_e 之比，即 F_n/F_e。

上面已經論證了微黑洞 $M_{bo} = 0.71 \times 10^{14}g$，$m_{sso} = 1.67 \times 10^{-24}g = m_p =$質子質量，由(3d)式，$m_{ss}M_b = hC/8\pi G$，可變為 $4Gm_{ss}M_b = hC/2\pi$，令，

$$4GM_{bo}m_{sso}/R_{bo}^2 = (hC/2\pi R_k^2) \times R_k^2/R_{bo}^2 \qquad (5a)$$

由(5a)式可見，顯然左邊項 $4GM_{bo}m_{sso}/R_{bo}^2$ 是微黑洞 M_{bo} 對其霍金輻射 m_{sso} 在視界半徑 R_{bo} 上的引力 Fg，而 R_k^2/R_{bo}^2 是一個比例常數，如果 R_k 是 2 鄰近夸克之間的極短距離，則 $hC/2\pi R_k^2$ 就是一種極其強大的力量，極可能是夸克之間的核力 Fn。因為已知宇宙中只有 4 種基本力，引力 Fg，電力 Fe，弱力 Fw 和強力 Fn。顯然，$hC/2\pi R_k^2$ 不是 Fg，不是 Fn，不是 Fw，而微黑洞 M_{bo} 內是清一色的夸克，因此，如果能夠證實 $Fn = hC/2\pi R_k^2 > Fe$， 則 Fn 就是核力無疑。

設黑洞中質子內夸克之間的強核力為 $Fn = F_n/R_k^2$，R_k 為 2 鄰近夸克之間的距離，R_{bo} 為黑洞中心至其視界半徑之間的距離。令 $Fg = F_g/R_{bo}^2$， 於是。

$$Fn = F_n/R_k^2 = (hC/2\pi)/R_k^2 \qquad (5ba)$$
$$Fg = F_g/R_{bo}^2 = 4GM_{bo}m_{sso}/R_{bo}^2 \qquad (5bb)$$

於是，　$F_n/F_g = R_{bo}^2/R_k^2$ $\hspace{3cm}$ (5bc)

由於鄰近 2 夸克同時作用著核力 F_n 與電力 F_e，而有同樣的距離 R_k，因此，由(5ba)，

$F_e = F_e/R_k^2 = e^2/R_k^2$ $\hspace{2.5cm}$ (5c)

$F_n/F_e = F_n/F_e = hC/2\pi e^2 = 137.036 = 1/\alpha$ $\hspace{1cm}$ (5d)

$\therefore$ 　(5d) ≡ (1a) $\hspace{3.5cm}$ (5e)

結論：(5d)式證明$F_n > 100\ F_e$，　$F_n = 137.036\ F_e$. 所以F_n就是作用於鄰近夸克之間的核力，即強力。

而 $F_n/F_g = F_n/F_e \times F_e/F_g = 1/\alpha \times L_n = L_n/\alpha = 2.27 \times 10^{39} \times 137.036$
$= 3.11 \times 10^{41}$ $\hspace{5cm}$ (5f)

上面(5d)，(5e)，(5f) 3 式就是證明的結果和結論。下面再作進一步的論證。

（1）第一：從(5ba) (5bb)式中的各項來看，$4GM_{bo}m_{sso} = F_n$ $= hC/2\pi$ 除以 R^2 後，都是一種引力，而且這是 2 種粒子之間的引力，從黑洞的性質來看，這種引力比(2b)式中的 $F_e = ke^2 = 23.10 \times 10^{-20}$ 還要大 100 倍以上，而且作用在充滿純粹夸克的 M_{bo} 內，每一個夸克上都作用著相同的核力 F_n 和電力 F_e 而有相同的 R_k。再聯想到質子內夸克的禁錮問題，(5a)式中的 $hC/2\pi$，似乎表示作為量子化的各夸克粒子之間的束縛力均 = 常數 $hC/2\pi$，也是表示即使是光也逃不出其它夸克的束縛，而夸克彼此之間也被永久地禁錮在質子內，不能像自由電子一樣在質子外活動。正如 M_{bo} 的引力大到使 m_{sso} 也逃不出 M_{bo}

的束縛一樣。因此，不得不使人們相信 $F_n = hC/2\pi$ 就代表質子內夸克之間的核力。 第二：必須指出，(5a) 式只有在黑洞的情況下才成立，在非黑洞時，$4GM_{bo}m_{sso} \neq$ 常數。可見只有用純粹質子小於等於 M_{bo} 的黑洞模型才能求出 $F_n = hC/2\pi$。其次，$F_n = hC/2\pi$ 對不同的黑洞都成立，但不同黑洞內的質子內的夸克之間有不同的 R_k，所以 $Fn = F_n/R_k^2$ 對不同的黑洞是不相同的。第三：由於黑洞內全部粒子都已經夸克化，不存在別的非夸克粒子，這才使得 F_n，F_e 能分別表示任何 2 鄰近夸克之間的核力和電力。

（2）驗證(5a)式 $4GM_{bo}m_{sso} = F_n = hC/2\pi$，先變為 $4GM_{bo}m_{sso}/F_e = F_n/F_e = hC/2\pi e^2$，於是，

$4GM_{bo}m_{sso}/F_e = 4 \times 6.67 \times 10^{-8} \times 0.71 \times 10^{14} \times 1.67 \times 10^{-24}/23.1 \times 10^{-20} = 137.036 = F_n/F_e$

$\therefore F_n/F_e = hC/2\pi e^2 = 1/\alpha = 137.036$ 　　　　　　（5g）

上面無論從公式推導，還是從數值計算上都證實了(5d)≡(1a) 的正確性。

現代核子物理學中，科學家們僅僅大概地估計出 $F_n/F_e \approx 10^2$。更沒有認識到和找出精密結構常數 $1/\alpha$ 的物理意義就是 F_n/F_e。作者現在最先用類比法推導出了(5d)≡(1a)。

（3）由前面的(a)式，可知在這 $M_{bo} = 0.71 \times 10^{14}$g 的微黑洞內，真正的核力 Fn，靜電力 Fe，如果 2 夸克之間引力 Fg 照常存在，它們分別為：

$Fn = F_n/R_k^2 = hC/2\pi R_{bo}^2 = 3.17 \times 10^{-17}/R_k^2$

$Fe = F_e/R_k^2 = e^2/R_k^2 = 2.31 \times 10^{-19}/R_k^2$

$Fg = Fn×R_k^2/R_{bo}^2.$

在這裡，R_k 應是 2 個鄰近的夸克之間的距離。

前面已經得出微黑洞 M_{bo} 的視界半徑 R_{bo} = $1.05×10^{-14}$cm, $n_p = 0.425×10^{38}$, 因此在微黑洞 M_{bo} 內，可得出下面（5ga）式和各種資料，$n_pR_k^3 = R_{bo}^3$

∴ $R_k = 3×10^{-27}$cm   （5ga）

（4）力 Fn 有多強？

如上所述，由（5ga），$R_k^2 ≈ 9×10^{-54}$cm，則強力和電磁力分別為，

$Fn = hC/2πR_k^2 = 6.626×10^{-27} ×2.998×10^{10}/(2π×9×10^{-54}) = 0.3515×10^{37}$dyne.

$Fe = e^2/R_k^2 = 23.1 ×10^{-20}/9×10^{-54} = 2.567 ×10^{34}$ dyne.

驗證，$F_n/F_e = Fn/Fe = 136.92 ≈ 137.036 = 1/α.$ （5g）

（5）令 F_{Mm} 是黑洞 M_{bo} 對其 R_{bo} 上的 m_{sso} 引力，於是，$F_{Mm}=4GM_{bo}m_{sso}/R_{bo}^2=4×6.67×10^{-8}×0.71×10^{14}×1.67×10^{-24}/(1.05×10^{-14})^2=3.17×10^{-17}/(1.05 ×10^{-14})^2 = 2.88×10^{11}$dyne   （5h）

必須對（$F_{Mm}=4GM_{bo}m_{sso}/R_{bo}^2$）作重點的解釋。在牛頓力學中，$M_{bo}$ 是質量集中在其中心的集中力，所以是 F_{Mm} = $GM_{bo}m_{sso}/R_{bo}^2$. 然而，在黑洞裡，來源於廣義相對論 (3c) 的 M_{bo} 的質量是分佈在整個黑洞的空間的，所以 F_{Mm} = $4GM_{bo}m_{sso}/R_{bo}^2$. 這說明分散的質量的引力大於集中質量對同一粒子的引力。

（6）一個有趣的推論。

從公式(5a)和(5ba)，$4GM_{bo}m_{sso}= F_n = hC/2π，$

$\therefore 4GM_{bo}m_{sso}/R_k^2R_{bo}^2 = (hC/2\pi)/R_k^2R_{bo}^2$，於是，

$(4GM_{bo}m_{sso}/R_{bo}^2)/[(hC/2\pi)/R_k^2] = R_k^2/R_{bo}^2 = Fg/Fn$

令 $Fg/Fn = F_g/F_n = R_k^2/R_{bo}^2$ (5i)

由於 $n_p \cdot 4\pi R_k^3/3 = 4\pi R_{bo}^3/3$ ，$\therefore$ $(n_p)^{1/3} = R_{bo}/R_k$ ，

再從公式 (5g)，$R_{bo}^2/R_k^2 = n_p^{2/3}$

$\therefore F_n/F_g = R_{bo}^2/R_k^2 = n_p^{2/3}$ (5j)

公式(5j) 意外地使核強力 F_n 與黑洞 M_{bo} 對其霍金輻射 m_{sso} 的引力聯繫了起來。

從黑洞理論可知，[4] 一旦 M_{bo} 由於發射 m_{sso} 而減小時，其下一個 m_{sso} 則跟著增大， n_p 也會減小。而且， R_{bo}^2 的減小 > R_k^2 的減小. 隨著 M_{bo} 的減少下去， 最後就會到達一個極限情況，即 $M_{bo} = m_{sso}$。此時，按照 (3d)，

$M_{bo} = m_{sso} = 10^{-5}g$，而(5j) 式會變成為，

$F_n = F_g$，$R_{bo}^2 = R_k^2$，$n_p = 1$

按照黑洞理論，[4] $M_{bo} = m_{sso} = 10^{-5}g$ 會在普朗克領域爆炸解體成為高能 γ-rays 後消失。

3-1-6 進一步的分析和結論

（1）前面的幾節可知，因微黑洞 <u>M_{bo}</u> = $0.71\times10^{14}g$ 的密度已經 $\approx 10^{56}g/cm^3$，其內部完全為 n_p 個質子分裂成的夸克組成。又由於(5d) $\equiv$ (1a)，可見，精密結構常數 $1/\alpha$ 就是 2 個相鄰夸克之間的核強力 F_n 對於靜電力 F_e 之比，即 F_n/F_e，與 F_e/F_g = L_n 完全類似。顯然，F_n 與 F_e 有共同的距離 R_k，而作用在相

同的相鄰夸克上，故(5d)式，$1/\alpha = F_n/F_e = Fn/Fe =$精密結構常數的結論應該是合理的。

（2）由於作者首先證實了微黑洞 M_{bo} 內部的質子全部夸克化後，F_n 與 F_e 才會作用在相同的粒子上，有共同的 R_k，才能簡易地作出有普適性的對比。

（3）如 $F_e/F_g = 2.27×10^{39} = L_n$，可類似的得出了 $F_n/F_e = 137.036 = 1/\alpha$. 既然 L_n 可認為是 F_n 與 F_e 的耦合係數。那麼，α 就可以看成是原子核內強核力 F_n 與電磁力 F_e 的耦合係數。

（4）既然 L_n 作為一個特定的無量綱常數在宇宙中有普遍的意義。那麼，α 作為一個特定的無量綱常數，也應該有普遍的意義。

（5）然而，由於強力 F_n 至今還未被科學家們清楚地認知和推導出正確的計算公式，要在不久的未來，$F_n/F_e = hC/2\pi e^2 = 137.036 = 1/\alpha$ 的(5d)式被科學家們認識到是一個準確的等式還是相當困難的，因為很難在未來短期內製造出新的儀器觀測到夸克的內部結構和運動方式。

（6）本文推導出 $1/\alpha = F_n/F_e = hC/(2\pi e^2)$ 後，同時也驗證了作者新黑洞理論和公式的正確性。

參考文獻

1. 王永久：黑洞物理學。湖南師範大學出版社。2000 年 4 月。公式（4.2.35）。

2. 蘇宜：天文學新概論。華中科技大學出版社。武漢。中國。2000 年 8 月。

3. 張洞生：《為什麼狄拉克不能從他的「大數假說」得出正確的結論？》。New York Science Journal，http://www.scienceub.net/newyork/0205

4. 本書前面第一篇。

5. 向義和：大學物理導論。清華大學出版社。北京，1999.7。

3-2 宇宙微波背景輻射溫度 T_{urm}=2.7k 的新計算方法,大爆炸標準宇宙模型 T--t 圖有錯誤

> 笛卡耳:「我們不能依靠他人的權威去接受真理,必須自己去尋找。」

前言:作者在前面第二篇 2-1 章節中,已經論證了我們宇宙就是一個真正的史瓦西巨無霸宇宙黑洞 Cosmo-BH。而「大爆炸標準宇宙模型」與我們宇宙作為宇宙黑洞的膨脹演變規律的「T--t」式在輻射時代結束前是一致的。因此,我們應該可以按照作者提出的黑洞宇宙的新公式和「大爆炸標準宇宙模型」近似的計算出現在的宇宙微波背景輻射(Microwave Background Radiations --MBR)的實際溫度 T_{urm} = 2.7k。

關鍵字:黑洞宇宙;宇宙微波背景輻射的實際溫度 T_{urm} = 2.7k;「大爆炸」標準宇宙模型;宇宙黑洞的膨脹規律。

3-2-1 「大爆炸」標準宇宙模型的宇宙膨脹降溫的變化規律

圖一是「大爆炸標準模型」中輻射溫度 T 與時間 t 的數

值對應關係。圖一中的資料來源於參考文獻[2]和[3]，圖一中，t—宇宙特徵膨脹時間；T—宇宙（輻射能）溫度；t----T 的關係可以用公式簡單的公式表示出來。

在從大爆炸 t = 0 到輻射時代（Radiation Era）結束時間 t = 385,000 年，t----T 的關係式是：

$$Tt^{1/2} = k_1 \quad [3][4] \tag{1a}$$

在從 t = 385000 年輻射時代（Radiation Era）的結束時間到物質占統治時代（Matter-dominated Era）的現在 t = 1.37×10^{10} 年，是分離的輻射能與物質混合膨脹的時代，其 t----T 的關係式是；

$$Tt^{2/3} = k_2 \quad [3][4] \tag{1b}$$

圖一、宇宙演變的「大爆炸」標準模型中輻射能溫度 T 與時間 t 的對應關係 [2][3]

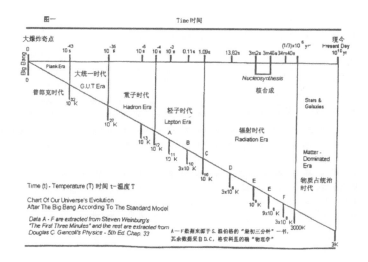

　　必須指出，(1a) 與 (1b)式都不是嚴格的理論公式，而是根據實際資料總結出來的經驗公式，所以誤差較大。經過作者較詳盡的計算，(1a) 式是相當準確而符合實際的，因為輻射能與物質的溫度是統一的。但 (1b)式的誤差較大，實際上是錯誤的。因為在物質占統治時代，由於物質成分與輻射成分的分離，而且恆星的核聚變，而向外熱量等，因此物質團的溫度 T_m 和膨脹較難準確的測量和計算。

3-2-2 我們宇宙就是真正的引力(史瓦西)黑洞，其生長衰亡規律完全符合第一篇 1-1 章中提出的黑洞的 5 個普遍公式

　　（1）作者在前面第一篇中，完善了黑洞理論，提出了許多新公式，在第二篇嚴格地證明了我們宇宙就是真正的引力黑洞—CBH，其生長衰亡規律完全符合作者提出的黑洞新公式的變化規律。黑洞在其視界半徑 R_b 上的幾個普遍的基本公式，見第一篇 1-1，

$$M_b T_b = (C^3/4G) \times (h/2\pi\kappa) \approx 10^{27} \text{gk} \quad [6] \qquad (2a)$$

$$m_{ss} = \kappa T_b/C^2 \quad [4] \qquad (2b)$$

$$m_{ss} M_b = hC/8\pi G = 1.187 \times 10^{-10} \text{g}^2 \quad [1] \qquad (2c)$$

$$GM_b/R_b = C^2/2 \quad [4] \qquad (2d)$$

普朗克粒子 $m_p = M_{bm}$ 最小黑洞的參數值如下：

$$m_{ss} = M_{bm} = m_{ss} = (hC/8\pi G)^{1/2} = m_p = 1.09 \times 10^{-5} \text{g} \qquad (2e)$$

$$R_{bm} \equiv L_p^{[5]} \equiv (Gh/2\pi C^3)^{1/2} = 1.61 \times 10^{-33} cm \qquad (2f)$$

(2a)式是著名的霍金黑洞其 R_b 上的溫度公式；(2b)式是霍金輻射 m_{ss} 在其 R_b 上的能量轉換公式；(2c)是作者由(2a) (2b)式得出的一個新的黑洞在其 R_b 上的普遍公式，這個公式完善了黑洞理論；(2d)式是史瓦西對廣義相對論方程的特殊解，是黑洞存在的必要條件。(2e)式是黑洞最後消亡在普朗克領域的公式。

上面和下面公式中的；R_b—黑洞的視界半徑，T_b--黑洞的視界半徑 R_b 上的溫度，m_{ss}—黑洞在視界半徑 R_b 上的霍金輻射的相當質量，h—普朗克常數 $= 6.63 \times 10^{-27} g*cm^2/s$，C —光速 $= 3 \times 10^{10}$ cm/s，G —萬有引力常數$= 6.67 \times 10^{-8} cm^3/s^2 *g$，波爾茲曼常數 $\kappa = 1.38 \times 10^{-16} g*cm^2/s^2 *k$，$L_p$—普朗克長度；$T_p$—普朗克溫度；最小黑洞 M_{bm} 的視界半徑 R_{bm} 和 R_{bm} 上的溫度 T_{bm}；最小黑洞 M_{bm} 的康普頓時間 Compton time t_c =史瓦西時間 t_{sbm} ，於是得出，

$$t_{sbm} = R_{bm}/C = 1.61 \times 10^{-33}/3 \times 10^{10} = 0.537 \times 10^{-43} s \qquad (2h)$$

$$\rho_{bm} = 0.6 \times 10^{93} g/cm^3 \qquad (2i)$$

（2）我們宇宙黑洞 CBH 的參數值 [1]

請參閱前面 2-1-1 節，由於現代天文學精確地測定了我們宇宙年齡 $A_u = 1.37 \times 10^{10}$ 年，由此可得出我們宇宙黑洞 CBH 的視界半徑 $R_u = CA_u$，按照(2d)式，可得宇宙黑洞總質能量 M_u，用球體公式得出密度 ρ_u 為；

$R_u = 1.3 \times 10^{28}$cm；$M_u = 8.8 \times 10^{55}$g $\approx 10^{56}$g

$\rho_u = 3/(8\pi GA_u{}^2) = 0.958 \times 10^{-29}g/cm^3 \approx 10^{-29}$g/cm　(2j)

由於 M_u 來源於 N_u 個普朗克粒子 $m_p = M_{bm} = 1.09 \times 10^{-5}$g，所以 $N_{bu} = M_u/m_p$.

$N_{bu} = M_u/m_p = 8.8 \times 10^{55}g/1.09 \times 10^{-5}g= 8 \times 10^{60} \approx 10^{61}$　　　(2k)

3-2-3　宇宙的熱歷史。[5]　本節完全引用自參考文獻[5] p.56 頁的 3.6 節，省略了證明

　　宇宙在經過最初的激烈的動盪幾分鐘之後，便進入了相對穩定的持續膨脹階段。在不斷膨脹過程中，溫度不斷地降低。當宇宙溫度降低到 $T \approx 4000$k 時，質子和電子開始形成中性氫。在此之前，宇宙中輻射成分和物質成分通過康普頓效應耦合在一起，共同處於熱平衡狀態，整個宇宙可用同一個溫度 T 來描述。在退耦之後，輻射溫度 T_r 和物質溫度 T_m 便不是同一值了；而且，宇宙狀態變為透明的了。在輻射時代結束之前，宇宙充滿電離氣體，由於散射效應的作用，使得光學厚度變得很大，因此整個宇宙是不透明的。[5] 現將該段中的結論寫出如下，當宇宙膨脹到 R 時，其輻射溫度 T_r 和物質粒子溫度 T_m 分別為（可參考 1-6 章 64d）：

$T_r \propto 1/R$　　　　　　(3a)

$T_m \propto 1/R^2$　　　　(3b)

　　就是說，如原來輻射與物質粒子溫度相同的混合體，在膨脹之後，$T_r > T_m$.

3-2-4 求宇宙在其輻射時期結束時，即 t_r 在 385,000 萬年時的宇宙輻射溫度 T_r= 4720k。

已知現在實際的宇宙微波背景輻射溫度 T_{urm} = 2.7k。

（1）由公式 (1a)，$Tt^{1/2}=k_1$，$\therefore T_{bm}(t_{sbm})^{1/2} = T_r(t_r)^{1/2}$，

$T_r = T_{bm}(t_{sbm}/t_r)^{1/2} = 0.71\times10^{32}k(0.537\times10^{-43}/385000\times3.156\times10^7)^{1/2} = 4720k$ (4a)

（2）再從 t_r =385000 年到宇宙現在年齡 A_u = 1.37×10^{10} 年，即在整個物質占統治時代用 (1b)式，可得出計算的宇宙微波背景輻射溫度 T_{ucm1}，

由 $T_r t_r^{2/3}=T_{ucm1}(A_u)$；

$4720(385000)^{2/3}=T_{ucm1}(1.37\times10^{10})^{2/3}$；

$\therefore T_{ucm1} = 4720(385000/1.37\times10^{10})^{2/3=0.667} = 4720(2.8\times10^{-5})^{2/3} = 4.36k$ (4b)

這個 T_{ucm1}=4.36k 溫度與 Ralph Alpher 和 Robert Herman 早期在 1948 年預測的背景輻射溫度 5k 相接近，也是上世紀六七十年代的科學家們計算出來的理論數值。

由於 T_{ucm1}(4.36k) > T_{urm} (2.7k)；可見，(1b)式誤差較大，不合實際情況。

下面用改變指數的方法可取較精確的 T_{ucm2} 數值，

$T_{ucm2} = 4720(385000/1.37\times10^{10})^{0.712} = 2.71k$ 時，

$\therefore T_r t_r^{0.712} = k_2$ (4c)

可見，由(1b)式得出的(4b)式，$T_r t_r^{2/3=0.667} = k_2$ 是一個不太準確的經驗式；而(4c)式比較準確，但是(4c)式無法用較準確

地的理論和公式表述出來，所以只能用下面(3)和(4)節的新方法。

我們知道，(1b)式所表示的宇宙在物質占統治時代的膨脹是輻射與物質粒子的共同混合膨脹，根據(3a) 和 (3b)式可見，對於輻射能，溫度 T 的降低正好與尺寸 R（而 $R^{-1} \propto t$）成反比，即 $Rt = k_3$，而(4c)中的指數 0.712 > 0.667--(4b)中的指數，這表明實際上輻射能有更多的膨脹，相反物質粒子就得有較小的膨脹，這是合乎宇宙在物質占統治時代的狀況的。可見，(4c)式之所以較(4b)式準確，表明在 385000 年的輻射時代結束之後，在宇宙中占著一半的空間的一半物質的膨脹遠小於輻射能的膨脹。就是說，宇宙膨脹到現在，輻射能膨脹所占著的空間會較多的佔領物質較少膨脹的那一部分空間，即輻射能膨脹的更為厲害，必使溫度有較多的下降。所以使得 $T_{ucm2}(2.71k) < T_{ucm1}(4.36k)$

（3）求整個宇宙在 $t_r = 385000$ 年的尺寸 R_R，即其在那時宇宙的視界半徑；求組成宇宙 M_u 的「子黑洞」M_r 的質-能量，M_r 的視界半徑 R_r，M_r 的「子黑洞」數目 N_r，M_r 的密度 ρ_r。

從前面的公式(2j) (2k)式中已經知道，我們現在的宇宙黑洞 --CBH，其總質能量 $M_u = 8.8 \times 10^{55} g \approx 10^{56} g$，$R_u = 1.3 \times 10^{28} cm$；它來源於 $N_{bu} = 10^{61}$ 個普朗克粒子 $m_p = M_{bm} = 1.09 \times 10^{-5} g$ 的不停地合併而成。如果將最小黑洞 $m_p = M_{bm} = 1.09 \times 10^{-5} g$ 稱之為普朗克時代的「子黑洞」的話，那麼，在宇宙長達 137 億年的演變膨脹過程中，每一瞬間「子黑洞」的 M_b，R_b，N_{bu} 都是不相同的，而只是到了現在，我們宇宙

的──CBH 才變成由一個「子黑洞」組合而成。

$R_r = Ct_r = 3×10^{10}×385000×3.156×10^7 = 3.645×10^{23}$cm；

$M_r = C^2 R_r/2G = 2.46×10^{51}$g；

$N_r = M_u/M_r = 10^{56}/2.46×10^{51} = 3.6×10^4$

$ρ_r = 3M_r/4πR_r^3 = 1.2×10^{-20}$g/cm^3；

由於 M_r「子黑洞」的密度 $ρ_r$ 是與當時整個宇宙 M_u 的密度是一致的，因此，全宇宙 M_u 的 R_R，

$$R_R = (3M_u/4πρ_r)^{1/3} = 1.26×10^{25}\text{cm} \qquad (4d)$$

（4）計算出宇宙現在真實的微波背景輻射溫度 T_{ucm}；

在 t_r=385000 年的輻射時代結束時，由於宇宙中輻射成分和物質成分通過康普頓效應耦合在一起，共同處於熱平衡狀態，因此，可認為那時的輻射成分與物質成分是大致相等而且所佔據的空間也是各占一半的，即各占 $R_R/2$ 的空間。從史瓦西公式(2c)式可知，黑洞質-能總量 M_b 與其視界半徑 R_b 成正比；再從(3a)式可知，$T_r ∝ 1/R$，即 $T_r R$ = 常數。如果假定宇宙從 t_r=385,000 年 到現今的膨脹過程中，首先假定物質粒子成分並不膨脹，不增加其體積和視界半徑 $R_R/2$，則輻射成分的膨脹就是由 $R_R/2$ 膨脹到現在的 $R_u = CA_u = 1.3×10^{28}$cm（其中包括 $R_R/2$ 的物質成分佔據 R_u 的部分相對較小，可以忽略不計）。於是，按照(3a)式，就可以計算出現在實際的微波背景輻射溫度 T_{ucm3}。

$$∴ T_{ucm3} = T_r R_R/2R_u = 4720×0.63×10^{25}/1.3×10^{28} = 2.3\text{k} \qquad (4e)$$

上面計算出來的 T_{ucm3} = 2.3k 要稍小於實際的微波背景輻射溫度 T_{urm} = 2.7k，即 $T_{ucm3} < T_{urm}$，表明現在計算的 T_{ucm3} 膨

脹過了頭。其原因可能有：宇宙在這物質占統治時代的膨脹中，一是物質成分實際上可能因宇宙膨脹其壓力減少和核聚變增溫而有所膨脹，二是在宇宙空間物質粒子團的收縮最後發生了「核聚變」，其所產生大量的熱能對輻射成分有少許的增溫。比如，如果令輻射能膨脹為現在的 $0.85\ R_u$，微波背景輻射溫度為 T_{ucm4}，而物質為 $0.15\ R_u$ 時，計算得出，

$$T_{ucm4} = 2.3k/0.85R_u = 2.706k = T_{urm} = 2.7k \qquad (4f)$$

(4f)表明，當宇宙從輻射時代結束膨脹到現在，實際上輻射能由 $R_R/2$ 膨脹到 $0.85R_u$，物質由 $R_R/2$ 膨脹到 $0.15R_u$。於是較準確地得出微波背景輻射溫度 $T_{urm4} = 2.7k = T_{urm}$。

3-2-5　幾點猜想

（1）在宇宙輻射時代結束時，即在 $t_r = 385000$ 年，溫度 $T_r = 4720k$ 時，求輻射所耦合的物質粒子的相當質量 m_{ne}。按照(2b)式，$m_{ss} = \kappa T_b/C^2$

$$m_{ne} = \kappa T_r/C^2 = 1.38 \times 10^{-16} \times 4720/9 \times 10^{20} = 7.23 \times 10^{-34}g \qquad (5a)$$

$m_{ne} = 7.23 \times 10^{-34}g$ 是什麼？請看資料：電子中微子的質量上限 $\upsilon_e = 9.1 \times 10^{-33}g$，一個光子的等價質量 $= 4.2 \times 10^{-33}g$，電子質量 $= 9.11 \times 10^{-28}g$，μ 子中微子的質量上限 $= 4.8 \times 10^{-28}g$。可見，m_{ne} 應該是電子中微子或者電子反中微子，它們應該是宇宙中最小的物質粒子了，它們也是輻射時代結束時，m_{ne} 所對應的光子（輻射能）的靜止質量。一旦在宇宙輻射時代結束，輻射與這種最小的物質粒子與其對應的光子

解除耦合後，宇宙就變成透明的了，成為輻射成分與物質成分分離的物質占統治的時代了，在這個時代，輻射能因宇宙的膨脹而降溫和增加其波長；物質粒子團的收縮就形成了星雲，繼續收縮會產生核聚變而形成恆星系統，某些適合條件的行星，最後會演化生物甚至有智慧的人類。

（2）質子的質量 $m_p = 1.67 \times 10^{-24}$g， 因此，$m_p/m_{ne} = 1.67 \times 10^{-24}/7.23 \times 10^{-34}g= 2.3 \times 10^9 \approx 10$ 億 ：1　　(5b)

這個 10 億 ：1 就是輕子（光子）與重子數的比例，也是輻射時代結束時輻射能相當質量（＝ 中微子質量）與質子質量的比例。

（3）從 tr=385,000 年到現在，物質和輻射能分別膨脹的倍數 B_m 和 B_r 是；

物質：$B_m = 2 \times 0.15R_u/R_R = 2 \times 0.15 \times 1.3 \times 10^{28}/1.26 \times 10^{25} = 310$

輻射能：$B_r = 2 \times 0.85R_u/R_R = 2 \times 0.85 \times 1.3 \times 10^{28}/1.26 \times 10^{25} = 1754$

3-2-6　宇宙大爆炸標準模型 T—t 圖中的錯誤

由於 $R_r /t_r =3.645×10^{23}/385000× 3.156×10^7 s =3×10^{10}=C$

而且 $R_u /Au=1.3×10^{28}/1.37×10^{10}× 3.156×10^7=3×10^{10}=C$

可見，我們宇宙黑洞一直在以光速 C 膨脹，在大爆炸標準宇宙模型 T—t 圖中，除了公式(1a)-- $-Tt^{1/2}= k_1$ 在 385,000 年輻射時代結束前是正確的，和計算數據合乎宇宙實際外，其餘的公式和計算的數據全是錯誤的。而根據作者新黑洞理論和公式，在 2-8 章圖二中計算出來的宇宙黑洞演變的數值產生正確的。

參考文獻

1. 張洞生：《黑洞宇宙學》。可見本書第一篇或下面網址，
　　http://www.sciencepub.net/academia/aa2013suppl/007_21
　　397aa0501s_280_347.pdf

2. Giancoli， Donglasc. Physics， Principles With
Application，5th Edition，Upper Saddle River.　NJ. Prentice
Hall，1998。

3. S・溫伯格：《宇宙的最初 3 分鐘》。中國對外翻譯出版
公司，1999，北京。

4. 蘇宜：《天文學新概論》。華中科技大學出版社。2000 年
8 月。

5. 何香濤：《觀測天文學》。科學出版社。2002.4。

6. 王永久：《黑洞物理學》。湖南師範大學出版社。2000 年
4 月。公式（4.2.35）。

3-3 對廣義相對論方程的質疑（1）──先天不足

　　廣義相對論方程的根本缺陷和先天不足是其能量-動量張量項中的粒子無熱力以對抗其引力、否定其自身的質-能互換公式

> 以撒•阿西莫夫：「要是一種科學異說被公眾忽視或指責，它很可能是對的。要是一種科學異說受到公眾的熱烈支持，它幾乎肯定是錯的。

　　內容摘要：本文的重點在於分析和論證廣義相對論方程（EGTR）先天不足的根本缺陷是其能量-動量張量項中的粒子無熱力以對抗其引力，這將使物質粒子團的純引力收縮必然違反熱力學規律，必然塌縮成為宇宙中不存在的「奇點」怪胎。因此，把每個粒子真實的熱抗力（溫度及其變化）加進到能量-動量張量項的每個粒子中去，才是改善場方程的治本方法。但這將使場方程變得更為複雜難解，所以近百年來，無人能夠作到。這就是該方程的悖論。

　　其次，質-能互換公式 $E = MC^2$ 是相對論中的基本公式，是黑洞和宇宙演變中無可避免而必須運用的公式，宇宙中大部分是輻射能，但是廣義相對論方程中居然在自己的基本公式中只有物質粒子，而認為輻射能沒有引力質量，無法反映

出 $E = MC^2$。我們從前面宇宙演變圖中就可看出，在宇宙輻射時代 Radiation Era 結束前，輻射能還可以與物質粒子互相轉換，那時輻射能的波長是約為 10^{-2}cm 的微波，與其對應轉換的粒子是約為質量 10^{-33}g 的中微子，可見場方程中是不能忽視質-能互換的。這顯示該方程沒有解決黑洞和宇宙學問題的能力。再者，普朗克領域是時空不連續的區域，場方程也是無法適用的。再其次，廣義相對論方程中粒子的點結構也是導致粒子最終收縮為「奇點」的原因。對上面這些問題，只在此提示一下而已。下面正文中不作進一步的分析論證。

至於解場方程時所規定的許多前提條件，如可逆過程、封閉系統均勻等壓系統完全背離實際，必然得出荒謬結論。這些錯誤留在下面 3-4 第四章分析。

上面略略談了廣義相對論方程一些主要問題，這些問題主要是由於當時的歷史條件和科技水準造成的，當時並沒有黑洞理論和哈勃的宇宙膨脹定律等。但廣義相對論方程的幾大功績仍然具有劃時代的意義，如：（1）建立四維時空統一觀。（2）建立了質-能互換定律 $E = MC^2$，至今尚無否定的證據；它為高能物理、基本粒子物理和原子能技術奠定了基礎。其實愛因斯坦只要有了 $E = MC^2$，即使沒有廣義相對論及其方程，他也是和牛頓一樣，是永久屹立在科學頂峰的不朽巨人。（3）廣義相對論方程的另一偉大成就是史瓦西 Schwarzschild 在 1916 得出的特殊解，即史瓦西公式 $GM_b/R_b = C^2/2$，從而規定了球對稱、無電荷、無旋轉的史瓦西黑洞（克爾黑洞在理論上也是成立的）存在的充要條件。這是黑洞理論的第一個

正確公式。為什麼在廣義相對論的許多解中，只有史瓦西特殊解是唯一正確的呢？因為這個解與黑洞的形成的前提和過程無關，所以也就與違反熱力學的各種假設無關，它只告訴人們黑洞形成後的結果是史瓦西公式。

關鍵字：廣義相對論方程；場方程的根本缺陷是沒有熱抗力；場方程違反了熱力學定律；質-能互換定律 E = MC^2；奇點；普朗克領域。

3-3-1 許多新物理觀念都與廣義相對論方程 EGTR 的宇宙學項 Λ 聯繫在一起，它們往往是背離實際和謬誤的

現在愛因斯坦的廣義相對論方程 EGTR 的宇宙學項 Λ 幾乎與所有當代的物理學的新觀念聯繫在一起，比如，宇宙起源，奇點，黑洞，零點能，真空能，暗能量，N 維空間等等，許多新觀念往往是背離實際、虛幻性的和謬誤的。其中最明顯而困惑科學家們數十年的「奇點」問題就是其中之一。宇宙中根本沒有具有無窮大密度「奇點」存在的任何跡象。再如，按照 J. Wheeler 等估算出真空的能量密度可高達 10^{95}g/cm^3。[4] 這些都是不可思議的。既然由推導和解出廣義相對論方程得出「奇點」的結論不符合客觀世界的真實性，這證明廣義相對論方程本身有無法克服的先天缺陷。

然而，五十多年前，R·彭羅斯和霍金發現廣義相對論存

在時空失去意義的「奇性」；星系演化經過黑洞終結於「奇點」，宇宙開端有奇性。甚至可能存在「裸奇性」，於是不得不提出「宇宙學原理」和「宇宙監督原理」（hypothesis of cosmic censorship）來，又加上等壓（零壓）宇宙模型等假設，以規避理論的錯誤。「奇性」，這一理論病態的發現是理論研究的重要進展，卻又與等效原理不協調；[3] 這又是錯誤地將場方程作為可逆的連續過程來處理的結果。然而實際上，宇宙從始至今的膨脹降溫表明宇宙的演變是一個「不可逆過程」，物質團的收縮而成為黑洞後是不連續過程，有什麼力量能使宇宙整體或者部分「可逆」地回歸到「奇點」呢？

3-3-2　廣義相對論方程是愛因斯坦頭腦中的產物，沒有堅實可靠的實驗基礎，而且當時還沒有宇宙膨脹的概念。

從物理學上來講，廣義相對論方程中只有物質粒子之間的引力互相作用而無對抗引力的斥力是先天不足的，是無法解出物體內部粒子的運動軌跡的，因為宇宙中任何物體的穩定存在都是其內部物質及其結構的引力與斥力相平衡的結果。一個只有粒子純引力的場方程必然使每個粒子都永遠處在不穩定的運動中，其最後的歸宿只能是向其質量中心收斂成密度為無限大的「奇點」，這是違反熱力學定律即因果律的結果，從邏輯推理就可得出的結論，正如流體力學中忽略流

體的黏性必然會導致無窮大的「源」和「泉」。而後來從外部加進出的具有排斥力的宇宙常數 Λ 也是後天失調的，因為這種斥力是加在作為研究物件（系統）的物質粒子團的外部，其斥力效應只能是引起該物質粒子團的整體運動，無法對抗粒子團內部粒子們的引力收縮。因此是無法求解出粒子運動的軌跡的，也無力對抗粒子團的引力收縮奔向「奇點」。

3-3-3 愛因斯坦建立了廣義相對論，將時空結合為四維時空宇宙觀卻有劃時代的哲學和科學意義

　　愛因斯坦於 1915 年建立了廣義相對論。儘管他的假說甚至有錯誤，但是廣義相對論方程將時空結合而建立的的四維時空宇宙觀卻有劃時代的哲學和科學意義，這是劃時代理論（對於時空的非對稱性的無法解釋是該理論的另一重大缺陷）。[3]

　　按照愛因斯坦通俗的解釋，如同鋼球會把繃緊的橡皮膜壓彎，太陽會使其周圍的空間時間彎曲。由此，他說明了牛頓引力無法解釋的水星近日點的剩餘進動，預言經過太陽附近的光線會偏折等。牛頓體系是一個沒有完成的理論體系。[3]愛因斯坦以狹義相對論為基礎，成功的建立了具有劃時代意義質量-能量互換公式 $E = MC^2$，創立了廣義相對論場方程，包含了牛頓體系的合理內容，克服了牛頓體系的一些重大疑難。同時史瓦西 SCHWARZSCHILD 對場方程的特殊解 $M_b =$

$C^2R_b/2G$，是廣義相對論的另一項偉大成就（也包括克爾解），它規定了球對稱、無電荷、無旋轉的史瓦西（引力）黑洞存在的充要條件。除此之外，在愛因斯坦之後，有關廣義相對論和宇宙論的研究也取得了一些進展。但是，總起來說，仍然乏善可陳。因為這個體系也是一個沒有完成的偉大體系。[3] 晚年的愛因斯坦寫道：「大家都認為，當我回顧自己一生的工作時。會感到坦然和滿意。但事實恰恰相反。在我提出的概念中，沒有一個我確信能堅如磐石，我也沒有把握自己總體上是否處於正確的軌道。」這位創造了奇跡，取得劃時代偉大成功的科學巨匠，以他的輝煌，謙虛地陳述著一個真理。[3]

3-3-4 場方程本身無法克服的缺陷是能量-動量張量項中的粒子沒有熱抗力對抗其引力，即無熱力學效應，也就是說沒有時間方向。

　　因此得出一團物質粒子靠自身的引力收縮會成為「奇點」的必然的荒謬結論。熱力學定律是宇宙中現今物質粒子世界（質子世界）最根本的規律，是因果律在物理學中的化身，在以質子為物質世界基石的宇宙時空裡，任何普遍（適）性的理論如果不與熱力學結合在一起，必然難以成功。已有的廣義相對論方程的各種解都普遍有 2 個最主要的假設前提：一是質量守恆（孤立系統），二是零壓（恆壓）宇宙模型，即不考慮溫度變化而產生的熱壓力改變。正是這 2 個假設違反

了熱力學定律，而最終導致用廣義相對論方程解出一團物質的引力收縮會成為違反熱力學定律的「奇點」。

3-3-5　現假設有一大團定量物質粒子團 M 收縮時

（1）當 M 在絕熱條件下由狀態 1 改變到狀態 2 時，根據熱力學第二定律，熱量 Q，熵 S 和溫度 T 的關係應該是：

$\int TdS = C + Q_2 - Q_1$

在絕熱過程中 $Q_2 - Q_1 = 0$ 時，因為熵總是增加的，所以溫度 T 必然降低。這就是說，假設有一大團定量物質粒子 M（孤立系統）在自由絕熱狀態下改變其狀態時，根據熱力學第二定律，只能降溫膨脹，絕對不可能靠其粒子的自身的引力產生收縮。（如要使其收縮，就得加入能量或對它做功）。再根據熱力學定律，對於理想絕熱氣體，$V^{\gamma-1}T =$ 常數，可見，膨脹與降溫是同時必然發生的。$\gamma = C_p/C_v$。對於單原子分子的氣體，$\gamma = 1.67$。　對於剛性雙原子氣體，$\gamma = 1.4$。對於剛性多原子氣體，$\gamma = 1.33$。所以 $\gamma > 1$。

（2）在 $M = M_1 + M_2$ 時，根據熱力學定律，如 M 在絕熱過程中，當其中 M_1 部分收縮而使得其溫度增高和熵減少時，必然使其另一部分 M_2 的熵有更多的增加。這就是說，必須有能量或物質從 M_1 中排除到 M_2 中去，才能使 M_1 收縮和提高溫度減少熵。如能繼續收縮，結果就是 M_1 會愈變愈少，而 M_2 愈來愈多。這就是宇宙中一團物質（包括黑洞）在實際過程

中，符合熱力學定律的收縮。當物體中的熱量無法排出或有外界供給足夠的熱量時，物體是不可能收縮的。

大家都知道，無論是製造液體氮還是液體氧，都需要外界加壓和排出熱量降溫 2 大條件，它們才能增大密度而收縮。這就是自然界符合熱力學規律的增大密度而收縮的客觀的實際過程，宇宙中根本就不存在如場方程所假定的、一糰粒子等壓不排熱的自然收縮以增大密度的過程。所以場方程的假設前提是違反自然規律—熱力學規律的，必然造成出現「奇點」的荒謬結果。

（3）當 M_1 因發射能量-物質而收縮到史瓦西條件時，即 $M_{1b} = C^2 R_{1b}/2G$ 時，M_{1b} 就成為黑洞。其視界半徑將能量-物質 M_{1b} 都禁錮在黑洞內，並吞噬外界的能量-物質以增加其視界半徑 R_{1b}。當外界沒有能量-物質可被黑洞吞噬時，黑洞只能不停地逐個的發射極微弱的霍金輻射量子。使 M_{1b} 收縮變小的極限就是最後成為最小黑洞 $M_{bm} = (hC/8\pi G)^{1/2} = 10^{-5}$ g 時成為普朗克粒子 m_p，而在普朗克領域解體消失。這結論是作者前面的黑洞新理論和公式所證明的。[1] 可見，彭羅斯和霍金是假定永遠符合質量守恆和零壓宇宙模型的條件下而得出場方程會收縮為「奇點」的結論的，他們的假定是違反實際過程中的熱力學定律的。

3-3-6 假設有質量為 M 的物質粒子團在半徑為 R 的橡皮球內，溫度為 T。橡皮球的彈力忽略不計。

在真實的宇宙或者一團定量的上述 M 物質粒子團中，狀態和溫度的改變是如何影響粒子 m_s 在外部和內部的運動的呢？

（1）當 m_s 在 R 的外面，距離球中心為 R_s，因此 m_s 受 M 的引力作用在 M 外作測地線運動（有等動量矩），R_s 的曲率半徑為 K_s。當 M 絕熱膨脹到 T_1 時，半徑增大為 R_1，即 $R_1 > R$，這表明 M 距離 m_s 更加近了，引力也加大了，所以此時在 M 外面的 m_s 為了維持其引力與離心力的平衡，其運動的曲率半徑會變小，而曲率會變大而成為 K_{s1}，於是 $K_{s1} > K_s$。（注；牛頓力學將 M 集中於中心，所以溫度的改變不會影響 m_s 的運動軌跡。）

（2）當 M 因排熱收縮到 T_2 時，半徑減小為 R_2，即 $R_2 < R$，這表明 M 距離 m_s 更加遠了，引力減弱了，所以此時 m_s 運動的曲率半徑變大而曲率變小成為 K_{s2}，於是 $K_{s2} < K_s$。

（3）如果 m_s 在 M 內部，當 M 膨脹或收縮時，由於 R 的增大或減小，m_s 的引力只受其內側粒子的引力作用（根據 G•B Birkhoff 原理），其位置和其運動的測地線也會隨著改變。

可見，解廣義相對論方程所假設的「零壓宇宙模型」是與符合熱力學規律的真實的物理世界不相符的。溫度對物質粒子在外部和內部運動的影響在任何情況下都存在，而且是

不可以忽略的，忽略就會出現「奇點」。其實，這就是定性的將宇宙常數 Λ 引進廣義相對論方程中的能量-動量張量內部進行分析的結果，這相當於引進一種能量密度為 $\rho_\Lambda = \Lambda/8\pi G$，或壓強為 $p_\Lambda = -\Lambda/8\pi G$ 的能量動量分佈，問題還在於在現實物理世界，這種 ρ_Λ 與 p_Λ 不僅與溫度有關，而且與一定溫度下的物質結構有關，如此，加進去 ρ_Λ 與 p_Λ 之後的廣義相對論方程如果不加簡化條件，就無解。因此所有解該方程的學者們不得不簡化和加進許多限制條件以求解出簡化的方程解。但是自由絕熱狀態下的物質粒子團只會增加熵而降溫膨脹，這表明任何時候物質粒子互相的熱壓力都超過其引力。只有當其內部的剩餘熱量流出或排出到外界後，該團物質才會收縮。因此，假設任何一團物質粒子會收縮本身就是一個與物理真實相違背的偽命題。該團物質粒子能夠收縮成為「奇點」的充分必要條件必須是該團物質在任何條件下都能將內部熱量不斷地排除出去，而這是不可能的。特別是物質團收縮成為黑洞後，因黑洞無法向外排出熱量，內部的物質就更無可能靠其自身的引力繼續收縮，更絕無可能收縮為「奇點」。所以「奇點」是廣義相對論學者們在解方程時違背熱力學規律的假設所造成的惡果。

3-3-7 宇宙本身和其內物體結構的穩定存在都是在一定溫度的條件下，其內部的引力和斥力達到相對平衡的結果。

　　所以廣義相對論方程中只有引力而無斥力是違反我們宇宙和其內部物體物質結構穩定存在的普遍規律的，也就是違反熱力學定律和因果律的。

　　（1）宇宙中任何小於 10^{15} 克的物體，其中心不必一定要有一個較堅實的核心，因為該物體本身的化學結構就可以對抗自身的引力塌縮。但是質量大於 10^{15} 克的行星，恆星，緻密天體，星團，星系等等，其中心一定存在著對抗其自身引力塌縮的而密度較高的較堅實的核心。地球和行星的中心有堅實的鐵質流體或固體。太陽和恆星的中心有核聚變提供高溫的較堅實的中心能對抗中心外的物質的引力塌縮。白矮星的中心有密度約 $10^6 \mathrm{g/cm^3}$ 的電子簡併的較堅固核心。中子星和約 3 倍太陽質量的恆星級黑洞，其中心有密度約 $10^{15}\mathrm{g/cm^3}$ 的中子簡併的堅固核心，它由固體中子或者超子組成。每個星系的中心都有密度較大的巨型黑洞。

　　（2）在我們宇宙內，最實際的關鍵問題是，現在我們宇宙中所能產生的最大壓力是強烈的超新星爆炸。而這種壓力也只能將物質粒子壓縮到約 $10^{15}\mathrm{g/cm^3}$ 的高密度，而形成中子星或恆星級黑洞，但還不能破壞質子中子的結構，將其壓垮。估計物質粒子的密度達到 $10^{53}\mathrm{g/cm^3}$ 才能壓垮中子（質子）成為夸克，而壓垮夸克的物質密度估計應達到 $10^{92}\mathrm{g/cm^3}$。（見第一篇 1-7）[1] 宇宙中恆星級黑洞的內部因無可能再產生超新星爆炸，靠黑洞內部物質的引力收縮不可能克服質子和夸克的泡利不相容斥力的堅實核心的對抗。絕無可能塌縮出無窮大密度的「奇點」。

（3）因為愛因斯坦在 1915 年建立廣義相對論方程時，只知道 4 種基本作用力中的 2 種長程力，即引力和電磁力，而不知道尚有短程的弱作用力和強作用力（核力）。當大量的物質粒子因引力收縮而密度增大到相當高時，它們的弱力，電力和核力所構成堅實的物質結構的核心對引力收縮的對抗作用會隨著密度的增大而顯現出來。這就是上面所說的靠大量物質自身的引力收縮是不能壓垮這些力所構成的物體的堅實核心結構的。

3-3-8 原先只有 2 項的廣義相對論方程實質上是一個動力學方程，它在什麼樣的條件下能得出較準確的結果？

廣義相對論方程有效的適用範圍是什麼？為什麼水星近日點的進動，光線在太陽引力場中的偏轉會成為廣義相對論方程較準確的驗證？一個不加任何限制條件的廣義相對論方程能解出來嗎？

如果用廣義相對論方程研究我們宇宙視界範圍以內的宇宙或者宇宙中的某一足夠大的區域或定量物體 M 時（在必須忽略其內部溫度改變的條件下），這應該能夠得出其外部較近的物體或粒子 m_s 所作的較準確的沿測地線的運動軌跡。因為在這一定量物質粒子團 M 分佈而非集中於中心的場的能量-動量張量的作用下，可以看作其內部為恆溫（然而在實際上，M 內部的溫度會影響其週邊尺寸 R 的大小，從而影響 m_s 運動

的曲率半徑，見上面 3-6），因此，在描述 M 外的較近的粒子 m_s 沿愛因斯坦張量的時空幾何特性作測地線運動時，而能得出比牛頓力學較準確的結果。至於較遠的 m_s 的粒子運動軌跡，則完全可用牛頓力學解決，因為 M 中粒子分散的廣義相對論效應的影響會減小到可忽略。

（1）比如，當解決水星近日點的進動時，廣義相對論方程之所以能夠得出比牛頓力學較準確的計算數值，是因為牛頓力學將太陽全部質量 M_θ 當作集中於中心一點來處理的。而廣義相對論是將 M_θ 的質量當作分佈在其太陽半徑 R_θ 的轉動球體內的。這就使同等質量的 M_θ 對水星引力產生差異。這是廣義相對論方程對牛頓力學的修正，和比牛頓力學較準確的原因。它還考慮了粒子繞中心的旋轉。

（2）當光線在太陽附近的引力場外運動發生偏轉時，因為按照狹義相對論，規定了光子無引力質量，而將太陽作為恆溫定直徑的恆質量球體，所以光線只能按照廣義相對論的解釋，在太陽週邊作較準確測地線運動。這是牛頓力學無法解決的問題。但是，如果不按照狹義相對論的觀點，而假設光子是有相當的引力質量粒子，用牛頓力學解決光線在太陽週邊附近的偏轉運動也是極有可能的。

結論：廣義相對論對以上 2 個問題的解決之所以能夠得出較正確的結果，主要原因在於：A、水星和光線都是在太陽質量的 M_θ=常數附近的外面運動，因此，在解方程時可以將 M_θ 當作恆溫等直徑的狀態（即不是正在收縮或膨脹的狀態）來處理。B、既然 M_θ 是在一定（恆溫，表明 M_θ 中的粒子此時

並未正在向奇點塌縮）溫度下（核聚變供熱）的穩定狀態，就可以忽略溫度改變對 $M_θ$ 本身所能造成的影響和改變。這就使得水星和光線在太陽 $M_θ$ 的外面能有較準確的測地線運動。C、如果光線在地球的赤道面運動，光線會受地球旋轉的影響可能產生少量的紅移或者藍移，但由於量小，可能無法觀測到。

3-3-9 無法研究宇宙視界外附近的物質粒子 m_s 沿測地線的運動

如果限定我們宇宙視界內的宇宙質量 M_u =常數在恆溫度下不膨脹，就可用廣義相對論方程研究計算出我們宇宙視界外附近的物質粒子 m_s 沿測地線的運動。但因我們無法觀測到宇宙視界之外的物體運動，所以這對我們毫無意義。

3-3-10 宇宙內部或者宇宙內部分區域或物體的（比如星系或者星體）內部運動

（1）當用無宇宙學常數 $Λ$ 的廣義相對論方程研究宇宙內部或者宇宙內部分區域或物體的（比如星系或者星體）內部運動狀況時，因為假設只有純粹的物質引力，而無內部斥力（這些斥力包括有引力收縮時所產生的物質分子的熱抗力，物體的結構抗力，核聚變的高溫熱抗力和物質粒子間的泡利不相容斥力等）與其引力相對抗，即所謂的「零、恆壓宇宙

模型」。所以任何物體或者粒子團在其內部只有單純引力收縮的條件下，都處於正在向「奇點」塌縮的不穩定的運動狀態過程中，就只能一直塌縮成為荒謬的「奇點」。這就是 1970 年代 R·彭羅斯和霍金必然會得出的結論。

（2）如按照愛因斯坦的做法，將宇宙學常數 Λ 加在能量—動量張量項的外部，用於研究宇宙內部或物體內部各處粒子 m_s 的運動軌跡，因 m_s 受張量項內引力場和 Λ 引力場的雙重影響，EGTR 如果不簡化，根本無法解出。

（3）如果將 Λ 加進能量-動量張量項內部，這雖然可能使 EGTR 本身符合真實的物理世界，但是 EGTR 會變得極其複雜難解，甚至無法解出來；如果此時為了解出 EGTR，先置許多簡化前提條件，又必然會違反熱力學定律，而走上 R·彭羅斯和霍金的老路。這些就是 EGTR 無法回避而又無法解決的悖論。

愛因斯坦 1917 年在忽略溫度（實際上是恆低溫條件）影響的條件下，就其場方程得出了一個似乎穩定態宇宙的解。後來，在 1927 年，勒梅特（Lemaitre）就指出和證明，愛因斯坦的解還是不穩定的，其實也是處在不穩定的在向「奇點」極緩慢的塌縮過程中。

3-3-11 只有在廣義相對論方程內部每個有引力的粒子加上具有如影隨形的熱斥力和堅實核心，方程才符合物理世界的實際，但不能解出

如果要想使廣義相對論方程可以用於解決宇宙或其中的某物體內部的運動狀態，就必須要在方程的能量-動量張量項內部，對有引力的每個粒子加具有如影隨形的斥力，即熱力，同時還要在物體的中心加入某溫度下存在足夠大的堅實核心作為附加條件，方程才可以解出來。

就是說，一方面要將熱力學與其能量-動量張量緊密的結合在一起，使每一個有引力的物質粒子同時具有上述的內部斥力（熱抗力），另一方面還要知道在不同半徑上的溫度密度分佈和確定堅實核心的尺寸（不同的質量），定出引力和斥力平衡所形成的物質結構，這樣才有可能正確地從方程中解出物體結構（核心）外的各處粒子的的真實運動狀況，以避免其內部「奇點」的產生。但如此一來，這方程就會變得極其複雜而現在完全不可能解出來。反之，如果已經知道了物質團的內部的溫度密度分佈（斥力）和其核心的結構狀況，就不需要廣義相對論方程了，用流體力學方程即可解決。這就是 EGTR 除了作為一種宇宙觀之外，而沒有得出許多具有普遍性的科學結論的根本原因。由於解方程時提出的許多簡化前提，反而得出許多的謬論，如「奇點」。

3-3-12 廣義相對論方程中本無斥力，所以無法解釋宇宙膨脹。

有排斥力的宇宙常數 Λ 是愛因斯坦後來加進方程中去

的。Λ 是加在具有引力物質粒子團的外部，而不是能量-動量
張量的內部，所以 Λ 的作用在本質上只能引起該物件物體（物
質粒子團）的外在運動，而無法從廣義相對論方程解出物體
內部質點的運動軌跡，即測地線。因此，從理論上講，只有 Λ
進入能量-動量張量項的內部，使其內部的每一個粒子具有確
定的引力和斥力，才能從該方程中解出物體內部各處粒子的
測地線運動。但這種廣義相對論完整體系的數學方程尚未建
立。

3-3-13 用黑洞新理論的 5 個公式取代違反熱力 學的 EGTR 是簡單正確有效的

作者在 1-1-1 中已經證明，用黑洞新理論的 5 個公式，能
夠成功地解決黑洞和宇宙本身的生長衰亡等許多問題。 這 5
個公式是：

(1a)--$M_b T_b = (C^3/4G) \times (h/2\pi\kappa) \approx 10^{27} gk$

(1b)--$E = m_{ss}C^2 = \kappa T_b = Ch/2\pi\lambda = \nu h/2\pi$

(1c)--$GM_b/R_b = C^2/2$

(1d)--$m_{ss}M_b = hC/8\pi G = 1.187 \times 10^{-10} g$

(1e)--$m_{ss} = M_{bm} = (hC/8\pi G)^{1/2} = m_p = 1.09 \times 10^{-5} g$。

因為在這 5 個公式中，黑洞在其視界半徑 R_b 上的狀態參
數（M_b， R_b，T_b，m_{ss}）只與黑洞質量 M_b 的數值有關，而
M_b 的量是與黑洞內部的狀態和結構無關的。因此，就無需用
廣義相對論方程解決黑洞內部結構、狀態參數的分佈、粒子
的運動等問題。這 5 個公式不僅能很好取代 EGTR，而且還能
解決黑洞和宇宙學中的許多重大的新問題，並能證明黑洞最

後只能收縮成為普朗克粒子 m_p，而不可能收縮為「奇點」。所以，廣義相對論方程除了作為時空統一觀有重大的意義外，它沒有什麼特別重大的功能，也就是說，它既不能將牛頓力學、熱力學、結構力學和量子力學等綜合統一起來，也解決不了分別為牛頓力學、熱力學、結構力學和量子力學等所無法解決的問題。所以，實際上廣義相對論方程是近代科學上的一個花瓶工程，好看不管用，反而使人們在解方程時，為簡化而提出許多違反熱力學和真實世界的假設，造成出現「奇點」等的重大謬誤。

EGTR 的另一致命的缺點是對質能互換公式 $E = MC^2$ 毫無關聯。而 $E = MC^2$ 和萬有引力定律將一直具有劃時代的意義，直到永遠。在愛因斯坦提出該公式的時候，大概他認為公式 $E = MC^2$，只是在接近光速 C 時才發生作用。但在現實中，該公式可以有效地用於任何溫度下的輻射能。所以，另一種黑洞輻射能公式 $m_{ss}C^2 = \kappa T$ 在低速常溫下也是有效的，不可忽視的。

因此，無熱力學效應和無質-能互換的 EGTR 決定了其任何解都不可能正確。

既然霍金與彭羅斯在 1970 年代證明了「奇點」是黑洞存在的必要條件，於是使「奇點」困擾科學界們 50 年以上。由上述論證可見，「奇點」實際上是為簡化解 EGTR 方程時，錯誤地設置違反熱力學前提條件的結果。作者完善的新黑洞理論明確地證明了所有黑洞都只能因發射霍金輻射最後塌縮成為普朗克粒子 $m_p = 10^{-5}$g 而消失在普朗克領域。[1] 這就足夠證明用新黑洞理論公式取代 EGTR，不僅簡單正確有效，而

且符合熱力學和現實世界。

3-3-14 任何新理論和觀念如果違反熱力學，必然背離現實的物理世界

推而廣之，任何現在物理學家所熱心研究的各種終極理論，如 T.O.E（Theory Of Everything），弦論，膜論等，如果不與熱力學效應聯繫在一起，不可能成功地解決現實質子物理世界的問題，而具有普適的意義。據作者在 1-1-7 中的分析和推論，當物質密度 ≤ 10^{53}g/cm³ 時，即當自由夸克結合成質子後，此時現今物理世界的熱效應由於熵的增加（成為非理想過程）必然會更加強烈，這種不可忽視的熱壓力就造成一團絕熱物質粒子的自由膨脹。在密度 ≥10^{53}g/cm³ ~10^{93}g/cm³ 能量-物質範圍內，夸克的運動是等熵的理想過程，這過程只能在宇宙誕生的最早期出現。[1]

還必須指出的是，由於廣義相對論方程中的粒子都是點結構，由於粒子質量不可能為 0，當空間無限縮小時，必然會出現密度為無限大的「奇點」。這說明連續的數學方程在極限情況下不能描繪物質世界真實的不連續狀態。現在的弦論膜論等的基元都非點結構，自然能從數學上可避免在無限小的情況下出現「奇點」，但是它們是否是真實物理世界的描寫呢？因為人類也許永遠無法觀測到微觀純能量的普朗克領域的真實情況，那世界是受「測不准原理」的限制的。因此，這些弦論膜論終極理論等可能都不過是些高超的複雜的現代

的數學遊戲而已。物理世界的物質結構和運動變化方式，從宏觀上看本來應該是簡單的，但因為沒有找到簡單合適的描寫它們的數學公式而變得極其複雜而不可理解。

結論：廣義相對論方程對真實的物理世界的時空描寫是背離實際的，被新黑洞理論的 5 個公式取代是簡單正確有效，而且符合熱力學和物理世界的規律。

參考文獻：

1. 張洞生：《黑洞宇宙學》或者本書第一篇的首篇文章
2. 王永久:《黑洞物理學》湖南科學技術出版社， pdf 2000，4。
3. DNA-RNA：相對論體系面臨變革，這個體系面臨極其尖銳的來自我們宇宙的觀測事實的挑戰。
http://phys.cersp.com/JCJF/sGz/ZJXKT/200612/1826.html
4. Pikou: 《關於量子真空零點能》Copyright 2006-2009 Powered By Kongqian.com 空前探索 09/01/19。

3-4對廣義相對論方程的質疑(2)--後天失調

學者們為了簡化解出複雜的廣義相對論方程 EGTR，而提出諸多違背實際的簡化的先決條件，導致得出許多荒謬的結論，如「奇點」「弗里德曼」模型和史瓦西度規等。

霍金：「上帝不只是擲骰子，還有把骰子擲到我們看不到的地方。」

內容摘要：（1）廣義相對論方程 100 年來之所以解決實際問題極少，特別是在宇宙學和黑洞理論方面幾乎沒有什麼建樹，反而帶來了許多背離實際的問題，除了在前文論證了「廣義相對論方程的根本缺陷是沒有熱力學效應，既無熱力以對抗引力」之外，[6] 本文的目的在於進一步指出後來的學者們為了想從複雜得無法解出的廣義相對論方程中，解出某些特殊的近似解，就必須在解場方程前，提出各種簡化的、不符合物理世界真實的、違反熱力學定律假設前提和條件，如均勻性（宇宙學原理）、封閉系統（恆定量）、零壓（等壓）模型等。但他們的假設條件愈多，出現的錯誤結果就愈多愈大，必然使他們解出的場方程 EGTR 的特殊解導致更多的荒謬結論。

場方程存在的嚴重問題，除了沒有粒子本身的熱抗力之外，還在解方程前，普遍地假定場的均勻性和恆質-能量封閉

系統，以便使一個局部的場方程的解無條件地推廣到適用於廣大的整個系統甚至宇宙。廣義相對論方程還有一個最大的矛盾就是：一方面承認質量—能量 $E=MC^2$ 互換和守恆定律，一方面又否定輻射能有相當的引力質量，人們會問，場方程中如何體現出能量-質量等價互換和守恆定律呢？就是說，物質粒子和輻射能的運動軌跡（測地線運動）如何有序地、有效地統一在場方程中的呢？輻射能和物質粒子是如何一起收縮成為黑洞而後又成為「奇點」的呢？最近有證據顯示宇宙實際上是多宇宙的開放系統 [1]，只能普遍遵守能量-質量等價互換和守恆定律。因此，在那些不合實際的假設條件下，想要用場方程解決宇宙學和黑洞問題，只能錯誤百出。所以場方程實際上就是黑洞理論和宇宙學中的一個好看而無大用途的花瓶工程，或者也可看成一個垃圾箱。任何一個學者只要在解方程前提出一堆違反實際的假設條件，就可以得出一個特殊解，而提出一個不切實際的宇宙學理論，以製造幻想。本文表 1 總結了場方程與作者新黑洞理論在運用時的重大區別，值得人們深思。本文還將在下面具體地分析「弗里德曼」模型、史瓦西度規和 TOV 方程，看看學者們在解場方程時，除了上述假設條件外，他們還加進了什麼不當的或者隱形的前提條件，使得出的特殊解又有什麼錯誤結論？

（2）科學研究的結論和結果取決於所用的理論和研究方法和數學公式。不同的理論和研究方法會得出不同的結果和結論。但是不同理論、數學公式的結論的正確與否只能根據真實的觀測和實驗的結果予以確證。而且還有理論與其數學

公式是否匹配的問題。

作為與廣義相對論方程的對比和當做範例，作者簡單地用黑洞理論及其 5 個公式解決了一些宇宙學中的重大問題。黑洞理論之所以有效地符合實際，是因為它綜合採用了各種近代科學理論中一些普遍有效的基本公式，特別是量子力學與熱力學，而無需任何另設的假設條件，所以其結果能很好地符合客觀世界的實際情況。不像解複雜的場方程，需要設立諸多違反熱力學定律的簡化條件作為前提，才能解出某些特例，但其結果往往成為不切實際的謬論。

霍金黑洞理論的優越性就在於將黑洞視界半徑 R_b 上的物理狀態（參數值）始終與熱力學和量子力學聯繫在一起，而且只決定於黑洞的總質-能量 M_b，而與黑洞內 M_b 的性質、成分、運動狀態、結構無關，從而證實我們宇宙的生長衰亡規律符合黑洞的理論和規律。熱力學定律是現實宇宙中（質子世界）最根本的規律，是因果律在物理學中的化身。任何普遍（適）性的新物理理論，如弦論，膜論 T.O.E（Theory Of Everything）等，如果無視熱力學定律，必然難以成功。

只有用霍金的黑洞理論才能將宇宙產生的膨脹和收縮等的規律予以正確的論證。作者新發展出來的黑洞理論的 5 個公式只研究在其視界半徑 R_b 上的各種物理量（參數）的變化，與其內部結構、狀態和物質密度的分佈等無關，而只取決於黑洞總能量-質量 M_b 的值。結果，黑洞最後只能收縮成為最小黑洞 $M_{bm} = (hC/8\pi G)^{1/2} = 10^{-5} \text{ g} = m_p$，即普朗克粒子時，就在普朗克領域解體消失。這就無需解複雜的廣義相對論方程，

也無需為解複雜的場方程而設立許多假設前提，以導致最終產生「奇點」和許多其它的荒謬結論。[1]（附注：本文只分析廣義相對論方程 EGTR 背離真實物理世界的問題，不涉及諸如慣性質量與引力質量的等同性和所有參照系的等效性之類的抽象原理）愛因斯坦的時空統一觀是一大飛躍的進步，但廣義相對論方程是否符合客觀世界實際的變化呢，是否能真實的描述了宇宙的時空觀呢？是否能不加假設簡化的前提條件就能解出來呢？答曰：否。

　　關鍵字：廣義相對論方程；奇點；「弗里德曼」方程和 R-W 度規；史瓦西度規；T-O-V 方程；黑洞；黑洞的霍金量子輻射 m_{ss}；普朗克粒子 m_p；最小黑洞 M_{bm}

3-4-0 霍金黑洞理論與廣義相對論方程在研究黑洞和宇宙學中的對比。

　　3-4-0-1 霍金與作者新黑洞理論和 5 個公式的簡單正確和普適性。

　　下面重複了前面第一篇 1-1 節的證明：任何黑洞 4 參數 M_b，R_b，T_b，m_{ss} 在黑洞視界半徑 R_b 上的守恆公式，著名的霍金黑洞在 R_b 上的閥溫公式，

　　$M_b T_b = (C^3/4G) \times (h/2\pi\kappa) \approx 10^{27}gk^2$ [1]　　　(1a)

　　M_b—黑洞的總質能量；R_b—黑洞的視界半徑，T_b--黑洞的視界半徑 R_b 上的溫度，m_{ss}—黑洞在視界半徑 R_b 上的霍金輻射的相當質量，L_p—普朗克長度；T_p—普朗克溫度；R_{bm}，

T_{bm} 分別是最小黑洞 M_{bm} 的視界半徑 R_{bm} 和視界半徑上的溫度 T_{bm}；h—普朗克常數$= 6.63 \times 10^{-27}$ g*cm²/s，C —光速$= 3 \times 10^{10}$ cm/s，G —萬有引力常數$= 6.67 \times 10^{-8}$cm³/s²*g， 波爾茲曼常數 $\kappa = 1.38 \times 10^{-16}$g*cm²/s²*k，

　　m_{ss}是黑洞在視界半徑 R_b 的量子輻射，按引力能轉換為輻射能的閥溫公式，

$m_{ss}C^2 = \kappa T_b$　　[1]　　　　　　　　　　　(1b)

再根據史瓦西對廣義相對論方程的特殊解，

$GM_b/R_b = C^2/2$　　[1]　　　　　　　　(1c)

從 (1a) 和 (1b)，極易得出一個重要的如下公式，

$m_{ss} M_b = hC/8\pi G = 1.187 \times 10^{-10}$g² [1]　　(1d)

　　既然 $M_b T_b$ 和 $m_{ss}M_b$ 為常數，根據熱力學第三定律，必定有 $T_b \neq 0$，進而可得出 $m_{ss} \neq 0$，$M_b \neq 0$，m_{ss} 和 M_b 及其密度 ρ_b 都不可能是無限大和零。就是說，m_{ss} 和 M_b 都必定有個極限。再從量子引力論得知（$hC/8\pi G$）$^{1/2} = m_p =$ 普朗克粒子，[1][3] 於是，黑洞 M_b 最後只能收縮成為最小黑洞 $M_{bm} = m_p$，即

　　$m_{ss} = M_{bm} = hC/8\pi G$）$^{1/2} = m_p = 1.09 \times 10^{-5}$g [1](1e)

　　(1d)和(1e)式是作者新得出的黑洞在視界半徑 R_b 上普遍有效的公式，於是，對於任何一個黑洞，下面的(1m) 總是有效的。ρ_b 為黑洞內的平均密度。

$\rho_b R_b^2 = 3C^2/(8\pi G)$　　[1] $=$ constant　　　　(1m)

　　前面第一篇已經證明過的結論：(1)4 參數在 R_b 上的變化決定了黑洞生長衰亡的命運。上述證明完全是成功地利用了

現有的各種科學理論的基本公式，沒有什麼假設前提。(2)以上的各公式證明，黑洞並不是一個孤立系統，而是一個開放系統，它因吞噬外界能量-物質或與其它黑洞碰撞合併而膨脹，以增長其質量 M_b 和視界半徑 R_b。在它吞噬完外界的能量-物質後，立即不停地向外發射霍金輻射 m_{ss} 而收縮，以減少其 M_b 和 R_b，直到最終收縮成為 $M_{bm}=(hC/8\pi G)^{1/2}=m_p$ $=1.09\times10^{-5}g$ 而消失在普朗克領域，不可能收縮成為「奇點」。[1] (3)黑洞是宇宙中最簡單的實體，其 4 參數 M_b ，R_b ，T_b ，m_{ss} 之間只有簡單的單值關係，一旦其中一個值被確定後，每個參數的值都只被 4 個自然常數 G，C，h，κ 的不同關係所決定。[1] (4)由於霍金黑洞理論是建立在熱力學和量子力學的堅實基礎之上的，所以黑洞的收縮只與其 M_b 的量有關，而與黑洞內部 M_b 的成分結構和運動狀態無關。因此無需知道黑洞內部的能量-質量密度分佈、溫度分佈、運動狀態等等複雜問題，就可得出準確結論。而解廣義相對論方程需附加前提條件，只能導致許多荒謬的結論。(5)我們宇宙是一個真實的宇宙巨無霸黑洞。[1]

3-4-0-2 廣義相對論方程的複雜性和缺陷

1917 年愛因斯坦首次就其場方程給出了一個假穩定態宇宙的特殊解。由於下面的廣義相對論方程(2a)是非線性的引力場方程，太複雜，無法解出一般解。用愛因斯坦的話說，該方程完美到無法加進去任何東西。因此，該方程只有最後歸結為理想的、連續地恆定（定能量-質量，零壓）流，才可能在再假設其它的附加條件下，得出少數特殊解。所以，所有

後來解該方程的學者們都提出了許多簡化的假設條件。其中都有幾個共同的假設，或者說先決條件；第一、宇宙學原理，即密度均勻性。第二、零壓（等壓）宇宙模型，即一團能量-物質收縮或者膨脹時，時空的變化僅由引力引起，不考慮熱壓力溫度改變的影響。第三、在時空的變化整個過程中，都保持同等的能量-物質量，既無排出，也無吸入（孤立系統）。第四、根本不認為大質量物體中心有較高密度的堅實核心能夠對抗自身的引力塌縮。正是這些錯誤的、不合實際的假設，使所有得出(2a)的特殊解，如「弗里德曼」(Freidmann)方程、R-W 度規（Robertson-Walker metric）和史瓦西度規等都不合乎宇宙中的實際情況，因而得出許多荒謬的結論，如「奇點」。

　　下面先從廣義相對論方程(2a)談起。以論證等量粒子團絕無可能塌縮出無窮大密度的「奇點」。

$$G\mu\nu + \chi T\mu\nu + \Lambda\, g\mu\nu = 0 \quad [3] \qquad (2a)$$

　　上面(2a) 式就是愛因斯坦廣義相對論方程，場方程EGTR，該方程原來只有左邊的 2 項。引力場方程是非線性的，不加假設條件，無法求出其一般解。$G\mu\nu$ 是描述時空幾何特性的愛因斯坦張量。$T\mu\nu$ 是物質場的能量-動量張量。$g\mu\nu$ 是度規張量。不幸的是， 這樣的模型與廣義相對論的初衷是不相容的。這一點從物理上講很容易理解，因為普通物質粒子間的引力是一種純粹的相互吸引的中心力，而在純粹吸引力作用下的物質粒子的分佈是不可能達到靜態平衡的，只能向其質量中心收縮。為了維護整個宇宙的「寧靜」， Einstein 後來不得不忍痛對自己心愛的廣義相對論場方程作了修改，增

添了一個所謂的「宇宙學項」$\Lambda g\mu\nu$，其中 Λ 被譽為宇宙學常數。$\Lambda g\mu\nu$ 具有排斥力，它是愛因斯坦為了保持宇宙中引力和斥力的平衡後來才加進去的。

1917 年愛因斯坦就其場方程給出了一個穩定態宇宙的解，即宇宙半徑 R 不隨時間的變化，

令　$\chi = 8\pi G/C^4$，　Λ 可以取為，

$$\Lambda_c = 64\pi^2/(9\chi^2 M^2) \quad [3] \qquad\qquad (2b)$$

得　$R_c = \Lambda_c^{-1/2}$ [3] $\qquad\qquad\qquad$ (2c)

後來，勒梅特(Lemaitre)指出，愛因斯坦的解還是不穩定的。1927 年他從(2a)式中得出 R 必須滿足下面的兩個方程(2d)和 (2e)。[3] 下面 K 是空間曲率。

$$4\pi R^3 \rho/3 = M = Const > 0 \quad [3] \qquad\qquad (2d)$$

得，$(dR/dt)^2 = 2GM/R + \Lambda R^2/3 - KC^2$ [3] $\qquad$ (2e)

(2d)表示 EGTR 只適用於封閉系統，質量 M=常數。從(2e)可看出，當 $\Lambda = 0$ 時，只要給出的 R 受到任何的微擾，即 dR/dt 一旦不為零，它就會隨著時間的改變，宇宙或者膨脹，或者收縮，總是處在加速或減速運動的狀態中。其解的結果是與愛因斯坦的解(2c)是相矛盾的。

3-4-0--3 分析和結論：因解廣義相對論方程前的各種假定前提都背離實際，解方程的結果必然錯誤。EGTR 作為時空統一的一種宇宙觀可能有重大的意義，但不可能通過解場方程來定性定量地解決宇宙學中的任何問題，如「弗里德曼」模

型無法解釋宇宙膨脹，史瓦西度規導致宇宙收縮成為「奇點」
的謬論。

下面作一些具體分析。

第一、1917 年，還沒有宇宙膨脹的哈勃定律，愛因斯坦
在解場方程時，只有在假定了 M = 常數、宇宙為孤立系統、
宇宙密度 ρ =常數的情況下，才勉強解出了一個看似 dR/dt =
常數的穩定解，即 $R_c = \Lambda_c^{-1/2}$ [3]。實際上，由於 R 在真實的
宇宙中不等於某個常數，從 Lemaitre 的解 (2e)，即$(dR/dt)^2 =$
$2GM/R + \Lambda R^2/3 - KC^2$ [3] 可知，在任何情況下，$(dR/dt)^2 \neq 0$. 即
使宇宙是一個黑洞--BH， 而使 $2GM/R - KC^2 = 0$， $(dR/dt)^2 =$
$\Lambda R^2/3 \neq 0$，也不穩定。

而實際上 dR/dt 因實際宇宙中的 M，R，ρ 等不等於常數，
而不穩定。

現代宇宙學中通常把宇宙學項併入能量動量張量，這相
當於引進一種能量密度為 $\rho_\Lambda = \Lambda/8\pi G$，和壓強為 $p_\Lambda = -\Lambda/8\pi G$
的能量動量分佈，這種十分奇特的能量動量分佈，使廣義相
對論方程有所改進，但也無法解出一般解。在廣義相對論中，
當能量密度與壓強之間滿足 $\rho + 3p < 0$ 時，能量動量分佈所產
生的「引力」實際上具有排斥作用。因此在一個宇宙學常數 Λ
> 0 的宇宙學模型中存在一種排斥作用，這種排斥作用與普通
物質間的引力相平衡，使得 Einstein 成功地構造出了一個靜
態宇宙學模型，即得出宇宙半徑為 $R = \Lambda^{-1/2}$，即前面的公式
（2c）。這說明宇宙膨脹到密度很小的低溫情況下，粒子的熱
斥力也是不可忽略的。只有將有溫度密度的粒子的熱抗力加

進場方程，才能得出較符合實況的結果，但誰能解出這樣一團粒子的場方程呢？

第二、在知道所研究物體的 M(R)，T(R)，ρ（R）在視界半徑 R 上的分佈之前，複雜的 EGTR 無法解出來。於是科學家們別無選擇，為了較易地得出 EGTR 的解，只能提出許多簡化和均勻化 M(R)，T(R)，ρ（R）的前提條件。但是正是這些違反熱力學和實際情況的前提條件會必然導致荒謬的結果。這就是解 EGTR 必然會出現錯誤的悖論。

第三、大量定量自由的物質—能量粒子團為什麼會引力收縮？按照熱力學定律，它只有向外排出部分具有熱量的輻射能才會收縮。這就是通俗稱之為物體或粒子團熱脹冷縮的道理。[6] 大家都知道將氦壓縮成液體氦的過程，只有一面用冷卻方法不斷地排出氦裡的熱量，一面加高壓，氦才能被壓縮成液態氦。因此，場方程首先就假定其物件的能量-物質為常數而不排出熱量，這本身就是違反實際、違反熱力學規律的，即使場方程被解出來了，其結果也必然是錯誤的。

第四、為什麼宇宙的降溫膨脹會導致物質粒子團在宇宙的物質占統治時代的收縮？

從前面的第一篇和第二篇的新黑洞理論可知，宇宙不斷膨脹的根源在於宇宙是由其誕生時的無數最小黑洞--M_{bs} = $2m_p$ = $2.2×10^{-5}$g 不斷地合併造成的，從史瓦西公式 GM_b/R_b = $C^2/2$ 即可看出（見第一篇 1-3）。

從宇宙膨脹的熱力學的理論，根據經典理想過程的熱力學關係式，隨著宇宙尺度因數 R 的增大，物質粒子的溫度 T_m

與宇宙尺度因數 R 的平方成反比，而輻射能的溫度 T_r 則與
宇宙尺度 R 的一次方成反比（證明見參考文獻 3 從略）[3]。
其暗中的假定是宇宙的膨脹或收縮都是均勻絕熱的（可參見
第一篇 1-6-4）。

$Tr \propto 1/R$ [3]　　　或者 $R_{r1}T_{r1} = R_{r2}T_{r2}$　　　　　(2f)

$T_m \propto 1/R^2$ [3]　　或者 $R_{m1}^2 T_{m1} = R_{m2}^2 T_{m2}$　　　(2g)

　　從上面 2 式可見，當宇宙溫度從 $T_{r2} = T_{m2}$ 降溫到
$=1/10 \times (T_{r1}=T_{m1})$時，輻射能膨脹了 10 倍，$R_{r2}=10R_{r1}$，而物質
粒子團只膨脹了 3.16 倍，即 $R_{m2}=3.16R_{m1}$。可見，當宇宙絕熱
膨脹降溫時，輻射能的膨脹比物質粒子的膨脹快的多得多。
從另一角度看，就是粒子團相對地收縮了約 70%，這就是宇
宙因輻射能必須降溫膨脹以造成物質粒子團的引力收縮成為
星系和恆星、而後才會有人類出現的原因。可見，實際的宇
宙中既有輻射能的膨脹，又有物質粒子在膨脹中的相對的收
縮（少膨脹），由於輻射能為宇宙中總質能的約 74%，物質
粒子只有約 26%。所以宇宙的膨脹主要表現為輻射能的膨脹。
請問有無高手能夠解出一個定量能量-物質粒子團一面向外排
熱一面收縮的一個統一的場方程呢？

　　第五、當一大團能量-物質粒子團一面向外排熱一面引力
收縮，而收縮到一定程度、其中心溫度達到約 $> 1.5 \times 10^6$k 時，
必然產生氫轉變為氦的核聚變，其高溫核心就能對抗其週邊
物質的引力塌縮。當核聚變完成後，經過新星或超新星爆炸，
爆炸的內壓力能將其中心殘骸壓縮或成為白矮星、或中子

星、或小於 $3M_\theta$ 太陽質量的小黑洞。這種塌縮成黑洞的實際過程是 EGTR 無法描述解決的。

第六、於是一些大學者們頭腦一發熱，就既假定一個等能量-物質粒子團不向外排熱而收縮，又假定它的收縮不產生核聚變，直接塌縮成為黑洞，再又假設該黑洞內外可用同一個連續方程，於是宣佈最後會塌縮成為荒謬的、宇宙中找不到的、密度為無限大的「奇點」。這就是史瓦西度規錯誤的根源。

就算一個大量能量—物質粒子團不經過核聚變可以直接收縮成為一個小黑洞。當黑洞形成時，組成黑洞的那部分能量-物質粒子也會有一次大塌縮。比如在宇宙中形成一個 $M_{bs} = 3M_\theta = 6\times10^{33}$g 的恆星級黑洞後，其視界半徑會塌縮成 $R_{bs} = 9$km，其密度 $\rho_{bs} = 2\times10^{15}$g/cm^3。就是說，在黑洞視界半徑外面的密度 $\rho_u = 10^{-29}$g/cm^3，二者的密度相差 $\rho_{bs}/\rho_u = 10^{45}$ 倍。此外，黑洞內外的溫度、結構、物理狀態和運動形式等等也是完全不同的、是不連續的。因此，怎麼可以用黑洞形成前的同一個方程（史瓦西度規）來描述黑洞形成後的、黑洞內外的狀態及其運動的結果呢？

第七、黑洞形成後，內外密度 ρ_u 與 ρ_{bs} 差別如此之大，一些大學者們，玩弄數學遊戲，故弄玄虛，用史瓦西度規來解釋，說什麼黑洞形成後，內部時空顛倒，其中心 R = 0 的點成為時間的終結，以後會成為時間之外。又說，其中心是有無窮大密度的「奇點」，時空彎曲成無窮大。黑洞內部的空間是真空，認定「奇點」是黑洞存在的前提。[7][8]再看看真實的

宇宙，我們宇宙空間有許許多多恆星級黑洞，有不少孤單單的黑洞在宇宙空間遊蕩，如果這些黑洞中心真有「奇點」，這些「奇點」為什麼不產生出人類能夠感覺到的大爆炸，不爆炸出新宇宙來呢？

第八、但是，(1)因為黑洞強大的引力使其內部的輻射能量無法排出到外界，其熱抗力是完全能對抗粒子自身的引力而收縮的，就更毫無可能收縮成為「奇點」，這是簡單的熱力學定理。(2)黑洞內部能量—物質的引力都是集中力，指向中心，這沒有錯。但是每個大物體的質量$>10^{15}$g 的物體，之所以能夠承受其週邊物質引力的塌縮，因為其中心都有更高密度的核心（物體質量$<10^{15}$g 者，其物質結構能夠承受自身的引力塌縮），如地球有鐵質的核心，太陽有核聚變的高溫核心。中子星和恆星級黑洞中心有密度約 10^{16}g/cm^3 的超子或固體中子，而夸克的密度可以高達 10^{92}g/cm^3。[1] (3)作者已經證實，我們宇宙就是一個真實的巨無霸黑洞。[1] 我們人類就居住在這個黑洞裡，我們為什麼不奔向宇宙黑洞中心的「奇點」而毀滅呢？

第九、從(1c)式 $GM_b/R_b = C^2/2$ 可知，只有黑洞才能使(2e)式中的 $2GM/R \equiv$ 常數，從而使 $dR/dt =$ 常數。這就是哈勃定律可適用於黑洞的原因。

第十、簡單的總結：(A) 場方程（2a）是一個能量-動量密度的微觀方程，要將其推廣到宏觀的大區域甚至整個宇宙求解，就不得不提出一系列違反實際和熱力學定律的假設，特別是 M（R），T（R），ρ（R）的假設難以確定，於是將

一個不均勻的大區域甚至宇宙假設為均勻，這是相對論學者們的一種錯誤選擇。 (B) 場方程（2a）中的能量-動量密度應是輻射能與物質粒子的混合體，二者在實際的膨脹或收縮的過程中，遵循各自不同的規律，也無法規定出二者的比例，因此，學者們在解場方程時，將二者混為一體，必然導致謬誤。(C) 輻射能與物質粒子在膨脹與收縮的過程中，不僅遵循不同的的規律，而且在宇宙中走相反的路線，輻射能一直在膨脹，而物質粒子團不僅收縮，還能收縮為星系和核聚變的恆星，將二者統一在同一個場方程中，不是根本背離實際嗎？

3-4-0-4 廣義相對論方程 EGTR 與新黑洞理論公式應用範圍和條件的比較

表 1；廣義相對論方程 EGTR 與新黑洞理論 5 公式普適範圍的比較	
EGTR 的適用範圍或稱前提條件	新黑洞理論 5 公式的普適範圍
1. 與外界無能量-質量交換的封閉系統	1.與外界能量-質量交換的開放系統
2. 等壓模型違反熱力學第 II 定律	2. 等壓或不等壓均可用
3. 解方程須知質量密度分佈	3. 質量密度不必均勻
4. 忽略輻射能的熱抗力	4. 有輻射能熱抗力
5. 否定輻射能有相當的引力質量，	5；承認輻射能有相當的引力質量
6. 方程是可逆過程，無時間方向	6. 黑洞膨脹收縮都是不可逆過程

7. 方程中無法質-能互換，	7. 公式中質-能通用互換
8. 純引力不能解釋宇宙膨脹，無熱量排出不能收縮	8. 黑洞因吞噬質-能而膨脹，因發射霍金輻射而收縮
9. 否認大物體有較高密度核心	9. 大物體密度不均，必有核心
10. 純引力收縮必現「奇點」	10. 最終收縮成為普朗克粒子而消亡
11. 用 Ω 無法判別宇宙是閉或開，膨脹或收縮	11. $\Omega \equiv 1$，吞噬外界質-能膨脹，發射霍金輻射收縮
12. EGTR 的各種解中，或 G，或有 G 和 C， 無量子力學 h 和熱力學 κ 效應	12. 5 個公式由 G，C，h，κ 共 4 個常數組成，有量子力學和熱力學效應
13. 總結：解方程需加許多附加條件	13. 總結：無需附加任何條件

上表對 EGTR 與作者黑洞新理論的 5 個基本公式的附加前提和適用範圍的區別作了詳細的比較，人們很容易看出 EGTR 是無法解決黑洞和宇宙學中的問題的。下面幾節是具體詳細的分析解 EGTR 出現錯誤的原因。

3-4-1 用弗里德曼方程 R-W 度規來判斷宇宙膨脹或收縮的命運，背離實際，且提出 $\Omega \equiv \rho_0/\rho_c \neq 1$ 是偽命題

3-4-1—1 用弗里德曼 (Freidmann) 方程 R-W 度規（Robertson - Walker 度規）來判斷宇宙膨脹或收縮的命運，不僅背離實際，且提出 $\Omega \equiv \rho_0/\rho_c \neq 1$ 的偽命題困擾科學界近

100 年。（本節內所有公式都來源於參考文獻[3]的§3-1 ～ §3-4，該書對一些公式有推導，本書只著重從各公式的物理意義指出其背離實際的錯誤。）

「弗里德曼」（Freidmann）方程和 R-W 度規（Robertson-Walker metric）是在符合封閉系統、各向同性的宇宙學原理、「零壓宇宙」模型（無熱力學效應），和定能量-物質的膨脹許多附加條件下推導出來的，它無法解釋宇宙為何膨脹和平直性 Ω 為什麼會非常接近於 1。因為該模型的根本問題是在沒有熱壓力對抗引力的情況下，單純的引力作用只是一種非穩定的收縮流。因此，無法區別宇宙真實密度 ρ_o 與臨界密度 ρ_c 的差別。現在從 (11) 式 R-W 度規出發，

$$ds^2 = C^2dt^2 - dl^2 = C^2dt^2 - R^2(t)dr^2/(1-Kr^2) + r^2(d\theta^2 + \sin^2\theta d\varphi^2)\ ^3 \tag{11}$$

上面(11)中，R(t) 僅僅是時間的函數，與座標無關，在一定的意義下，R(t) 可以理解為「宇宙的半徑」。 R(t)隨著時間的增加，但因 K 的不同，R(t)會有不同的走向，決定宇宙究竟是膨脹還是收縮。K 是空間曲率，決定宇宙究竟是有限還是無限。(11)中，r 所表示的只是測量距離 l（英文小寫字母 l，不是數目字 1）與尺度因數的比，所以 r 並不是觀察者（r = 0）到天體的距離 l，而是所謂的徑向共動距離座標。[3] 在上面(2e)式中當 Λ = 0 時，就能得到，

$$(dR/dt)^2 - 8\pi G\rho R^2/3 = -KC \quad [2][3] \tag{11a}$$

$$d^2R/dt^2 = -4\pi G\rho R/3 \tag{11aa}$$

$$(dR/dt)^2/R^2 + 2(d^2R/d^2t)/R = -KC^2/R \ ^{[2][3]} \qquad (11b)$$

(11b) 就是「弗里德曼」(Freidmann)方程，是「弗里德曼」直接從愛因斯坦場方程得到的。(11a)和(11b)兩式是完全一致的。式(11a)是關於 R(t)的最基本的方程式，還可由 (11aa) 式積分而得，此地 K 是曲率，$-KC^2$是常數。K 實際上只能取 3 個值：-1，0，+1. K=+1 是封閉宇宙，K= -1 是開放宇宙，K=0 是平直無限宇宙。

(11b)式是一個典型的微分方程。對應於方程中常數項的不同取值，便得到 R(t)的不同形式的解。這些解分別對應於不同的宇宙模型。在推導該方程時，是忽略了宇宙中壓力項的影響的。因此，由該方程給出的宇宙模型都屬於「零壓宇宙」模型，而且都要符合宇宙學原理等。[3] (11a)可改寫為，

$$\rho = 3(dR/dt)^2 + KC^2/(8\pi GR^2) \qquad ^{[3]} \qquad (11ab)$$

從(11ab)可看出，在 R(0) = 0 時，$\rho \to \infty$。所以 R(0) = 0 就成為空間「奇點」，這就是廣義相對論得出的宇宙產生於無限大密度的「奇點」結論的根源。無論 K 為何值，該點的空間曲率和密度都是 ∞。但是(11ab)隱藏著故意人為的詭秘，見後面的分析。

如果考慮到熱壓力對引力收縮的對抗，同時，如再考慮到任何物體的中心都會出現較高密度的核心對抗其週邊物質引力的塌縮，一團定量的能量物質粒子 $M = 4\pi\rho R^3/3 = const$ 就絕無可能由於自身的引力收縮或者極高壓的壓縮，能使 M 達到 R = 0 處的$\rho \to \infty$。因此，在 R(0) = 0 處，$\rho \neq \infty$。就是說，R 能否 $\Rightarrow$ R(0)，不是一個數學問題，而應該是真實的物理

世界允不允許的問題。數學公式的應用區間應該受真實物理世界的臨界上限和下限的限制。世界上還沒有一個數學公式在實際中的應用區間可從 $--\infty \Rightarrow 0 \Rightarrow \infty$ 的，這不符合我們有限宇宙的真實狀況。

由(2e)和(11b)式，可得到符合(2d)式，即在宇宙總物質 $M=4\pi\rho R^3/3=const$ 時，

$$\rho = 3(d^2R/d^2t)/4\pi GR = 3H^2q/4\pi G \qquad [3] \qquad (11c)$$

上式(11c)通常將宇宙的物質密度 ρ 用哈勃常數 H 和減速因數 q 來表示。定義一個宇宙的臨界密度 ρ_c，令，

$$\rho_c \equiv 3H_o{}^2/8\pi G \qquad [3] \qquad (11d)$$

設宇宙目前的密度值為 ρ_o，H_o 是宇宙目前的哈勃常數，q_o 是目前宇宙的減速因數。於是，

$$\rho_o = 3q_oH_o{}^2/4\pi G \qquad [3] \qquad (11e)$$

相應地定義一個密度參數值 Ω，

$$\Omega = \rho_o/\rho_c \qquad [3] \qquad (11f)$$

廣義相對論就是用 Ω 值來判斷宇宙的最終命運的。當 $\Omega > 1$ 對應於 $K = +1$，即 $\rho_o/\rho_c > 1$ 時，宇宙是閉宇宙，閉宇宙是有限的。當 $\Omega < 1$ 對應於 $K = --1$， 即 $\rho_o/\rho_c < 1$ 時， 宇宙是開宇宙，開宇宙是無限的，沒有有限半徑。當 $\Omega = 1$ 對應於 $K = 0$，即 $\rho_o/\rho_c = 1$ 時， 是臨界情形，宇宙是平直的無限宇宙。

上述的標準宇宙模型，即 FLRW（Freidmann–Lemaitre-Robertson-Walker）模型，也就是弗里德曼（Freidmann）模

型，[3] 這是一個沒有考慮熱壓力（零壓宇宙模型）的定質量的純引力的膨脹模型。它無法解釋宇宙的膨脹和密度的變化。

但按照黑洞新理論，我們宇宙就是一個真實的宇宙黑洞，其密度 ρ_c 有唯一確定值，它只被宇宙黑洞的總質-能 M_u 值所決定。[1] 在實際的測量中，只能用哈勃定律的 H_o 去定出宇宙密度 ρ_c，無法分辨什麼是 ρ_o，什麼是 ρ_c，這種分別也毫無意義，因而總會是得出 $\Omega \approx 1$。因此，「弗里德曼」用 $\Omega = \rho_o/\rho_c$ 是無法去判別宇宙是封閉還是開放的。這實質上是一個偽命題，它毫無意義地困擾科學界約百年，它是為了簡化解方程而提出上述諸多錯誤假設而得出的錯誤結論。

在黑洞理論裡，宇宙黑洞就是個開放的球體，它只有在吞噬外界質-能時膨脹而降低密度，在吞噬完外界質-能後，就不停地發射霍金輻射而收縮，直到最後收縮成為普朗克粒子 m_p 而解體消亡。[1]

3-4-1—2 分析和結論：

如前所述，在(11ab)中， $\rho = 3\,(dR/dt)^2 + KC^2/(8\pi GR^2)$ 隱藏著故意人為的詭秘，證實如下。在(11ab) 和 (11a) 轉換為下面的(11ac) = (11ad)後，R = 0 就可以被消除，而人為地 $\rho \to \infty$ 就不存在了。

$$\rho R^2 = 3(dR/dt)^2 + KC^2/(8\pi G) \qquad [3] \qquad (11ac)$$
$$GM/R = (dR/dt)^2 + KC^2/2 \qquad (11ad)$$

第一、從第一篇第一章的（1m）和上面的（1m）式可知，宇宙作為一個真正的黑洞時 $\rho R^2 =$ 常數，即　(11ac) = (1m)。

在(11ad)中，$(dR/dt)^2$ 表示吸收外界能量-物質，或者發射霍金輻射。因此，R 不可能為 0，ρ 也不可能為 ρ→ ∞，最後只能成為普朗克粒子 $m_p = 10^{-5}g$，其 $\rho_{bm} = 10^{92}g/cm^3$.

第二、(11ab)和(11ac)均可變換為(11ad)，即 GM/R = $(dR/dt)^2 + KC^2/2$. 這是 Friedmann 在宇宙的 M = 常數的條件下（封閉系統）得出的，即與此同時是 Λ = 0。此時，（A）；在封閉系統的條件下，M = 常數，所以(dR/dt) = 0，就是黑洞。（B）；在非封閉系統的條件下，如果(dR/dt) ≠ 0，只能以增加或減少 GM/R 來得到，這就是黑洞在吞噬外界能量-物質或者發射霍金輻射。（C）；如果(dR/dt) = V= 常數，則 M/R 必定為常數，這些都是「弗里德曼」方程的悖論。這表明愛因斯坦和「弗里德曼」等一開始就錯了，因為他們沒有找到宇宙膨脹 (dR/dt)的動因，所以在假設宇宙是常量而穩定的前提條件下得到一個看似常量而穩定的宇宙，而最後只能用假定其 R 的收縮來達到其膨脹。這個荒謬的結果是由於其荒謬的的假設前提而來，即同時假設 M=常數和 Λ ≠ 0。 （D）；只有在上面（A）和（B）的史瓦西黑洞的條件下，(11ad)才是完全唯一正確的。

結論：只要將宇宙作為一個真正的黑洞，它就不可能完全封閉，因為其 M ≠ 常數，其方程應該符合 (2e)，即$(dR/dt)^2$ = $2GM/R + \Lambda R^2/3 - KC^2$ 中的 Λ ≠ 0，而宇宙作為黑洞，應在每一個暫態符合 $GM/R = C^2/2$ 此時 K=+1，是有限的封閉宇宙，與黑洞理論完全相符，所以實際上$(dR/dt)^2 = \Lambda R^2/3 \neq 0$ 就是哈勃定律。

第三、而 Lemaitre 和 Friedmann 是在假設總能量-質量 M = 常數的條件下得出一個$(dR/dt)^2 \neq 0$ 的非穩定宇宙，但是他們找不到宇宙膨脹的動因。

第四、只有現在作者完成的新黑洞理論，才探明了宇宙作為黑洞的非穩定的動因，黑洞因吞噬外界的能量-物質或與其它黑洞合併而膨脹，因發射霍金輻射而收縮，直到收縮成為普朗克粒子 m_p 而消失在普朗克領域。

第五、作者在本書前面第二篇 2-2 中已經完全證明，我們宇宙就是一個真實的宇宙黑洞 M_{bu}。[1] 證實了哈勃定律描述的宇宙膨脹就是宇宙無數最小黑洞 $M_{bm}=m_p$ 合併而以光速 C 膨脹的規律。並且證明這就是宇宙密度 ρ 因膨脹而降低的原因。用黑洞理論就可以簡單直接地推導出哈勃定律 $V = H_oR$。再根據史瓦西(1c)式 $GM_b/R_b = C^2/2$，宇宙膨脹的速度 V 直接與黑洞質量 M_b 的增加量成正比。這些都是「弗里德曼」方程無法得出的結論。

第六、按照黑洞理論，黑洞就像一個能夠吸進和發出能量-物質的可脹大和收縮的橡皮球，每一個暫態都有一個唯一確定的 M_b，它決定了一個唯一確定的密度 $ρ_o$。因此，$Ω = ρ_o/ρ_c \equiv 1$ 是宇宙黑洞的本質屬性。而 EGTR 和「弗里德曼」方程在宇宙總質能量 M_u = 常數，和無熱抗力的作用下，假定宇宙有膨脹速度 dR/dt 就必然得出錯誤的結果。

第七、「弗里德曼」宇宙膨脹模型是在哈勃定律發現之前提出來的，那時用 $Ω = ρ_o/ρ_c$ 是否 = 1 來判斷宇宙的開放或者閉合，情有可原。但科學家們現在仍然抱著 80 多年前「弗里

德曼」模型不放，將宇宙黑洞本來就是 $\Omega \equiv 1$ 的正確概念置之不理，卻讓人們糊裡糊塗地直到現在還去尋找 Ω 將是否 = 1。這就是抱殘守缺。

第八、根據前面第一篇 1-5 的（5a）式，霍金的黑洞壽 τ_b 的公式 $\tau_b \approx 10^{-27} M_b{}^3$ [2] 可見，宇宙作為真正的黑洞，其壽命 τ_b 完全可由其總質能量 M_b 所決定，根本無需像「弗里德曼」模型一樣，要用 $\Omega = \rho_o/\rho_c$ 去判定是封閉還是開放。

結論：在黑洞宇宙學中，用新黑洞理論的 5 個公式取代複雜而無正確方法解出的廣義相對論方程 EGTR 和「弗里德曼」模型等是正確簡單和有效的。

3-4-2 史瓦西度規是假設能量—物質 M=常數時，收縮成為黑洞後，內部再塌縮成為「奇點」，這結論為何是錯誤的？

3-4-2-1 史瓦西度規(21a)式：廣義相對論方程假設和論證了恆質量 M 物質的引力收縮在無任何對抗力下一直會收縮到「奇點」，這是一個荒謬的結論。因為，首先按照熱力學第二定律，恆定量的自由絕熱能量-粒子團只能膨脹降溫，這就是時間方向。其次，它們只能一面向外排熱才能收縮，如其收縮時所引起的熱壓力不能排除和存在較高密度的核心就能平衡對抗其引力收縮。再其次，實際上足夠大量質量的 M 最多只能收縮到成為 $M \gg M_b$（$= C^2 R_b/2G$）的黑洞，不可能縮成為 $M = M_b$ 的黑洞，更不可能在黑洞內收縮成為「奇點」。但按

照彭羅斯和霍金的解釋，在黑洞 M_b 形成後的瞬間，黑洞內部突然變成真空和時空顛倒，所有黑洞內的能量-物質一下收縮到中心成為密度無限大的「奇點」。這就是羅傑‧彭羅斯和霍金在錯誤假設條件下，證明後得出的 3 點錯誤結論。[7] 這些結論可同樣根據較簡單的史瓦西度規的(21a)式得出，就是說，羅傑‧彭羅斯和霍金的證明方式方法雖然比史瓦西度規不同而更為複雜，但是其前提條件和原理是同樣的，因此所得出的結論也完全相同。

$$ds^2=(1-r_b/r)dt^2- dr^2/(1-r_b/r)-r^2d\theta^2--r^2sin^2\theta d\varphi^2 \text{ [4]} \qquad (21a)$$

3-4-2--2 廣義相對論主流的學者們對史瓦西度規(21a)式的錯誤解釋和作者反對的一些看法。在(21a)式中，應有 $r_b = 2GM_b/C^2$，r_b 即是質量 M_b 的史瓦西半徑，又稱之為引力半徑。對於太陽質量黑洞，$r_{bs} = 295cm$。[4]

第一、對（21a）式，必須注意以下幾點；既然 r_b 是黑洞 M_b 的引力半徑，那麼，在（21a）的 r_b/r 中，r 也應該對應於某個 M，比如使 r =$2GM/V^2$。同時，EGTR 學者在運用（21a）時，沒有區分黑洞外的 2 種情況：一是將(21a)用於 $M>>M_b$ 的塌縮成黑洞 M_b 的前後，即在黑洞 M_b 外，還有剩餘的能量-物質 M_s，即 M = M_s + M_b。二是如果將(21a)只用於塌縮成黑洞 M_b 後的內部情況，M_b 外的能量-物質 M_s 就無法考慮。

第二、當 r_b < r 時，即從黑洞外面觀察黑洞對外界物質或物體的引力作用時，因為 $M_b /M = r_b/r$，廣義相對論者的解釋無特別之處。因(21a)式與正常的引力質量體無異，他們只

是將黑洞 M_b 當作塌縮為中心力來看待的。[4]

當 $r_b = r$ 時，按照相對論主流學者對(21a)式的解釋，稱為座標奇點。它可以通過座標變換而去掉。儘管如此，它還是有許多異乎尋常的性質。當 $r_b = r$ 時，(21a)式變為 $ds^2 = 0 \times dt^2 - \infty \times dr^2$，這就是說，在黑洞的視界半徑 r_b 上，一個事件無論經過多麼長時間 dt，事件的信息也傳不出去，因為光在 r_b 上被禁錮，不能逃出 r_b 之外。他們對(21a)解釋仍是可接受的，因仍然存在 $M_b / M = r_b / r = 1$。[4]

作者評注 1：無論黑洞 M_b 形成後，其外面有無能量-物質，廣義相對論學者們對 $r \geq r_b$ 的上述 2 種解釋，人們是都可以接受的，無太大新意。因為他們只不過將 M_b 的引力看作為塌縮集中於其中心的黑洞而已。

第三、當 $r_b > r$ 時，按照相對論主流學者們的解釋，(21a)式變為 $ds^2 = - (r_b/r - 1)dt^2 + dr^2/(r_b/r - 1) - r^2 d\theta^2 - r^2 \sin^2\theta d\varphi^2$，因為式中 dt^2 為「−」而 dr^2 為「＋」，所以他們立刻不假思索地得出黑洞內時空顛倒這個他們想要的結論，而進一步得出黑洞內所有物質塌縮集中到其中心成為「奇點」和「黑洞內部為真空」的荒謬結論。這些說法為什麼是錯誤的呢？[4]

作者評注 2：根據作者的新黑洞理論的公式已經證明，[1]只有 $M >> M_b$ 時，才可能塌縮出一個 M_b 的黑洞，而且黑洞內外形成為 2 個完全不同的物理世界，各種參數值相差極大，因此用同一個連續的 EGTR 和史瓦西度規怎麼能描述黑洞內外的不連續狀態呢？M_b 形成後，由於黑洞內能量-物質的強大引力，輻射能根本無法被排出黑洞之外，再加上黑洞中心有

密度較高的堅實核心，因此，黑洞內部能量-物質靠自身的引力是不可能塌縮成為「奇點」的。

第四、相對論學者們對史瓦西度規對(21a)式更進而解釋和假設說，當 r = 0 時，成為內稟奇點。全部質量集中於此點，密度為無窮大，時空曲率為無窮大，物理定律失效。[4]

3-4-2--3 作者總評注：上述第三第四是相對論學者們按照(21a)式的數學方程而作出的一種先入為主、偷換概念、錯誤假設後得出的錯誤結論，也就是一種曲解。他們是假設黑洞內的物質在沒有任何對抗力的條件下，按照單純的引力收縮必定可塌縮成為「奇點」而得出先入為主的結論。按照他們的這種假設，黑洞外的任何大小的物質粒子團的自身引力，都可以按照史瓦西解(1c)式--$GM_b/R_b = C^2/2$ 任意引力收縮，即凡是有物質引力存在的地方，都會塌縮出「奇點」來。這是錯誤的假設前提導致必然的錯誤結果。(1c)只告知人們收縮為黑洞的結果必然要符合 $M_b/R_b = C^2/2G$，至於能否收縮成此結果，是受物理世界的諸多條件的限制的。

作者認為相對論學者們對(21a)式的解釋和推理，在上面第三第四段是錯誤的。首先必須指出的是廣義相對論學者們解釋的 2 個根本性的錯誤前提：

第一、首先，在宇宙中，任何條件下，都不可能塌縮出 $M = M_b$ 的黑洞，因為這違反熱力學定律。因此，在實際上，當一團能量-物質 M 收縮成為黑洞時，黑洞內的能量-物質量 M_b 與黑洞內外原來的能量-物質量 M 是完全不相等的，即 M

>>M_b，而且黑洞視界半徑 R_b 將黑洞內外嚴格地區分為 2 個極不相同的世界，內外的各個物理量都不相同和不連續（可參見前面的各節），比如恆星級黑洞內外的密度可以相差到 10^{45} 倍。因此，黑洞內外是絕對不可以用同一個連續方程和度規(21a)式的。因此，他們用同一個度規來連續地描述黑洞內外的時空狀況，必然會得出錯誤的結論。

第二、必須指出，所有廣義相對論學者們對(21a)式解釋的另一個關鍵錯誤在於似乎故意對 r_b/r 定義的錯誤解讀。r_b/r 的真實物理意義應是 r_b 內的能量-物質 M_b 與 r 內的能量-物質 M 之比，即 $r/r_b = M/M_b$. 也就是說，(21a) 只能在 $M \gg M_b$ 和 $r \geq r_b$ 的條件下應用。在黑洞 M_b 形成後，他們偷樑換柱地突然將黑洞內部 r_b/r 變成為二者尺寸之比以代替 2 種能量-物質量之比。請問學者們，此時 r_b 與 r 內所包涵的能量-物質是什麼呢？EGTR 本身是能量-物質的引力方程，如果在(21a)式中抽出了能量-物質，用什麼來表示 ds、dr、dt 之間的引力呢？沒有了引力的傳遞，EGTR 學者們所說「紅移」和「引力收縮」又能如何產生呢？

第三、他們另外一個先入為主的極度錯誤的假定是，當黑洞形成後，假定黑洞內 $r_b > r$，造成時空顛倒，使(21a)式變為 $ds^2 = -(r_b/r-1)dt^2 + dr^2/(r_b/r-1) -r^2d\theta^2--r^2\sin^2\theta d\varphi^2$，因為式中 dt^2 為「−」而 dr^2 為「 + 」，而得出黑洞 M_b 完全集中在黑洞中心 $r_b = 0$ 點上，成為「奇點」；黑洞內空間是真空；黑洞內時空倒轉 3 大錯誤結論。

在黑洞內，作者認為，如果按照他們的說法，能量-物質

都已經全部集中於中心成為「奇點」了，黑洞的 r_b 內部就是真空了，那麼，r_b 與 r 內的質-能量就應該是同樣的 M_b，即 r_b/r = 1，而不是如他們所說的 $r_b/r > 1$。所以按他們的要求 $r_b/r > 1$，就必然得使黑洞內的能量-物質分佈在整個黑洞內，而不是集中成為中心的「奇點」。這就是他們所得出的「奇點」悖論。

再次，EGTR 學者們故意將(21a)，$ds^2 = (1-r_b/r)dt^2 - dr^2/(1-r_b/r) -r^2d\theta^2--r^2\sin^2\theta d\phi^2$ [4] 搞的很神秘，如果將其變換一下，使其成為，

$$ds^2 = (1-r_b/r) dt^2 -(1-r_b/r) dr^2/(1-r_b/r)^2 - r^2d\theta^2 --r^2\sin^2\theta d\phi^2$$

上式(21ab)其實就類似於一個速度三角形的余弦公式，當應用於黑洞外的 $r > r_b$ 時，和應用於黑洞內的 $r_b > r$ 時，由於只是 dt^2 與 dr^2 的「＋」「—」號互換，而不是 dt 與 dr 的「＋」「—」號互換，其結果則只是影響到 ds^2 在黑洞內外的大小和方向，而與時空顛倒無關。因此，EGTR 學者們認為黑洞內時空顛倒的說法是在故意的忽悠人們。而且在前面，作者已經根據新黑洞理論證實，黑洞內部不可能塌縮出「奇點」。故 EGTR 學者們對史瓦西度規(21a)的「黑洞內出現奇點」解釋是完全錯誤的，是背離實際和違反熱力學的。

第四、上述黑洞內所有物質塌縮集中到其中心成為「奇點」的結論之所以荒謬：是（A）因為他們不承認黑洞內部能量不可能逃出黑洞外的情況下，粒子有熱抗力和密度較大的堅實核心能夠對抗自身的引力塌縮。所以黑洞內不可能有「奇點」，(21a)式也不能將原來的 r_b/r 用於黑洞內。（B）即使如

EGTR 學者們所說黑洞中心存在「奇點」,「r_b」包涵了 M_b 的全部能量-物質,那「r」包涵了 M_b 的多少部分?(C)如果如作者的新黑洞理論所說,黑洞內沒有「奇點」,而是中心有一個半徑為「r_{bs}」<「r_b」的較堅實的核心,那麼,(21a)或許可以稍加改變後,按照 G.B.Birkhoff 定理運用於黑洞內, (21a)可變為 $ds^2 = (1-r_{bs}/r_b)dt^2 - dr_b^2/(1-r_{bs}/r_b) - r^2d\theta^2 - r^2\sin^2\theta d\varphi^2$,而且必須滿足 $r_b > r_{bs}$ 條件。這樣的(21a)變得更為複雜難解了。(21ab)式其實是將(21a)搬進黑洞內部來運用的結果。

第五、如果僅從數學觀點來分析(21a)式,也可以作如下解釋:在 r = 0 處,因此時 ds 只能在 r_b 內,故 $ds^2 = -\infty \times dt^2$,首先的直接的結論應該是 ds^2 為負 ∞,ds 是虛數,是無意義。即在 0 點,無論 dr 或者 dt 是「─」或「+」,都與 ds 無關,即永遠隔絕,所以在 r = 0 點的物質質量也只能看作為 0,所以密度 ρ 不是 ∞。最重要的是:在(21a) 中,原來的定義為 $r_b < r$,在黑洞形成後,突然擅自令 $r_b > $ (r = 0),r 有什麼魔法可自由地在同一公式中由 ∞ 通過黑洞達到 r = 0?

第六、如果按照霍金等對廣義相對論的解釋,黑洞中心已經成為「奇點」,這個無限大密度的「奇點」為什麼不即刻大爆炸呢?這種大爆炸如果能破壞黑洞的視界,黑洞就解體消失了,或會變成另外的宇宙了。如果這種大爆炸不能破壞黑洞的視界,就表示黑洞仍然牢不可破,「奇點」在大爆炸後的物質又會按照廣義相對論者的解釋,重新塌縮到中心再次成為「奇點」。這樣,黑洞內部就會永遠不停地產生反復的「奇點」大爆炸,永遠沒完沒了,真實的物理世界是這

樣嗎？按照作者的新黑洞理論，人類就生活在真正的宇宙大黑洞內，在宇宙空間還有無數的恆星級黑洞，為什麼人類從來沒有感覺的黑洞「奇點大爆炸」的威脅呢？

　　第七、在前面，新黑洞理論已經證明所有黑洞的 ρr^2=常數，r 不可能為 0。

3-4-3　Tolman-Oppenheimer-Volkoff 方程，可簡稱為 T-O-V 方程(31a)。

　　(31a)方程是 Tolman-Oppenheimer-Volkoff 從 EGTR 得出的一個微分方程，用於研究物質粒子團組成的恆星塌縮成為一個黑洞所需的物質量的極限。

$$--R^2 dP/dR \ = \ GM(R)\rho(R) \ \times \ [1+P(R)/\rho(R)] \ \times \ [1+4\pi R^3 P(R)/M(R)] \times [1--2G\ M(R)/R]^{-1} \quad [4] \qquad (31a)$$

　　上面的 (31a) 式就是 T-O-V 方程，是解 EGTR 之後簡化出來的一個一維微分方程，它之所以比較符合實際，尚未造成大謬誤，是因為將一團純粹物質粒子的球體作為原始恆星的星雲，將其假定簡化為靜態球對稱的理想流體的狀態下流體力學微分方程，就是說，忽略了溫度和熱抗力的作用，熱量可自由地排出，只有恆量粒子團的引力收縮作用。(31a)式右端 3 個方括號因數是廣義相對論對牛頓力學的修正。用它討論恆星的內部結構時，恆星內部的壓力 P 與密度 ρ，比熵 s

（每個核子平均的熵）等的分佈與化學成分有關。如果不考慮(31a)式右端 3 個方括號因數的修正，使其均 = 1，則 T-O-V 方程可退化和還原為牛頓方程，即下面的(31b)式。但要積分解出(31a)式，需要作出許多假設的邊界條件，以便近似的求（給）出 P(R)，ρ(R)，M(R)的分佈後（這種分佈必然會得出一個較堅實的核心），積分解出方程，這是很不容易的。

按照牛頓力學，決定恆星基本特徵的只有 2 種力，自身引力和壓力在平衡時形成星體，如(31b)。

$$--dP/dR = GM(R)\rho(R)/R^2 \qquad (31b)$$

最關鍵的邊界條件是，在熱量可自由排出時，在多大質量 M 密度 ρ 和壓力 P（較堅實核心）的綜合條件下，引力收縮會在其中心形成一個 M > M_b 的黑洞。

奧本海默極限：羅伯特・奧本海默和喬治・沃爾科夫得到的中子星質量上限約為 0.7 倍太陽質量 M_θ，這在今天看來應該是錯誤的，當今的結果在 1.5 至 3 倍太陽質量之間。當質量大於 0.7M_θ 的中子星吸收外界或其伴星的能量-物質而長大時，可坍縮為一個（1.5--3）M_θ 黑洞。理論上講，在 M = (3~10)M_θ 恆星的核聚變完成後，其新星或超新星爆炸所產生的極其強大的內壓力下，可使其殘骸坍縮成一個（1.5-3）M_θ 黑洞，因為它們需具有大於托爾曼-奧本海默-沃爾科夫極限（1.5-3）M_θ 的質量。因此，奧本海默極限實際上只能由實際資料得出，其理論只有參考的價值。實際觀測的資料是：宇宙中已經觀測一個 1.7M_θ 的最小恆星級黑洞，其餘為（3--20）M_θ 的恆星

級黑洞。

可見，如知道星體內部的質量密度等分佈情況，就可直接用熱動力學方程解(31b)即可，無需用解複雜的廣義相對論方程而得到 T-O-V 方程，該方程只提出了一種物理概念，在實際上並無多大的用處。

一個使人們值得深思的問題是，為什麼學者們不將史瓦西度規運用於恆星內部，從實際的數值計算而得出出現「奇點」的結論呢？如果有學者膽敢作如此假設，就會露餡，因為人們會問，為什麼人們見不到恆星內部「奇點」產生的大爆炸呢？因為宇宙中根本就不可能出現「奇點」，所以根本沒有「奇點大爆炸」存在。可見由史瓦西度規而得出黑洞內部出現「時空顛倒」和「奇點」等謬論，都是學者們根據自己的想像和某種需要，而刻意假定和曲解的結果，故不可能真實的存在於現實世界。所以 T-O-V 方程雖然來源於 EGTR 方程，從理論上和實際上都無法得出黑洞內有「奇點」出現的證據，到反過來證實了，學者們根據史瓦西度規得出「奇點」是「黑洞存在的先決條件」的結論就是荒謬的。

3-4-4 進一步的分析和結論。

從 3-4-0--4 節的表 1 可以知道，要求出廣義相對論方程的特殊解，就必須在解方程前規定出許多前提條件，這些公開和隱蔽的條件必然背離實際和違反現實物理世界的熱力學定律，而導致許多荒謬的結論。下面的各個小節不過是對表 1

更詳細的解釋。

　　第一、場方程的最主要問題是其中的能量-動量張量項中的粒子沒有熱抗力。在解場方程時,「弗里德曼」和愛因斯坦和一直到現在的科學家們根本解釋不了宇宙為什麼會膨脹。請大家理性的想一想,讓一個只有粒子引力的場方程去解決宇宙膨脹的問題,不等於想要太監去傳宗接代嗎?所以最後必然用不可知的萬能藥「奇點」去解釋。再說,應用史瓦西度規的學者們並不知道大團能量-物質收縮成為黑洞的原因和過程,必須有 $M>M_b$ 和收縮時熱量能自由排出。他們胡亂解釋,錯得離譜,才得出「奇點」的謬論。最後,只因 TOV 方程只考慮純粹物質粒子團的收縮,熱能的排出相對於粒子團的質-能影響較小,可忽略不計,才能得出相對較正確的特殊解。由於現在人們尚未真實觀測到恆星級黑洞的實際形成過程,因此,對影響 TOV 方程解的因素的實際作用過程並未完全搞清楚。

　　第二、彭羅斯和霍金解場方程得出「奇點」的原因,是他們不承認有「普朗克領域」。

　　約五十多年前,在解廣義相對論方程時,發現存在空-時失去意義的「奇點」。霍金寫道:「羅傑·彭羅斯和我(霍金)在 1965 年和 1970 年之間的研究指出,根據廣義相對論,在黑洞中必然存在無限大密度和空間—時間曲率的「奇點」。這和時間開端時的大爆炸相當類似」[8]。所以「奇點」成為愛因斯坦的廣義相對論一個必不可少的組成部分。[7] 因為普通物質間的引力是一種純粹的相互吸引,而在純粹吸引作用下

的物質分佈是不可能達到靜態平衡的。廣義相對論認為星系演化經過黑洞最後還會塌縮成為「奇點」，宇宙開端有「奇點」。甚至可能存在「裸奇點」。霍金與彭羅斯解 EGTR 雖然與史瓦西度規對黑洞的解的方法完全不同，但是二者的結論完全一致（奇點、時空顛倒、內部真空），這足以證明二者解 EGTR 的前提條件和原理是完全相同的，即表二中的前提條件。愛因斯坦自己寫了一篇論文，宣佈恆星的體積不會收縮為零。所以羅傑·彭羅斯和霍金在愛因斯坦死後在錯誤假設條件下，對「奇點」的證明是違反愛因斯坦的初衷的。事實上，在真實的宇宙，沒有發現「奇點」存在的蛛絲馬跡。為了避免理論與實際矛盾的尷尬，彭羅斯於是不得不提出「宇宙監督原理」來加以避免。這和牛頓的「第一推動力」的錯誤思想如出一轍。「奇點」，這一理論病態的發現是理論研究的重要進展，卻又與等效原理不協調。問題恰恰在於：現實宇宙中的物質粒子沒有純引力作用，而有如影隨形的熱抗力。大家都知道，在流體力學中，無黏性的徑向流體，必然在其中心形成「奇點」的「源」和「泉」，這是極其簡單的數學方程。由簡單的推論就可知，彭羅斯和霍金在解場方程 EGTR 前，提出許多違反熱力學和實際的假設，以無熱抗力的純粹引力物質粒子團推導出「奇點」，是他們「故弄玄虛」的必然結果。

相對論學者們不知道，作者的新黑洞理論現在證明了物質的引力收縮到極高的密度和溫度時，就會進入普朗克領域，而失去引力，因此不可能收縮為「奇點」。

問題在於科學家們都熱衷於鼓吹「奇點」，因為一旦承認

「不可捉摸和無定值的奇點」的存在，就可以幻想和推論出如「白洞」「蟲洞」等「蠱惑人心」的觀念和理論。

　　第三、排除「奇點」的廣義相對論有什麼不好？現代科學家的頭腦中都有一個怪物，就是終極理論 T.O.E。他們的病態不在於他們的數學公式，而在於他們的思維方式和認識論。他們是在把自己掌握的數學方程當作自己的「無所不能」的上帝來信仰的。他們寧可迷信和服從自己的數學方程，也不相信不符合其數學方程的真實的物理世界。科學家們常用不合邏輯和稀奇古怪的新觀念去修補其數學方程中的缺陷，徒勞而犯錯。

　　第四、我們的宇宙就是一個巨無霸黑洞。在宇宙黑洞內，我們沒有感受到「奇點」大爆炸的威脅，也沒有感受被「奇點」吞噬的危險。這說明彭羅斯和霍金根據愛因斯坦廣義相對論方程得出的有關「奇點」的結論是一個違背真實物理世界的虛構怪物，是由其解方程的錯誤前提帶來的。

　　第五、宇宙中穩定的物體是在不同的溫度抗力與引力的平衡下構成不同的物質結構的。當物質結構從某一層次轉變為另一層次時，會發生「相變」，兩層次的結合處是「臨界點」。適合於某一物質結構層次的數學方程達到其「臨界點」後就會失效，正如理想氣體狀態方程不適用於其液體和固體狀態一樣，只能用於氣體。當一大團物質粒子團形成一個小黑洞後，黑洞內外是 2 個極不相同的不連續的世界，不能用同一個方程式。這是史瓦西度規出錯的根本原因。

　　第六、現實宇宙中物質粒子的引力及其如影隨形的溫度斥

力是一對永不分離的矛盾體，它們在各種不同條件下的平衡就構成宇宙中不同的穩定存在的物體和天體。同時用正確的邏輯上推斷，如果能量-物質團中心無對抗自身引力塌縮的較堅實的核心，宇宙早在高密度的誕生初期就塌縮出無數的「奇點」了。哪會有現在龐大而複雜的宇宙？可見，本身只有物質引力的廣義相對論方程是有根本缺陷的。在真實的物理世界，如果沒有對抗引力收縮的各種排斥力，一塊鐵，一個人，一池水，以座山，地球等等都完全可以靠其自身的引力收縮成為「奇點」，這是多麼荒謬而違反現實和熱力學定律的結論。

第七、廣義相對論方程只考慮物質粒子之間的引力作用，無法考慮宇宙中大部分輻射能的排斥作用、引力能和熱能之間的互相轉換作用，這是幾乎使所有場方程的特殊解都出現重大錯誤的另一些原因。

前面說過廣義相對論方程還有一個最大的矛盾就是：在宇宙中，物質粒子與輻射能的關係既是相反相成和如影隨形的，一方面相對論承認質量-能量互換和守恆定律的，即 $E = MC^2$。但相對論為了維護其時空彎曲的觀點，既否定輻射能有相當的引力質量作用；又不承認輻射能的排斥降溫的膨脹作用；當場方程中質-能收縮和膨脹時，如何表現其質-能互相轉換的呢？場方程中的能量-動量張量項中只有引力，沒有輻射能的斥力，無法解決宇宙膨脹的問題，只能將宇宙當做穩恆態的孤立系統來處理，這就是愛因斯坦、「弗里德曼」、R-W度規等的特殊解，必然導致不切實際而謬誤流傳的原因。

另一方面，物質粒子團的收縮過程就是粒子之間的引力能

轉變為輻射能（熱能）增加溫度的過程。所以只有粒子團內部排出熱能、降低溫度後，粒子團才有可能繼續收縮一些；一旦排熱降溫被阻止，溫度得到保持，收縮就會停止。這就是符合熱力學規律的實際情況。彭羅斯和霍金證明：「奇點」成為愛因斯坦的廣義相對論一個必不可少的組成部分，完全是否定「引力能與輻射能可以互換」和「輻射能有排斥作用」的結果。場方程幾個少數的特殊解，如 TOV 方程、水星饒日運動、光線在恆星附近偏折等之所以比較符合實際，是因可以在將主體為物質的星體可視為粒子團單純的引力作用下，可完全忽略輻射能及其排斥作用。

第八、黑洞理論之所以能有效而符合實際地解決宇宙學和黑洞的問題，是因黑洞的總能量-物質 M_b 是其等價的能量（輻射能）和物質的總和，與二者的如何轉化和比例無關。黑洞的膨脹或收縮 ΔR_b 只取決於 M_b 總量的增減。按照公式(1c)，$\Delta M_b = \Delta R_b(C^2/2G)$，黑洞的膨脹 ΔR_b 只與其吞噬外界能-質的總量 ΔM_b 成正比，其收縮 ΔR_b 與發射霍金輻射帶走的 ΔM_b 成正比。在真實的物理世界，宇宙中的溫度不可能達到無限高和絕對零度，只有黑洞內部強大的引力可使熱能不洩露，而在收縮時提高熱能密度和溫度，從而使熱能的抗力完全能夠對抗引力的繼續收縮。並且當黑洞只因不停地發送霍金輻射而最後收縮為普朗克粒子 m_p、即可達到時空不連續的普朗克領域 (Planck Era)時，解體消失在普朗克領域，這就是「臨界點」。此時廣義相對論和黑洞理論就都在普朗克領域失去了

作用。因此，黑洞不可能再繼續收縮和增高密度，達到無限大密度的「奇點」。[1]

　　第九、黑洞的定義和概念來源於經典理論，作者新黑洞理論的 5 個公式就是來源於經典理論。這 5 個公式的組合不需要加任何附加件條件，就能符合實際的正確解決宇宙學和黑洞中的許多基本問題，故能有效地取代廣義相對論方程。

參考文獻：

1. 張洞生：本書前面第一篇《黑洞宇宙學》。
2. 王永久:《黑洞物理學》湖南科學技術出版社，2000。
3. 何香濤：《觀測天文學》科學出版社，2000，4。
4. 吳時敏：《廣義相對論教程》。北京師範大學出版社。1998.8。
5. 約翰‧格裡賓:《大宇宙百科全書》湖南出版社，2001，9。
6. 張洞生:《廣義相對論方程的根本缺陷是沒有熱力學效應，既無熱力以對抗引力》，見上一篇文章。
7. 約翰—皮爾。盧考涅:《黑洞》。湖南科學技術出版社，2000。
8.霍金:《時間簡史》。湖南科學技術出版社，1994。
9. 美科學家首次發現切實證據，稱宇宙或非唯一
http://www.chinareviewnews.com 2013-05-21
10. 蘇宜：《天文學新概論》（第二版）。華中科技大學出版社，2002.2。
11. 盧昌海：宇宙常數，超對稱和膜宇宙論。
http://www.changhai.org/2003www.changhai.org/articles/science/astronomy/cosmo_const1.php.

3-5 用黑洞模型和新公式可準確地計算出狄拉克大數 $L_n = 2.27 \times 10^{39}$

阿基米德：「給我一個支點，我能用杠杆撬起地球。」

前言：通過將1個氫原子作為模型和對比，可求出氫原子上正電子對外殼上負電子的電磁力F_e與原子核質量對殼上電子質量的引力F_g之比，即$F_e/F_g = L_n = 2.27 \times 10^{39} =$ 狄拉克大數，這是因為靜電力和引力都同時作用在相同的電子和原子核上，而有著同一個距離R。

引力F_g和電磁力F_e是宇宙中2個長程基本力。既然$F_e/F_g = L_n = 2.27 \times 10^{39}$是一個常數，適用於一個氫原子，它不應該是一個孤例，而應當有普遍性。作者在第一篇中，在霍金黑洞理論的基礎上，新推導出來了一系列新公式，而完善了黑洞理論。本文將利用這幾個新公式，一方面驗證狄拉克大數，即$F_e/F_g = L_n = 2.27 \times 10^{39}$的正確性，另一方面也驗證了作者黑洞新理論和新公式的正確性。從而證實狄拉克大數$F_e/F_g = L_n = 2.27 \times 10^{39}$的普遍意義。問題在於找出什麼樣的黑洞可以作為正確求出F_e/F_g的模型。

關鍵字：引力 F_g 和電磁力 F_e；狄拉克大數 $F_e/F_g = L_n = 2.27 \times 10^{39}$；用黑洞新公式準確地證實狄拉克大數；純質子組成的理想黑洞 M_{bo}；狄拉克大數的普遍意義。

3-5-1 用一個氫原子作模型求出物質的引力 Fg 和電磁力 Fe 之比，即 $F_e/F_g = L_n = 2.27×10^{39} = $ 狄拉克大數

首先來回顧一下拉克的大數L_n是怎樣來的。按照狄拉克的「大數假設」觀念，求電磁力F_e與萬有引力F_g之比 $F_e/F_g = L_n$。

以氫原子作為模型，質子質量 $m_p = 1.6727×10^{-24}g$， 電子質量 $m_e = 9.1096 ×10^{-28}g$，電子電量 $e^+ = e^- = 4.80325×10^{-10}esu$，R是正負電子之間的距離，萬有引力常數 $G = 6.6726×10^{-8} cm^3/s^2_*g$，由於$F_e$與$F_g$作用在相同的氫原子的核和外層的電子上，而二者的R相同，所以，

$$F_g = Gm_pm_e/R^2 = 6.6726×10^{-8}×1.6727×10^{-24}×9.1096×10^{-28}/R^2$$
$$=101.67×10^{-60}/R^2 \tag{1a}$$

$$F_e = (4.80325×10^{-10})^2/R^2 = 23.07×10^{-20}/R^2 \tag{1b}$$

$$F_e/F_g = L_n = 23.07×10^{-20}/101.67×10^{-60} = 2.27×10^{39}$$
$$\tag{1c}$$

(1c) 式表明，在氫原子中，在同時帶電和引力的質子和電子的距離都為 R 時， 無量綱常數 $L_n = F_e/F_g = ke^2/Gm_pm_e = 2.27×10^{39}$ 表示物質的電磁力 F_e 與萬有引力 F_g 之比。

3-5-2 恆星級黑洞塌縮前後的霍金熵比公式

按照著名的霍金黑洞理論的恆星在塌縮過程的熵比公式 (2a)，任何一個恆星在塌縮過程中，熵總是增加而信息量總是減少的。

假設 S_b—恆星塌縮前的熵， S_a—塌縮後的熵， M_θ—太陽質量= $2×10^{33}$g， 得，

$$S_a/S_b \approx 10^{18} M_b/M_\theta \quad [2][1] \qquad (2a)$$

Jacob Bekinstein指出，在$S_a = S_b$的理想條件下，就是說，熵在恆星塌縮的前後不變。這樣，就從(2a) 式得出一個小黑洞 $M_{bs} \approx 2×10^{15}$g。它被稱為宇宙的原初小黑洞 $= M_{bs}$, [2][1] 其密度$\rho_{bs} \approx 1.8×10^{52}$g/cm^3.

從 Bekinstein 對恆星塌縮的前後熵不變的解釋可以得出有非常重要意義的物理結論。

Bekinstein 對霍金公式 (2a) 只作了一個簡單的數學解釋，使其能夠和諧地成立。但是沒有給出其中的恰當的物理意義。作者認為，(2a) 應該用於解釋恆星塌縮過程中有重要意義的物理含意。

首先， (2a) 表明在形成密度< $\rho_{bs}=1.8×10^{52}$ g/cm^3 的黑洞前，恆星在塌縮過程中是不等熵的。這表示質子作為粒子，在其密度 < $1.8×10^{52}$ g/cm^3 的情況下，能夠保持質子的結構沒有被破壞而分解為夸克，所以質子才有熱運動、摩擦、能量交換等所造成的額外熵的增加。但質子仍然由 3 夸克 uud 組成。其次， 既然黑洞的密度從大於 $1.8×10^{52}$g/cm^3 到 10^{93}g/cm^3 的改變過程中，不管是膨脹還是收縮，熵沒有額外的增減，證明這就是理想過程。因此，質子在此過程中只能解體變為

夸克。換言之，夸克就是沒有熱運動和摩擦可在 > $1.8\times10^{52}g/cm^3 \sim 10^{93}g/cm^3$ 之間作理想過程的轉變的。[1]

由於近代物理學對夸克模型的結構和運動狀態的認識並不完全清楚，下面只對夸克模型與本文有關方面簡短的描述一下：[4] 1、根據近代粒子物理學和量子色動力學（QCD）理論認為，夸克都是被囚禁在粒子（質子或重子）內部，不存在單獨自由的夸克。2、一個質子由 3 個夸克 uud 組成，3 夸克之間的強核力將他們捆綁在一起。但每個夸克有自己的一種固有的顏色，3 個夸克各有紅 R 綠 G 藍 B 3 種顏色，3 種顏色共同構成白色，才能共同存在組成一個質子而不能自由分開，這就是「夸克囚禁」現象，是泡利不相容定律的表現，「色」是夸克強作用「核力」的根源。3 夸克之間的排斥力和吸引力使 3 者能保持一定的距離，以維持 3 者的穩定平衡，永不分離。3、2 個上夸克 uu 各帶有 $2e^+/3$，而 1 個下夸克帶有 $1e^-/3$，以維持質子內電荷的整數。4、由夸克組成的質子的引力 F_g 和電子的電力 F_e 仍然存在。由於引力比電力和核力小得太多，因此，可在原子核中忽略不計。[4]

重要的結論：由上面的分析可見，凡是小於$M_{bs} \approx 2\times10^{15}g$ 而其密度ρ_{bs}大於$1.8\times10^{52}\ g/cm^3$的某個理想的微小黑洞M_{bo}，其內部即是由夸克組成的純粹的質子，必然是理想狀況。也就是說，微小黑洞M_{bo}內，除了緊貼著的質子之外，沒有其它的任何雜質甚至高輻射能粒子等參雜其間，因此，每個質子互相緊貼著而獨立存在。當其溫度增加或者降低時，其熵無額外的的減少或增加。

3-5-3 用某個由純質子組成的理想微小黑洞 $M_{bo}=0.71\times10^{14}g$ 作為合適的模型

設微小黑洞 M_{bo} 的霍金輻射粒子為 m_{ss}，由前面第一篇 1-1 節可知，在 M_{bo} 的視界半 R_b 徑上，有下面幾個普遍適用的公式：

$$M_b T_b = (C^3/4G) \times (h/2\pi\kappa) \qquad (3a)$$

$$E = m_{ss} C^2 = \kappa T_b \qquad (3b)$$

$$GM_b/R_b = C^2/2 \qquad (3c)$$

$$m_{ss}M_b = hC/8\pi G = 1.187\times10^{-10}g^2 \qquad (3d)$$

上面公式中，M_b—黑洞的總質-能量；R_b—黑洞的視界半徑，T_b--黑洞的視界半徑 R_b 上的溫度，m_{ss}—黑洞在視界半徑 R_b 上的霍金輻射的相當質量，h— 普朗克常數 $=6.63\times10^{-27}g_*cm^2/s$，$C$ —光速$=3\times10^{10}cm/s$，G --萬有引力常數$=6.67 \times 10^{-8}cm^3/s^2{}_*g$，$\kappa$--波爾茲曼常數 $= 1.38\times10^{-16}g_*cm^2/s^2{}_*k$

如以微小黑洞 M_{bo} 作為模型，必需要求為純質子 P_m 組成，那麼，其霍金輻射 m_{ss} 也必定要 = 質子 P_m，於是有，

$$m_{ss} = P_m = 1.6727\times10^{-24}g，\qquad （3e）$$

由(3d)，$m_{ss}M_{bo} = hC/8\pi G = 1.187\times10^{-10}g^2$，得，

$$M_{bo} = 1.187\times10^{-10}/P_m = 1.187\times10^{-10}/1.6727\times10^{-24} = 0.71\times10^{14}g \qquad （3f）$$

按公式(3c)，求 M_{bo} 的視界半徑 R_{bo}，

$$R_{bo} = 2GM_{bo}/C^2 = 2\times6.67\times10^{-8}\times0.71\times10^{14}g/9\times10^{20} = 1.05\times10^{-14}cm$$

按球體公式，求 M_{bo} 的密度 ρ_{bo}，

$\rho_{bo} = 3M_{bo}/4\pi R_{bo}^3 = 1.5 \times 10^{55} g/cm^3$；　$T_{bo} = 1.09 \times 10^{13} k$;

該微小黑洞 M_{bo} 內總質子數 n_p，

$\underline{n_p} = M_{bo}/P_m = 0.71 \times 10^{14}/1.67 \times 10^{-24} = 0.424 \times 10^{38}$　（3g）

結論：由上面的計算結果可見，$M_{bs}(2 \times 10^{15} g) > M_{bo}(0.71 \times 10^{14} g)$，而密度 $\rho_{bs}(1.8 \times 10^{52} g/cm^3) < \rho_{bo}(1.5 \times 10^{55}\ g/cm^3)$. 可見 M_{bo} 早已是純質子 P_m 的理想狀態。再由前面第一篇 1-4-1~3 節可知，當黑洞發射霍金輻射 m_{ss} 時，小於 m_{ss} 的輻射能粒子是不可能存在於黑洞內部的，而會自然地流出到黑洞外的，現在 $m_{ss} = P_m$，因此，黑洞內可能存在的就只能是純質子或者高溫（高能量）質子，即重子。

因此，用純質子 P_m 組成的微小黑洞 $M_{bo} = 0.71 \times 10^{14} g$ 作模型是合適的。

3-5-4 用純粹質子組成的微小黑洞 $M_{bo} = 0.71 \times 10^{14} g$ 作模型，求出狄拉克大數 Fe/Fg= Ln。

由前面幾節可知，M_{bo} 由純質子組成，互相緊貼著的每個質子帶 1 個正電荷 e^+，而作為自由電子的負電子 e^-，只能因互相排斥集合在黑洞視界半徑 R_{bo} 內側球面，這種情況與氫原子很相似，而為人們提供了有一個驗證狄拉克大數的好模型。由於 $M_{bo} = n_p P_m$，$m_{ss} = P_m = m_e \times P_m/m_e = 1836 m_e$。再由公式 (3d)，

$m_{ss}M_{bo} = hC/8\pi G = 1.187 \times 10^{-10}g^2$，可變為，

$$GM_{bo}m_{ss}/R^2 = hC/8\pi R^2 \tag{4a}$$

由於 M_{bo} 內的 n_p 個質子中，每個質子 P_m 都有一個正電荷 e^+ 和一個質子的引力，因此，在 M_{bo} 內，引力的分佈和電力的分佈情況是相同的，這就使得人們可以認為 M_{bo} 的總引力與總電力對在 R_b 上的一個負電子 e^- 的作用距離有同樣的 R。因此，轉換(4a)式後，

$$G\, n_p P_m m_e/R^2 = hC/(1836 \times 8\pi R^2) \tag{4b}$$

同理，$n_p e^+ e^-/R^2 = n_p F_e/R^2$ \hfill (4c)

由(4b)，一個 P_m 對一個電子的引力 $F_g = GP_m m_e = hC/(1836 \times 8\pi n_p)$，

$$F_g = hC/(1836 \times 8\pi n_p) = 6.63 \times 10^{-2} \times 3 \times 10^{10}/(8\pi 1836 \times 0.424 \times 10^{38}) = 101.7 \times 10^{-60} \tag{4d}$$

可見，(4d) ≡ (1a) \hfill (4e)

由於 F_e 仍然為 $F_e = 23.07 \times 10^{-20}$ \hfill (1b)

$F_e/F_g = 23.07 \times 10^{-20}/101.7 \times 10^{-60} = 2.27 \times 10^{39}$。與 1 中的結果絲毫不差。

3-5-5 一些分析和結論

（1）狄拉克大數 $F_e/F_g = L_n = 2.27 \times 10^{39}$ 是宇宙中 2 種長程力的電力 F_e 與引力 F_g 嚴格的比例值，而與某些其它的值 $10^{38\sim40}$ 沒有任何物理上的關聯，如有，只不過是一些巧合而已。

（2）為什麼小黑洞 $M_{bs} \approx 2 \times 10^{15}g$ 不能作為求 $F_e/F_g = L_n$

的模型？

由於 M_{bs} 來自公式（2a），是一個近似公式，由(3d)，$m_{ss}M_{bs}$ = $hC/8\pi G$ = $1.187\times10^{-10}g^2$，其霍金輻射 m_{ss} = $1.187\times10^{-10}/2\times10^{15}$ = $6\times10^{-26}g$，所以 $m_{ss} < P_m$ ($1.67\times10^{-24}g$)，這表明在黑洞 M_{bs} 內，還可能有許多小於質子 P_m 而大於 m_{ss} = $6\times10^{-26}g$ 的高能量粒子存在，從而使得 $M_{bs} \neq n_pP_m$，還會使得許多自由電子還可能在黑洞 M_{bs} 內穿梭而無固定的位置，使質子和電子不可能成為完全一對一的關係，這當然無法作為求 $F_e/F_g = L_n$ 的模型。

有人猜測，黑洞 M_{bs} 內的總質子數 n_s 與狄拉克大數有某些關係，

$n_s = M_{bs}/P_m = 1.2\times10^{39}$，

從以上分析可見，n_s = 1.2×10^{39} 和 n_p = 0.424×10^{38} 看著都似一個個狄拉克大數，其實際意義是黑洞內總質能量相當於質子的數量，其實都是一種巧合，沒有實質的物理意義。

（3）本文對 $F_e/F_g = L_n$ 的再證實，也驗證了黑洞新公式的正確性。

參考文獻：

1. 張洞生：《黑洞理論的新進展和完善》，見本書第一篇。

2. 王永久：黑洞物理學。湖南師範大學出版社。2000年4月。公式（4.2.35）。

3. 蘇宜：天文學新概論。華中科技大學出版社。武漢。中國。2000年8月。

4. 向義和：大學物理導論。清華大學出版社。北京，1999.7。

3-6 黑洞的霍金輻射 m_{ss} 的特性，只有用經典理論才能解釋黑洞發射霍金輻射的機理

龐加萊：「正是為了理想本身，科學家才獻身於漫長而艱苦的研究之中。」

內容摘要：黑洞M_b在其視界半徑R_b上發射霍金量子輻射m_{ss}簡稱霍金輻射。

霍金對黑洞理論劃時代的偉大貢獻是提出了在黑洞視界半徑 R_b 上有作為冷源的閾溫 T_b，能像黑體一樣發射量子輻射 m_{ss}。這是建立在熱力學和量子力學的堅實的基礎上的，是符合實際物理世界的理論。

由廣義相對論史瓦西公式得出的黑洞是一個怪物。一旦形成，它就只能吞噬外界能量-物質而膨脹長大，在宇宙中永不消亡。霍金的黑洞理論證明，黑洞會因發射霍金量子輻射 m_{ss} 而縮小消亡，使黑洞與宇宙中的任何物體和事物一樣，具有生長衰亡的普遍規律。所以是霍金的黑洞的理論挽救了不切實際的相對論黑洞理論。但是霍金沒有得出霍金輻射 m_{ss} 的公式，所以他不可能知道任何黑洞最後只能收縮成為普朗克粒子 m_p，而不可能收縮為「奇點」。他對其發射機理的解釋卻不能讓人信服和恭維的。霍金解釋說，由於真空是大量的「虛粒子對」不斷快速產生和湮滅的真空海洋，就使得虛粒子對中的負粒子被黑洞捕獲而正粒子留在外部世界顯形，這就成

為黑洞中正粒子逃出黑洞的原因。這種解釋是在用無法證實的新物理概念來打圓場。作者在本文中將用經典理論所找出霍金輻射 m_{ss} 的正確公式（1d），並且論證：黑洞的霍金輻射就是直接從其視界半徑上 R_b 逃到外界的，是從高溫高能量場向低溫低能量場的自然流動，是符合熱力學定律的。

　　關鍵字：黑洞；黑洞 M_b 在視界半徑 R_b 上的閥溫 T_b；

　　黑洞的霍金輻射 m_{ss}；狄拉克海的真空虛粒子對；黑洞

　　在視界半徑 R_b 上的能量轉換；用經典理論解釋霍金輻

　　射；

　　前言：黑洞的霍金輻射 m_{ss} 就是通過黑洞在 R_b 上的閥溫 T_b 作為冷源，將其內部能量-物質轉為相應溫度 T_b 的輻射能；高溫時可將黑洞內的物質粒子直接轉變為輻射能，低溫時就將輻射能的溫度轉變為 T_b 而向外發射的過程。

　　約翰—皮爾·盧考涅說：「黑洞的輻射很像另一種有相同顏色的東西，就是黑體。黑體是一種理想的輻射源，處在有一定溫度表徵的完全熱平衡狀態。它發出所有波長的輻射，輻射譜只依賴於它的溫度而與其它的性質無關。」[1] 現今的主流科學家們對黑洞的霍金輻射的權威解釋包括霍金自己在內都用「真空中的能量漲落而能生成基本粒子對」的概念。他們認為：「由於能量漲落而躁動的真空就成了所謂的狄拉克海，其中遍佈著自發出現而又很快湮滅的正—反粒子對。量子真空會被微型黑洞周圍的強引力場所極化。在狄拉克海裡，虛粒子對不斷地產生和消失，一個粒子和它的反粒子會分離一段很短的時間，於是就有 4 種可能性：1、兩個夥伴重

新相遇並相互湮滅；2、反粒子被黑洞捕獲而正粒子在外部世界顯形；3、正粒子捕獲而反粒子逃出；4、雙雙落入黑洞。」[1]

　　霍金計算了這些過程發生的幾率，發現過程 2、最常見。於是，能量的賬就是這樣算的：由於有傾向性地捕獲反粒子，黑洞自發地損失能量，也就是損失質量。在外部觀察者看來，黑洞在蒸發，即發出粒子氣流。」[1]

　　如果上述這種解釋是正確的話，那麼，推而廣之，不僅黑洞發射霍金輻射，甚至任何物體發射能量-物質，就都可以用這種虛幻的「真空中虛粒子對的產生和湮滅」的概念來解釋了，比如太陽發射電磁波、粒子和噴流，甚至人體發出紅外線熱能，呼出的二氧化碳甚至於出汗等等似乎都可以套用這種神通廣大的虛粒子對去解釋了。由於黑洞不停地發射 m_{ss} 的相當質量是由小到大，可相差 10^{60} 倍，這就導致科學家們的計算出來真空能的密度會高達 $10^{93} g/cm^3$ 的荒謬結論。

　　與其用這種高深莫測的虛幻概念和複雜的數學公式去作故意兜圈子的證明黑洞外面多出一個正粒子，不如直接論證黑洞向外發射的霍金輻射 m_{ss} 就是這個逃出黑洞的正粒子來得簡單明瞭而自洽。這就是作者在本文中試圖用經典黑洞理論來更圓滿地解釋發射霍金輻射的緣由。作者將以公式證明：黑洞發射霍金輻射的機理無需神秘化，它與太陽發射可見光以及物體發射熱輻射的機理是一樣的，都是輻射能從高溫高能向低溫低能場的自然流動。

3-6-1 史瓦西黑洞 M_b（球對稱，無旋轉，無電荷）在其視界半徑 R_b 上的 5 個守恆公式，這幾個公式是對黑洞普遍適用的基本公式。

下面(1a) (1b) (1c) (1d) (1e) 各式的來源和證明請參看本書前面的第一篇的 1-1 節，

$$T_b\ M_b = (C^3/4G) \times (h/2\pi\kappa) \approx 10^{27}\text{gk} \quad [5] \tag{1a}$$

M_b—黑洞的總質能量；R_b—黑洞的視界半徑， T_b--黑洞視界半徑 R_b 上的溫度，m_{ss}—黑洞在視界半徑 R_b 上的霍金輻射的相當質量，λ_{ss} 和 ν_{ss} 分別表示 m_{ss} 在 R_b 上的波長和頻率，κ-- 波爾茲曼常數 $= 1.38^-\times10^{-16}\text{g}*\text{cm}^2/\text{s}^2*\text{k}$ ， C— 光速 $= 3\times10^{10}\text{cm/s}$， h--普朗克常數 $= 6.63\times10^{-27}\text{g}*\text{cm}^2/\text{s}$， G —萬有引力常數$= 6.67\times10^{-8}\ \text{cm}^3/\text{s}^2*\text{g}$， m_p—普朗克粒子，M_{bm}—虛小黑洞，

$$E = m_{ss}C^2 = \kappa T_b{}^2 = Ch/2\pi\lambda_{ss} = \nu_{ss}h/2\pi \tag{1b}$$

(1b)是質-能互換公式的推廣運用，是 m_{ss} 作為輻射能波粒兩重性的表現。

根據史瓦西對廣義相對論方程的特殊解，(1c)式是黑洞存在的充要條件。

$$GM_b/R_b = C^2/2 \quad [2] \tag{1c}$$

作者用 (1a) 和 (1b)， 很容易推導出黑洞的新公式(1d)，在極限條件 $m_{ss} = M_{bm}$ 下，得出(1e)式。

$$m_{ss}\ M_b = hC/8\pi G = 1.187\times10^{-10}\text{g}^2 \quad [2] \tag{1d}$$

$$m_{ss} = M_{bm} = m_p = (hC/8\pi G)^{1/2} = 1.09\times10^{-5}\text{g}^2 \tag{1e}$$

3-6-2 黑洞 M_b 每次只發射一個霍金輻射 m_{ss}，帶走一個單元信息量 $I_o \equiv h/2\pi$ [2]

（1）證明黑洞 M_b 及其一個霍金輻射 m_{ss} 無論大小，每次只能發射一個信息量 $I_o \equiv h/2\pi$

現在來求任何黑洞的一個霍金輻射粒子 m_{ss} 信息量 I_o 的普遍公式，根據(1c) (1d)式，$m_{ss}M_b = hC/8\pi G = 1.187 \times 10^{-10} g^2$（請參看前面第一篇 1-6 章）。所以，

$I_o = m_{ss}C^2 \times 2t_c = C^2hC/(8\pi GM_b) \times 2R_b/C = C^2hC/(8\pi GM_b) \times 2 \times 2GM_b/C^3 \equiv h/2\pi^2$　　　　　　　(2a)

(2a)證明任一黑洞 M_b 的每一個 m_{ss}，無論其大小，每次發射的信息量都是 $I_o \equiv h/2\pi$，而與 M_b 和 m_{ss} 的量的大小無關。於是，

$I_o = m_{ss}C^2 \times 2t_c \equiv h/2\pi = 1$ 基本單位信息量　（2b）

而 1 基本信息量=最小信息量，因此，每個霍金輻射 m_{ss} 在被黑洞發射時，就應該是當作最小的一份子信息量被發射出來的。

其實，僅從(1d)式就可以清楚地看出，$m_{ss}M_b = hC/8\pi G$，一個確定的 M_b 只對應一個確定的 m_{ss}。所以 M_b 和 m_{ss} 是一一對應的單值關係，m_{ss} 只可能一個接一個地單獨從黑洞的 R_b 上發出，而不可能同時一起發出多個霍金輻射 m_{ss}。

（2）黑洞發出 2 相鄰的霍金輻射 m_{ss} 的間隔時間--$d\tau_b$
按照霍金理論中的黑洞壽命 τ_b 的公式，

$\tau_b \approx 10^{-27} M_b^{3\ 25}$ (2c)

$\therefore -d\tau_b = 3\times10^{-27} M_b^2 dM_b$, (2d)

如果使$dM_b = 1$個m_{ss}，則—$d\tau_b$就是黑洞發射2個鄰近m_{ss}之間所需的間隔時間。由於霍金等大師，沒有推導出新公式(1d)，當然無法知道(3e)。

$-d\tau_b \approx 3\times10^{-27}M_b^2 dM_b = 3\times10^{-27}M_b\times M_b m_{ss} \approx$
$0.356\times10^{-36}M_b$ (3e)

比如，當一個微型黑洞 $M_{bo} = 2\times10^{15}$g 時，其發射 2 個鄰近 m_{ss} 之間所需的間隔時間為，$-d\tau_{bo} = 0.7\times10^{-21}$s. 對於 $M_{bm}=10^{-5}$g，其$-d\tau_{bm} = 0.356\times10^{-41}$s。

3-6-3 引力能、熱能、輻射能（包括霍金輻射 m_{ss}）的 3 種等價等能量 E_r 在 R_b 上可互相轉換的一般公式，即是（3a）=（1b）式，

$$E_r = m_{ss}C^2 = \kappa T_b = Ch/2\pi\lambda_{ss}(= \nu_{ss}h/2\pi) \qquad （3a）$$

（3a）式是霍金輻射 m_{ss} 在 R_b 上 3 種能量等價轉換的公式，它是量子力學中的波粒 2 重性的表現，也是一個輻射能具有引力能、熱能、波能三位一體統一於一身的表現。任何輻射能包括 m_{ss}，在行進中表現為波而有熱能，在發射和停止時表現為粒子有熱能，在經過強引力場如太陽附近時，路線變為彎曲，是具有相當引力質量的表現。EGTR 認為輻射能沒有相當質量的假設，只是為了符合其時空彎曲理論的一種假設而已。

（1）例如，現在來看看我們太陽內部的核聚變反應情況。太陽核心的核聚變是高效的氫聚變成氦，也就是 4 個氫原子聚變成 1 個氦原子，這個過程可以有千分之 7 的物質轉換成輻射能。從週期表看，氫原子質量 H =1.0079. 氦原子 H_e = 4.0026，當太陽內部核反應時，4H 變成為 1 個 H_e。即 1.0079×4 -- 4.0026 = 4.0316 --4.0026 = 0.029。而 0.029/4.0316 = 0.00719。就是說，當 4H 變成為 1 個 H_e 時，只有千分之 7 的質量損失轉變為輻射能。

這千分之 7 的 4 個質子質量的損失共產生出了 2 個中微子 + 2 個正電子 + 3 個高能光子（γ-射線）。[3] 2 個中微子會立即跑出太陽而帶去很少部分能量-物質。2 個正電子會找到 2 個負電子後湮滅成 γ-射線，再轉變為輻射能。正是這些高能光子（γ-射線）的高溫高速運動維持住太陽核心質子的高溫高速運動，使太陽內部的核反應溫度保持約為 $1.5×10^7k$，而不停地將其餘的氫逐漸地轉變成氦，並對抗其外層物質粒子的引力塌縮。當然也會繼續生產出更多的新的高能光子（γ-射線）。為了維持太陽核心溫度的平衡，就必須有多餘的高能光子逃出核心。

而舊的多餘的高能光子（γ-射線）要經過很長的時間才能逃離出太陽核心。當高能光子從太陽核心的表層逃出達到太陽表面時，由於沿途溫度的降低而導致輻射能溫度的降低。這表明原來在太陽核心的高能量光子達到太陽表面時，會降低溫度和增加波長，最後變成約為 5800k 的低能量可見光子而由粒子發射出來。在太陽表層，約 5800k 的粒子有許許多

多，它們能夠同時發射許多 5800k 的光子。

（2）再看，我們太陽的表面溫度大約是 5800k. 如將 5800k 看成為類似黑洞在 R_b 上的閥溫 T_b，則相應的太陽表面輻射能的相當質量 m_{sf} 為： $m_{sf} = \kappa T_b / C^2 = 10^{-33} g$， 其相應的波長 $\lambda_{sf} = h/(2\pi C m_{sf}) = 10^{-5} cm = 10^{-7} m$. 這就清楚地表明，太陽只會發射較低能量（低於 5800k）的 $\lambda_{sf} > 10^{-7} m$ 的電磁波、可見波、無線電波等。相對應的，將 $m_{sf} = 10^{-33} g$ 作為霍金輻射發射的黑洞為 $M_b = 10^{23} g$.

（3）再來看看和分析一件普通物體的散熱情況，假設有一塊純鐵，在其溫度由 1100k 降低到 100k 時，損失了多少熱輻射的相當質量？

根據（4a）式，$E = m_{ss}C^2 = \kappa T_b = Ch/2\pi\lambda$，鐵在 1100k 時所發射的熱輻射的波長 $\lambda_{1100} = 0.23 \times 10^{-3}$ cm， 其相當質量 $m_{g1100} = 1.5 \times 10^{-34} g$。在 100C 時所發射的熱輻射的波長 $\lambda_{100} = 2.3 \times 10^{-3}$ cm，相當於發射波長更長的紅外線，其相當靜止質量 $m_{g100} = 0.15 \times 10^{-34} g$。因此，在其溫度由 1100k 降低到 100k 時，損失相當質量為：$m_{g1100} - m_{g100} = 1.5 \times 10^{-34} g - 0.15 \times 10^{-34} g = 1.55 \times 10^{-34} g$。

設鐵的比熱 $C_{vt} = 477.3 J/(kg \times K) = 477.3 \times 10^7 g \cdot cm^2/s^2 1000 gk = 4.773 \times 10^6 cm^2/s^2 k$ 。 而 熱 量 $\Delta Q = C_{vt}\Delta T = 1000k \times 4.773 \times 10^6 cm^2/s^2 k = 4.773 \times 10^9 g cm^2/g s^2$.

設熱輻射的平均溫度 $T_{avg} = (1100-100)/2 = 500k$，則一個輻射能的相當質量：

$$m_{g500} = \kappa T_{avg}/C^2 = (1.38 \times 10^{-16} g*cm^2/s^2*k \times 500k)$$

$/9\times10^{20}\text{cm}^2/\text{s}^2 = 10^{-34}\text{g}.$

每一個輻射粒子的能量 $E_r = 10^{-34}\text{g}\times C^2 = 10^{-13}\text{gcm}^2/\text{s}^2$。於是每一克鐵放出的輻射粒子數 $n_r = \Delta Q/E_r = (4.773\times10^9 \text{gcm}^2/\text{gs}^2)/(10^{-13}\text{gcm}^2/\text{s}^2) = 5\times10^{22}$ 個/g. 於是每一克放出的輻射粒子總的相當質量：$m_{ssg}=n_r m_{g500}=5\times10^{22}/\text{g}\times10^{-34}\text{g} = 5\times10^{-12}\text{g/g}$。就是說，當一克鐵的溫度從 1100k 降低到 110k 時，其相當質量應該減少 5×10^{-12} 倍。或者說，當 100 萬噸鐵從 1100k 降低到 100k 時，其輻射能的相當質量應該減少 5 克。

結論：(A)引力能（$m_{ss}C^2$）熱輻射能(κT_b)和波能($Ch/2\pi\lambda_{ss}$)的 3 種狀態所代表的 3 種能量是可以同時以（3a）等價的表現和轉換的，而熱輻射能(κT_b)和波能($Ch/2\pi\lambda_{ss}$) 是量子的波粒二重性的表現。關鍵在於 $m_{ss}C^2$ 處於什麼形態（條件下）才會發生這種轉變，比如電子質子在一般狀態下，其質量（引力能）與熱輻射能（波能）不可能互相轉變，必須達到其閥溫的溫度時才能互相轉變。(B)只要轉變的條件充分，能量的等價公式(3a)式就會嚴格地成立。(C)從上面的計算表明，黑洞發射霍金輻射的機理在本質上是與太陽發射可見光是一樣的，都是符合熱力學的定律，都是從高溫高能區域自然地流向低溫低能區域，也與任何一個物體或者黑體發射熱輻射的道理完全一樣。只不過太陽發射光和物體發射熱輻射的表面溫度 T_m 並不是嚴格的定值，表面各處可同時發生許多熱輻射。而黑洞發射霍金輻射 m_{ss} 的溫度 T_b 是其視界半徑 R_b 上的溫度，T_b 只嚴格的決定於黑洞的總質-能量 M_b，所以每次只能發射一個 m_{ss}。(D)可見，所有近代學者們用真空「虛粒子對」去解釋黑

洞發射霍金輻射完全是無奈地在自圓其說或者故弄玄虛。因為真空能沒有一個確定的數值，也無法測量和計算，故可隨意假設。

在實際運用中，用經典力學計算的結果往往比觀點更能解決問題。而狄拉克海和廣義相對論卻不切實際，多為概念，難用於實際的數值計算。比如，廣義相對論假設輻射能沒有引力質量，只是學者們用以作為某種解釋的觀念而已。

3-6-4 霍金輻射 m_{ss} 在黑洞 M_b 的視界半徑 R_b 上的受力和運動能量。公式(1c)和(1d)的物理意義。

（1）按照第一宇宙速度的原理，求黑洞 M_b 對霍金輻射 m_{ss} 在其視界半徑 R_b 的引力 F_{bg} 與其離心力 F_{bc} 的平衡，即 $F_{bg} = F_{bc}$，以判定能逃出黑洞的 $m_s < m_{ss}$，求黑洞質量 M_b 在 R_b 上對 m_{ss} 的引力，按照(1d)式，

$$m_{ss}M_b = hC/8\pi G = 1.187 \times 10^{-10} g^2 \tag{1d}$$

從(1d) 式的左右 2 邊各 $\times 2G/R_b^2$， 得，

$$2GM_bm_{ss}/R_b^2 = hC/4\pi R_b^2 \tag{4a}$$

既然以 R_b^2 除以 2 邊，就是表示將 M_b 看做集中於黑洞中心的中心力，由於 $m_{ss}M_b = const$， 從形式上看，黑洞 M_b 在其視界半徑 R_b 上對 m_{ss} 的引力 $= F_{bg}$，它反比於 R_b^2，而與 M_b 和 m_{ss} 的量無關。令 M_b 在 R_b 上對 m_{ss} 的引力 F_{bg} 為，

$$F_{bg} = 2GM_bm_{ss}/R_b^2 \tag{4b}$$

由(1c)式 $2GM_b/R_b = C^2$, 可變為,

$2GM_bm_{ss}/R_b^2 = m_{ss} \times C^2/R_b$,　　　　　　　(4ba)

由(4ba)可見,$2GM_bm_{ss}/R_b^2$ 是黑洞 M_b 在其視界半徑 R_b 上對 m_{ss} 的引力 F_{bg},由於 M_b 是分佈在黑洞內整個空間,而不是集中於中心,所以 $F_{bg} = 2GM_bm_{ss}/R_b^2$。 而 $m_{ss} \times C^2/R_b$ 則是 m_{ss} 以光速 C 在 R_b 作圓周運動(按廣義相對論的說法是測地線運動)的離心力 F_{bc}。從 (4a), (4ba) 得,

$F_{bc} = hC/4\pi R_b^2 = m_{ss} \times (C^2/R_b)$　　　　　(4c)

因此,由(1c)和(1d),可推出的(4a),(4ba) 和(4c),都表示 m_{ss} 在 R_b 上圍繞 M_b 運動時,M_b 對 m_{ss} 的引力與其離心力的平衡,而 C^2/R_b 就是 m_{ss} 的離心加速度,

$m_{ss} = h/4\pi CR_b$　　　　　　　　　　(4ca)

$\therefore F_{bg} = F_{bc} = 2GM_bm_{ss}/R_b^2 = hC/4\pi R_b^2 = m_{ss} \times (C^2/R_b)$

　　　　　　　　　　　　　　　　　　(4d)

由(4d),$2GM_bm_{ss}/(hC/4\pi) = 1$　　　(4ea)

(4ea)式表明霍金輻射 m_{ss} 在其視界半徑 R_b 上所受的引力 $2GM_bm_{ss}$ 與離心力($hC/4\pi$)的平衡,而($hC/4\pi$)= 常數。因此,黑洞內凡是粒子 $m_s < m_{ss}$ 的粒子或輻射能 m_s 才可以逃離出黑洞。因此,(4ea)式就是一個判別式。

(2)按照第二宇宙速度的原理,求黑洞 M_b 對霍金輻射 m_{ss} 在其視界半徑 R_b 的位能 E_p 與動能 E_d 的平衡,即 $E_p = E_d$,以判定能夠逃出黑洞的 m_s。

將(1c)式 $2GM_b/R_b = C^2$,變為(4eb),以表示 m_{ss} 在 R_b 上位能與動能的平衡。

$GM_bm_{ss}/R_b = m_{ss}C^2/2$ (4eb)

再將(1d)式 $m_{ss}M_b = hC/8\pi G$，變為(4ec)，

$GM_bm_{ss}/R_b = (hC/8\pi)/R_b$ (4ec)

$\therefore E_p = GM_bm_{ss}/R_b，E_d = (hC/8\pi)/R_b$

因此，$GM_bm_{ss}/(hC/8\pi) = 1$ (4ed)

由(4ed)是可見，只有 $m_i < m_{ss}$ 的粒子或輻射能 m_i 才能從 R_b 徑向飛出黑洞。

其實，比較(4ea) 和 (4ed)，二者其實完全相同，可變為下面(4ee)式，

$GM_bm_{ss}/(hC/8\pi) = 2GM_bm_{ss}/(hC/4\pi) = 1$ (4ee)

3-6-5 黑洞 M_b 在其視界半徑 R_b 上有閥溫（閥值溫度）T_b：T_b 就相當於黑體的溫度，即冷源；所以從上面第一篇 1-4-3 節可見，R_b 實際上像是一個嚴密的單向漏網，而 T_b 值就相當於漏網漏孔的大小。霍金輻射 m_{ss} 就是其漏網之魚。

用(4ea)和(4ed)可判定只有 $m_i < m_{ss}$ 的粒子和輻射能 m_i 才能逃出黑洞。

（1）黑洞的視界半徑 R_b 將黑洞內外分隔成 2 個完全不同的世界，2 者有完全不同的狀態和結構。任何物理參數在 2 者之間都沒有連續性，所有的公式都不可以連續地通用於黑洞內外，黑洞內只有小於閥溫 T_b 的霍金輻射 m_{ss}（輻射能）的 m_i 可以通過 R_b 發射向外界，而在黑洞 R_b 的外界附近，除了符

合第一宇宙速度的質-能粒子在黑洞外附近可形成吸積盤外，黑洞外界的空間幾乎就是真空。

（2）其實，任何熱能轉變為閥溫 T_v 時都可轉變為輻射能，而輻射能也可通過特定的閥溫 T_v 改變其溫度。比如在太陽中心的核聚變，其高溫約為 $1.5×10^7$k，就能使 $m_h = κT_v/C^2 = 0.23×10^{-29}$g 的粒子轉變為高能光子（γ-射線），γ-射線從在太陽中心的高溫沿途降溫而到達太陽的表面時，經過太陽表面溫度約 5800 k 的降溫後，就成為發出可見光的輻射能。而 1100 C 的紅鐵則發出紅外線輻射能。宇宙中存在的 $6×10^{33}$g 的小恆星級黑洞，其在 R_b 上的閥溫低到 $T_b = 10^{-6}$k，所以只發射極低能量、不可見的引力波。

（3）從(4ea)和(4ed)可見，黑洞內所有大於 m_{ss} 的輻射能 m_s 和粒子都不可能逃到 m_{ss} 所在的 R_b 上，因此，也不可能逃出黑洞。

因為(4ea)和(4ed)中的分母都是個常數，是 m_{ss} 能否逃出黑洞的判別式。假定黑洞內側 R_b 附近某一個能量粒子 $m_s > m_{ss}$，如果 m_s 跑到 m_{ss} 所在的 R_b 上，將 m_s 代入(4ea)和(4ed)式，結果 > 1，因此，m_s 只能重新返回黑洞內。

下面將論證 $m_s = m_{ss}$ 的粒子是如何逃離 R_b 而到達黑洞外界的。

3-6-6 黑洞 M_b 在其視界半徑 R_b 上發射霍金輻射 m_{ss} 的機理

即粒子 $m_s = m_{ss}$ 是如何從黑洞視界半徑 R_b 上逃離到外界的？其實它是與上述任何恆星和熾熱物體向外發射輻射能的機理是相同的，都是由高溫高能向外界低溫低能區域的自然流動的過程，也是有光速 C 的 m_{ss} 的離心力或動能稍大於黑洞引力或位能而逃離黑洞的結果。所以，只有用經典理論才能正確地解釋黑洞 M_b 發射霍金輻射 m_{ss}。

（1）當粒子 $m_s = m_{ss}$ 時，由於 m_s 有波動和溫度，因此，m_s 有一半時間處在其溫度和波能小於平均值狀態，其引力質量也相對應的小於平均值，再根據(4ea)和(4ed)式，m_s 的引力質量和位能會暫時的稍微減少，使得黑洞對它的引力和位能變小一點點，它就可能暫時離開 R_b 而流向低溫低能的外界（當然，如果外界有溫度和能量高於 T_b 的吸積盤，m_s 是難逃過吸積盤而去的，可能會被吸積盤內的粒子吸收）。同時又由於黑洞外附近極近真空，溫度極低，於是黑洞由於失去一個 m_s 後，而立即縮小其 R_b 和提高 T_b 一點點，那個在外界的 m_s 由於黑洞視界半徑上溫度(能量)的提高，和受外界低溫的影響而稍許降溫，m_s 就再也無法回到黑洞裡去了，這就成為黑洞自然發射（流出）到外界的霍金輻射 $m_s = m_{ss}$。m_s 其實就是輻射能由高溫高能向低溫低能自然流動的自然過程，就像太陽發射可見光的機理與過程是同樣的。也是 m_s 的離心力和動能暫時稍大於黑洞引力和位能而逃離黑洞的結果。這就成為黑洞發射（滯留）到外界的霍金輻射 m_s，即逃到外界的一個 m_{ss} 正粒子。這個 m_{ss} 正粒子並不是像霍金和所有科學家們所設想的那樣，是什麼「虛粒子對」中由於被黑洞吸收一個負粒子後而

殘存下來的那一個正粒子。

（2）有些黑洞外不遠處（因為一般黑洞的 R_b 值較小，所以 R_x/R_b 值雖較大，而實際上 $R_x - R_b$ 是不大的）有吸積盤：黑洞的強引力使 R_b 外界附近是難得存留任何能量-物質粒子和物體的，因為物質粒子不太可能以接近光速 C 繞黑洞旋轉，而大於 m_{ss} 的輻射能 m_s 只能被黑洞吸收進黑洞內，而形成附近空間的極近真空。因此，黑洞附近空間的溫度只可能低於黑洞 R_b 上的溫度 T_b。然而，當黑洞不遠處的週邊空間還有大量圍繞黑洞在不同方向以不同速度運動的物質粒子存在時，黑洞外不遠處就有可能出現或大或小而圍繞黑洞高速旋轉的吸積盤，正如土星環圍繞土星旋轉一樣。吸積盤中的每個物質粒子的高速旋轉當然服從「第一宇宙速度規律」，即其在一定半徑 R_x 上的引力與其離心力達到穩定的平衡。由於吸積盤離黑洞不遠（指 $R_x - R_b$ 是較小），潮汐力很大，因此，裡面不可能存在大的物質粒子。吸積盤是世界上能量轉換率極高的地方。它的轉換模式就是釋放引力勢能。以 0.1 克的水為例子，進入黑洞放出的能量可以殺死 18 億人。因此吸積盤上是幾百萬高溫的等離子體，放出大量的高能射線，比如 X 射線，伽馬射線。天文學家發現的第一個黑洞----天鵝座 X-1 就是一個強烈的 X 射線源，這個工作獲得了 2002 年的諾貝爾獎。

當吸積盤的外面有物質粒子或物體撞入吸積盤而與盤中的粒子碰撞時，可能發生 4 種情況：1、同方向側向碰撞，二者調整速度後，改變軌道，或可都留在吸積盤內，或落入黑洞。2、反向或者接近 180^0 的碰撞，雙方失去大部分速度，這

種高速粒子的碰撞有可能產生 X-射線，二者因失速而落進黑洞更會產生 X 射線，伽馬射線。3、粒子的同向碰撞，如果外來粒子的動量很大，二者可同時被帶出吸積盤，飛向外太空。4、正反方向斜向碰撞，失速落入黑洞。

（3）當黑洞初形成時，外界有很多能量-物質，黑洞會貪婪地吞噬幾乎所有外界的能量-物質以增加黑洞的質能 M_b 和 R_b 後降低 T_b，直到吞噬完外界幾乎所有能量-物質為止，除了可能有或大或小的吸積盤存在於黑洞之外，外界附近幾乎是真空。因為黑洞外界的輻射能或粒子 m_s 的絕大多數的動量矩在互相碰撞失速後，終究會被黑洞所吞噬，而落入黑洞內。這是黑洞形成較長時間後，極少有外界能量-物質被吞噬進黑洞的長久狀況。此後，黑洞就因為不停地向外界發射霍金輻射，使 M_b 不斷減小和 T_b 不斷地升高，直到最後收縮成為 2 個普朗克粒子 $m_p = M_{bm} \approx 10^{-5}$ g 在強烈的爆炸中消亡于普朗克領域。[2]

結論：黑洞在其 R_b 上向外發射的霍金輻射 m_{ss} 就是自然地由高能向低能區域的流動，黑洞內的能量-物質粒子 $m_s > m_{ss}$ 時，m_s 不可能跑出黑洞；只有 $m_s \leq m_{ss}$ 時，m_s 才能逃離黑洞。這是 m_s 在 R_b 上離心力或動能暫時大於黑洞引力或位能的結果。實際上，相當於輻射能以第一或第二宇宙速度逃離黑洞的結果。因此，這是一個符合熱力學定律和力學定律，與太陽發射可見光和熾熱金屬發射紅外線的機理沒有什麼區別，完全不需要假設的所謂「真空中的虛粒子對」來顯神通。只不過黑洞視界表面的溫度 T_b 是相同的，每次只發射一個 m_{ss}，

而太陽的表面溫度是有差異的，太陽對其表面各處輻射的引力有較大的差異，各處還可能有不同的旋流爆發噴射活動，所以可同時在各處發射許多不同波長的輻射能。

3-6-7 最後的結論

（1）黑洞理論本是來源於經典理論，是引力論、相對論、量子力學和熱力學等的產物，所以只能用經典理論才能正確解釋發射 m_{ss}。用什麼狄拉克海的「虛粒子對」來解釋是不能自圓其說的，正如用核聚變不能來解釋光合作用一樣。

（2）黑洞 R_b 上的 3 個公式(1a)，(1c)，(1d)只能用於任何黑洞的 R_b 上，不可用於黑洞內外的非黑洞區域。而唯一可用於 R_b 上和黑洞內外任何地方的輻射能的通用公式是(4a)，即 $E = C^2 m_{ss} = \kappa T_b = Ch/2\pi\lambda_{ss}$，這就使黑洞內在 R_b 附近的 m_{ss} 可以改變溫度，通過 R_b 而流向黑洞的外界，成為發射到外界的霍金輻射 m_{ss}。

（3）作者推導出來的霍金的黑洞 R_b 上的平衡公式(1d)後，對黑洞發射霍金輻射 m_{ss} 用(4ea)和(4ed)的解釋就順理成章了。但由於霍金沒有推導出 m_{ss} 的公式(1d)，所以他不得不用虛粒子對解釋發射 m_{ss} 的機理，這種解釋是在無可奈何的打圓場。由公式（1d）可知，霍金輻射 m_{ss} 的量僅僅取決於黑洞質量 M_b 的量，而且 M_b 發射一個 m_{ss} 之後，M_b 立即減小，下一個 m_{ss} 立即變大。這是沒有任何外力可以控制的。黑洞連續發射 m_{ss} 的結果，就使 m_{ss} 的量不斷地增加，其最大與最小的比

值可達到 10^{60} 倍。相應地，如用黑洞外的狄拉克海中的「虛粒子對」來解釋，它們的能量也必須隨著增加 10^{60} 倍，才可能與 m_{ss} 配對，這可能嗎？這必然導致狄拉克海各處有無限大能量的虛粒子對的荒唐結論，這正是惠勒等主流物理學家的悖論。再者，如果狄拉克海中沒有與黑洞 m_{ss} 相等能量的虛粒子對來配對，黑洞就無法向外發射霍金輻射 m_{ss} 了嗎？這顯然是說不通的。

（4）黑洞視界半徑上 R_b 的球面就像一層單向能量篩檢程式的篩子，從(4ea)和(4ed)式可知，一方面 R_b 阻止黑洞內大於 m_{ss} 的 m_s 外流，而讓小於等於 m_{ss} 的 m_s 外流。同時黑洞外界附件的 m_s，不管是大於等於還是小於 m_{ss}，如果 m_s 在 $R > R_b$ 處的離心力不能與黑洞的向心力平衡，當離心力小時，m_s 終會被吞進黑洞；當離心力大時，就會奔向更遠的太空。

（5）從宇宙的膨脹歷史可見，宇宙輻射時代結束時是約 385,000 年，宇宙溫度約 4720k（第三篇 3-2），此時物質粒子為中微子與輻射能完全分開。就是說，當黑洞 R_b 上的閥溫 T_b 低於 4720k 時，只有黑洞內的輻射能成為溜到外界的 m_s；如果黑洞的 $T_b > 4720k$ 時，可將黑洞內的中微子（物質粒子）等逐漸轉變為溜到外界的輻射能 m_s；如果隨著黑洞 M_b 的減小而 T_b 逐漸增加時，當 $T_b > 10^{13}$ k 時，就可將黑洞內的質子轉變為溜到外界的輻射能 m_s 了。

（6）結論：因此，黑洞發射霍金輻射就是輻射能由高溫高能區域向低溫低能區域自然流動的過程，與任何熱物體物質向外發射熱輻射的機理相同。

參考文獻：

1. 約翰—皮爾・盧考涅：「黑洞」。湖南科學技術出版社 2000。

2. 張洞生：《黑洞宇宙學概論》。本書頭一篇第六章。

3. 蘇宜：《天文學新概論》第二版。華中科技大學出版社。2002.2。

4. 溫柏格：宇宙最初三分鐘。中國對外翻譯出版公司。1999。

5. 王允久：《黑洞物理學》。湖南科學技術出版社，2000，4。

6. 何香濤：《觀測宇宙學》。科學出版社。北京，中國，2002。

7. 約翰・格裡賓：《大宇宙百科全書》。海南出版社。2001.8。

3-7 黑洞的霍金輻射 m_{ss} 及其信息量 I_o，I_m 和熵 S_{bm} 和 S_b；黑洞的熵和熱力學的熵

約翰·奧杜則：「現代天體物理學的進展，就像最奇妙的文學幻想小說一樣令人銷魂奪魄。」

內容摘要：作者在本文中首次將黑洞霍金輻射 m_{ss} 的熵 S_b 與信息量 I_m 二者完全統一在黑洞理論中了，證明了 $S_b = \pi I_m/H$ 信息量就是熵。本文的主要任務在於用經典理論和公式證明：1、無論任何大小質量的黑洞 M_b，它每次所發射的任何一個霍金輻射量子 m_{ss}，其所擁有的信息量 I_o 剛好等於宇宙中最小的、最基本的信息量 $I_o = h/2\pi = H$，即 I_o 就是普朗克常數，而與黑洞的 M_b 和 m_{ss} 的質-能的量無關。2、證明普朗克粒子的熵 $S_{bm}= \pi =$ 宇宙中最小的熵，即是 $m_p= M_{bm}$ 最小黑洞的熵 3、證明黑洞 M_b 的總信息量 $I_m = 4GM_b^2/C$；而其總熵 $S_b= \pi 4GM_b^2/CI_o = A/4L_p^2 = \pi I_m/I_o = \pi I_m/H$；4；對熵的特性作一些探討。（參看第一篇 1-6 章）

關鍵字：黑洞的霍金輻射 m_{ss}；霍金輻射 m_{ss} 的信息量 I_o；最小黑洞 $M_{bm}= m_p$ 的信息量 I_o 就是普朗克常數 H；黑洞的信息總量 I_m；最小黑洞即普朗克粒子的熵 $S_{bm}= \pi$；黑洞的總熵 S_b，我們的宇宙大黑洞 M_{ub}；測不准原理；普朗克常數 m_p。

3-7-0 史瓦西黑洞 M_b（球對稱，無旋轉，無電荷）在其視界半徑 R_b 上的守恆公式，這 5 個公式是對黑洞普遍適用的基本公式

下面(1) (2) (3) (4) (5)各式來源於和證明在本書前面的第一篇的 1-1 節，重述如下。下面是霍金著名的黑洞 M_b 在其視界半徑 R_b 上的閥溫 T_b 公式，

$$T_b M_b = (C^3/4G) \times (h/2\pi\kappa) \approx 10^{27} gk \tag{1}$$

M_b—黑洞的總能量-質量；R_b—黑洞的視界半徑，T_b--黑洞視界半徑 R_b 上的閥溫，m_{ss}—黑洞在視界半徑 R_b 上的霍金輻射的相當質量，λ_{ss} 和 ν_{ss} 分別表示 m_{ss} 在 R_b 上的波長和頻率，κ--波爾茲曼常數 $= 1.38 \times 10^{-16} g*cm^2/s^2*k$，$C$—光速 $= 3 \times 10^{10} cm/s$，h--普朗克常數 $= 6.63 \times 10^{-27} g*cm^2/s$，$G$--萬有引力常數$= 6.67 \times 10^{-8}\ cm^3/s^2*g$，下面是按質能轉換為輻射能 E_r 的閥溫的能量等價公式，

$$E_r = C^2 m_{ss} = \kappa T_b = Ch/2\pi\lambda_{ss} = \nu_{ss}h/2\pi \tag{2}$$

根據史瓦西對廣義相對論方程的特殊解，(3)式是黑洞存在的充要條件。

$$GM_b/R_b = C^2/2 \tag{3}$$

作者用 (1) 和 (2)， 推導出黑洞的新公式 (4)，

$$m_{ss} M_b = hC/8\pi G = 1.187 \times 10^{-10} g^2 \tag{4}$$

在極限情況下，得出普朗克粒子 $m_p =$ 最小黑洞 M_{bm} 為，

$$M_{bm} = m_p = m_{ss} = (hC/8\pi G)^{1/2}g = 1.09 \times 10^{-5}g \tag{5}$$

作者曾精確地證明，黑洞與本文有關的一些基本性質：

第一、上面的 5 個公式的參數 M_b，m_{ss}，T_b，R_b 都是在 R_b 上，而與黑洞 M_b 內部的結構、運動狀態、成分變化無關。第二、任何黑洞，它只能是因吞噬外界能量-物質或與其它黑洞合併而膨脹，也只能是因吞噬完外界能量-物質後，發射霍金輻射 m_{ss} 而收縮，但無論它是膨脹還是收縮，在它最後收縮成為最小黑洞 $M_{bm} = m_p = 1.09 \times 10^{-5}g$ 而消失在普朗克領域前，它會永遠是一個黑洞。這是黑洞的最本質的屬性。第三、M_b，m_{ss}，T_b，R_b 的 4 個參數，只要其中 1 個的數值確定了，其它的 3 個也就跟著按照上面的公式被單值地確定了，而且 4 個參數中的每一個都只為 4 個自然常數 h， C， κ， G 的不同關係式所決定。第四；我們的宇宙是一個真正的巨無霸宇宙黑洞。它來源於宇宙誕生時大量的最小黑洞 $M_{bm} = m_p = m_{ss} = (hC/8\pi G)^{1/2}g = 1.09 \times 10^{-5}g$ 的合併。[4] 把握住這幾點，是理解本文中黑洞熵 S_b 和信息量 I_m 問題的關鍵。宇宙中不可能存在比 $M_{bm} = m_p$ 更小的黑洞。[2]

3-7-1 下面是著名的 Bekenstein-Hawking 的史瓦西黑洞 M_b（球對稱、無電荷、無角動量）的總熵 S_b 的公式(1b)。類比最小信息量 $I_o = h/2\pi$ 與測不准原理。

（1） Bekenstein-Hawking 的史瓦西黑洞 M_b 的熵 S_b 公式 (1b) (1d)，

在熱力學中，可以證明，對於一個轉動物體有下式，

$$\delta M = T\delta S + \Omega\delta J^{[2]} ; \tag{1a}$$

按照黑洞物理中的熱力學類比，愛因斯坦引力理論中的黑洞熵 S_b 可寫為，

$$S_b = A/4L_p^2 \quad ^{-[2]} = 2\pi^2R_b{}^2C^3/hG^{[2]} \tag{1b}$$

上式中，A為黑洞面積，$A = 4\pi R_b{}^2$。L_p為普朗克長度，

$$L_p = (HG/C^3)^{1/2} \quad ^{[2][3]} \tag{1c}$$

(1b)式即有名的 Bekenstein-Hawking黑洞熵公式。

再從史瓦西公式(3)，$GM_b/R_b = C^2/2$，於是得，

$$S_b = A/4L_p^2 = 4\pi R_b{}^2/(4GH/C^3) = 2\pi^2R_b{}^2\times C^3/Gh = \pi R_b R_b$$
$C^3/GH = \pi\times Ct_s\times 2GM_b C^3 /GHC^2 = \pi(2t_s\times M_b C^2)/H$， t_s 為光穿過黑洞的史瓦西半徑R_b的時間。S_b熵為，

$$S_b = \pi(2t_s\times M_b C^2)/H = \pi(2\pi/h)\times(2t_s\times M_b C^2) \tag{1d}$$

（2）用類比定義最小黑洞$M_{bm} = m_p = m_{ss}$的信息量I_o，m_p為普朗克粒子，

$$令 \quad I_o = H = (h/2\pi) \tag{1e}$$

海森伯測不准原理說，互補的兩個物理量，比如時間和能量，位置和動量，角度和角動量，無法同時測准。它們測不准量的乘積等於某個常數，那個常數就是普朗克常數 h，即 h $= 6.63\times10^{-34}$焦耳/秒 $= 6.63\times10^{-27}$ g$*$cm^2/s。用類比法求最小黑洞$M_{bm} = m_p = m_{ss}$的信息量 I_o，定義 $I_o = h/2\pi =$ 宇宙中最小信息量，即令，

$$m_{ss} C^2\times 2t_s = h/2\pi = I_o \tag{1f}$$

$$\Delta E\times \Delta t \approx h/2\pi = I_o \tag{1g}$$

對比（1f）和（1g），（1g）式即是測不准原理的數學公式，

可見，$2t_s$ 對應於 Δt 時間測不准量，$m_{ss}C^2$ 對應於 ΔE 能量測不准量。下面證明(1f)(1g)的正確性。

3-7-2　求證最小黑洞 M_{bm} 的霍金輻射 m_{ss} 的信息量 I_o=h/2π =最小信息量。M_{bm}=m_p 的熵 S_{bm} =π=最小熵值。論證：資訊＝存在＝能量×時間

（1）驗證M_{bm}= m_p的信息量為 I_o = h/2π =宇宙中的最小信息量

下面根據(5)式中普朗克粒子 m_p 的資料對 (1f) 和（1g）式進行驗算。按照上面的(5)式，宇宙中的最小黑洞 M_{bm}= m_{ss}= m_p= $(hC/8\pi G)^{1/2}$=1.09×10^{-5}g，其視界半徑 R_b≡ L_p≡ $(Gh/2\pi C^3)^{1/2}$≡1.61×10^{-33}cm，其史瓦西時間 t_{sbm}= R_{bm}/C = 0.537×10^{-43}s。所以，對最小黑洞 M_{bm}= m_p 信息量 I_o 的計算是：

I_o=2t_{sbm}×M_{bm}(=m_{ss})C^2=2×0.537×10^{-43}×1.09×10^{-5}×9×10^{20}=1.054×10^{-27} gcm^2/s.

同時，I_o = h/2π =6.63×10^{-27}/2π = 1.056×10^{-27}g*cm^2/s.

由於上面 2 式的計算結果幾乎完全相等，即檢驗了上節的（1f）=（1g），

∴2t_{sbm}× $M_{bm}C^2$ = 2t_{sbm}×$m_{ss}C^2$ = h/2π = H = I_o　（2a）

按(4)式後按(3)式再次驗證(2a)，也證明（1f）=（1g）和

2t_{sbm}×$m_{ss}C^2$ = (2R_{bm}/C)×(hC^3/8πGM_{bm}) = h/2π = I_o

上式說明 H 值不多不少 = 宇宙中最小黑洞 M_{bm}= m_p 即普朗克粒子 m_{ss} 的信息量 I_o = 宇宙中一個最小信息的單位元 =

$h/2\pi =$ 普朗克常數 H。因宇宙中不可能存在等於小於 $M_{bm}= m_p$ 的黑洞，因此它們的信息量 I_o 和熵 S_{bm} 就是宇宙中最小的不可分割的 1 單元。

（2）下面計算最小黑洞 $M_{bm}= m_p$ 的熵 S_{bm}，按照 (1b)式，

$$\therefore S_{bm}=A/4L_p{}^2=2\pi^2R_{bm}{}^2C^3/hG=\pi2t_{sbm}\times M_{bm}C^2/(h/2\pi)=\pi(h/2\pi)/(h/2\pi) = \pi \qquad (2b)$$

分析和結論：由於 Bekenstein 和 Hawking 並不知道 $M_{bm}=m_p$ 是任何黑洞 M_b 的最小的最後的屍體，因此，他們不知道黑洞解體消失的命運和 $S_{bm}= \pi$ 為最小黑洞 M_{bm} 最小熵的真實的物理意義。

（3）引用著名的業餘物理學家方舟の女的觀念對(1f) 式 $m_{ss}C^2\times2t_s = h/2\pi = I_o$ 進行解釋。

她解釋說：[1]「這個是什麼意思呢？哲學上說，存在即是被感知，感知也就是信息的獲得和傳遞，一樣不繫帶訊息的東西，是無法被感知的，所以信息也就是存在。所以，下面就論證信息量 I_o 就是普朗克常數。

信息量 $I_o=$ 存在$=$ 能量 $M_{bm}C^2\times$ 時間 $2t_{sbm} = h/2\pi.$
普朗克常數 $=$ 能量測不准量×時間測不准量

那為什麼存在＝能量×時間呢？這個反映了存在的兩個要素，存在的東西必須要有能量，沒有能量，就是處於能量基態的真空，是不存在的。存在的東西也必須要持續存在一定的時間，如果一樣東西只存在零秒鐘，那便是不存在。[1]

3-7-3 任何黑洞 M_b 每次發射的任何一個霍金輻射 m_{ss} 都只是最小的信息量 $= I_o = h/2\pi =$ 普朗克常數，而與黑洞的 M_b 和 m_{ss} 的數值大小無關。只有黑洞理論才能將黑洞的熵與信息量統一起來。任何一個黑洞 M_b 的總信息量 $I_m = 4GM_b^2/C$. 黑洞 M_b 的總熵 S_b 與其信息量 I_m 的關係。

第一、求黑洞的任何一個 m_{ss} 信息量 I_o 的普遍公式 (3b) = (2a)，令任何黑洞的 n_i

$n_i = M_b/m_s$ 按照(4)，$n_i =$ 常數$/m_{ss}^2 = M_b^2/$常數 (3a)

根據上面的普遍公式(3)和(4)式，驗證黑洞 m_{ss} 的信息量 I_o 的一般式，

$I_o = m_{ss}C^2 \times 2t_s = C^2hC/(8\pi GM_b) \times 2R_b/C =$
$C^2hC/(8\pi GM_b) \times 2 \times 2GM_b/C \equiv h/2\pi$ (3b)

注意：由(4)式可見，黑洞 M_b 發射其霍金輻射 m_{ss} 是間斷地每一次發射一個，由於 M_b 發射一個 m_{ss} 後就減小了，所有下一個 m_{ss} 就比上一個增大了一點。因此，每個 m_{ss} 的量是不一樣的，是在逐漸地增大，直到最後變成為最小黑洞 $M_{bm} = m_{ss} = m_p$ 而消失在普朗克領域為止。所以，$n_i = M_b/m_{ss}$ 只是表明一個確定的 M_b 是其 m_{ss} 的倍數，n_i 不是表明 M_b 最終能發射了多少個 m_{ss}。因此，黑洞最終能發射霍金輻射的實際數目應遠小於 n_i。

第二、再求任何一個黑洞 M_b 的總熵 $S_b = \pi M_b/m_{ss} =$

$\pi(R_b/R_{bm})^2$

由(1d)和(3a)，

$S_b = \pi(2t_s \times M_bC^2)/H = \pi(2\pi/h) \times (2t_s \times M_bC^2) = \pi(2\pi/h) \times$

$(2t_s \times M_{bm}C^2)n_i$

$\therefore S_b = n_i\pi = \pi M_b/m_{ss}$　　　　　　　　　(3c)

注意：由於 I_o 為常數，所以當 M_b 變為 n_iM_{bm} 後，其 t_s 必然變為 t_{sbm}，因為由（3b）式，任何 $m_{ss}C^2 \times 2t_s = I_o$，所以 $(m_{ss}C^2 \times 2t_s)/(M_{bm}C^2 \times 2t_{sbm}) = 1$，

根據(1b)式，黑洞的熵 S_b 只與其表面積 $4\pi R_b^2$ 成正比，而 S_{bm} 是最小黑洞 $M_{bm} = m_p$ 的熵，所以，

$\therefore S_b = S_{bm}(R_b/R_{bm})^2 = \pi(R_b/R_{bm})^2$　　　　(3d)

而 $n_i = M_b/m_{ss}$，由(4)式，$\therefore n_i = M_b^2/$常數$= M_b^2/M_{bm}m_{ss} = M_b^2/M_{bm}^2$，

$\therefore n_i = (M_b/M_{bm})^2 = (R_b/R_{bm})^2 = M_b/m_{ss}$　　(3e)

第三、求黑洞 M_b 的總信息量 $I_m = 4GM_b^2/C$

由 (3)式 $GM_b/R_b = C^2/2$，對於最小黑洞 M_{bm}，

$I_0 = 2t_{sbm} \times M_{bm}C^2 = R_{bm} \times M_{bm}C = 4GM_{bm}^2/C$　　　(3f)

相應地對比(3f)式，再由(3e)式得黑洞 M_b 的總信息量 I_m；

$\therefore I_m = (2t_s \times M_bC^2) = n_iI_o = 4GM_b^2/C$　　　　　(3g)

再由(3e)，

$I_m = M_b^2/M_{bm}^2 = (h/2\pi)M_b^2 \times 8\pi G/hC = 4GM_b^2/C$　　(3g)

$I_m = (2t_s \times M_bC^2) = n_i (2t_{sbm} \times m_{ss}C^2) = n_iI_o = I_oM_b/m_{ss}$　　(3h)

第四、驗證黑洞 M_b 的總熵 S_b 的(1b)式，$S_b = A/4L_p^2 = 2\pi^2R_b^2C^3/hG$

由(3a)，(3c)，(3h)．

於是 $n_i = M_b/m_{ss} = S_b/\pi = I_m/I_o$ (3i)

$\therefore \underline{S_b} = \pi I_m/I_o = \pi 4GM_b^2/I_oC = 8\pi^2 GM_b^2/hC$

$= 2\pi^2 R_b^2 C^3/hG$ (3j)

(3j) = (1b)證明作者本文中所定義的 I_o 而推導出的 S_b 與霍金公式完全相同。

第五、由(3k)式證明任何黑洞的總信息量 I_m 就是熵 S_b，二者成正比。

由(3i)式，可確定黑洞 M_b 的信息量 I_m 和熵 S_b 的比例關係

$S_b = \pi I_m/I_o = 2\pi^2 I_m/h$ (3k)

第六、其它的幾個公式，可由上面得出，

$n_i = I_m/I_o = S_b/\pi = M_b/m_{ss} = (R_b/R_{bm})^2 = (M_b^2/M_{bm}^2)$ (3l)

由於 $n_i = M_b/m_{ss}$，對於任何 2 黑洞 M_{b1} 和 M_{b2} 而言，有

$I_{m1}/I_{m2} = S_{b1}/S_{b2} = M_{b1}^2/M_{b2}^2 = R_{b1}^2/R_{b2}^2 = n_{i1}/n_{i2}$

(3m)

第六、從（2）式 $m_{ss}C^2 = (h/2\pi) \times C/\lambda_{ss}$ 中可得出，黑洞的任何霍金輻射 m_{ss} 的波長 λ_{ss} 等於黑洞 M_b 的直徑 D_b。λ_{ss} 是 m_{ss} 的波長，ν_{ss} 是 m_{ss} 的頻率

$I_o \equiv h/2\pi = m_{ss}C^2 \times 2t_{bs} = m_{ss}C^2 \times D_b/C = m_{ss}C^2 \times \lambda_{ss}/C$

$\therefore \lambda_{ss} = 2t_{bs}C = 2R_b = D_b$ (3n)

$I_o \equiv h/2\pi \equiv m_{ss}C \times \lambda_{ss} \equiv m_{ss}C^2/\nu_{ss}$ (3p)

$\therefore I_o \equiv m_{ss}C^2/\nu_{ss}$, $m_{ss}C^2 = \nu_{ss} I_o$ (3q)

第七、結論：由(3j) = (1b)，表明以上所有證明都是正確

和自洽的，因為從作者定義 I_o 到 I_m 再到 S_b 而達到與 Bekenstein-Hawking 黑洞熵公式(1b)完全相同。就是說，只要知道了前言中黑洞的 5 個普遍公式，就可推導出最小黑洞 M_{bm} 的 I_o 和 S_{bm}；進而推導出黑洞 M_b 的 S_b 和 I_m。

從(3p) 和(3q)可知，任何輻射能的能量 $m_{ss}C^2$ =其信息量 I_o 與其頻率 ν_{ss} 的乘積。而輻射能的信息量 I_o 是其一個頻率內的能量。公式(1b)是為佐證。

3-7-4 作為實例，算算我們宇宙黑洞 M_{bu} 的總熵 S_{bu} 和總信息量 I_{mu}.

作者在前面第二篇 2-1-1 節中，已經完全證明我們宇宙就是一個巨無霸宇宙黑洞。我們宇宙現在的總能量-質量約為 $M_{bu} = 10^{56}g$[4]，$M_{bu}/M_{bm} = 10^{56}/10^{-5} = 10^{61}$，同樣，其視界半徑之比 $= R_{bu}/R_{bm} = 10^{28}/10^{-33} = 10^{61}$，另外 $t_u/t_{sbm} = 10^{61}$。按最新精密的天文觀測，宇宙（黑洞）年齡為 $t_u = 137$ 億年 $= 4.32 \times 10^{17}s$。

（1）我們宇宙黑洞總熵 S_{bu} 可按(1d)或(3j)式計算，

$S_b = \pi(2\pi/h) \times 2t_s \times M_bC^2$，

$\therefore S_{bu} = \pi(2\pi h) \times 2 \times 4.32 \times 10^{17}s \times 10^{56}g \times C^2 \approx 0.736 \times 10^{122}\pi$ （4a）

再從(3d)，$S_{bu} = \pi(R_b/R_{bm})^2 \approx 10^{122}\pi$ （4b）

（4a）和（4b）來源不同，結果一樣。證明上面 (3d)式的正確性。

（2）我們宇宙黑洞總信息量 I_{mu}. 我們宇宙的總信息量 I_{mu}

可用(3l)式，

$I_{mu}=10^{56}/10^{-66}I_o=10^{122}I_o=10^{122}\times1.06\times10^{-27}=10^{95}g*cm^2/s;$

再用(3g)式，

$I_{mu} = 4GM_b^2/C= 4\times6.67 \times10^{-8}\times(10^{56})^2/3\times10^{10} = 0.89\times10^{95}$ $g*cm^2/s$。

2 種計算方法的結果是相等的，佐證了所用公式正確。

（3）由前面第一篇的(1m)式求宇宙現在的實際密度 ρ_{bu}，

$R_{bu}^2/R_{bm}^2 = \rho_{bm}/\rho_{bu}$

$\therefore \rho_{bu} = \rho_{bm}R_{bm}^2/R_{bu}^2=10^{93} (10^{-61})^2 =10^{-29}g/cm^3$

$\rho_{bu} =10^{-29}g/cm^3$ 與當今對宇宙的實際的觀測資料完全相吻合，說明我們宇宙是一個真正的宇宙黑洞，而宇宙的平直性 $\Omega \equiv 1$ 是黑洞的本性。可見，由廣義相對論方程得出的「弗里德曼」模型是一個不切實際的假命題，折騰了科學家們近百年還搞不清楚 Ω 是否$\equiv1$。

3-7-5 關於黑洞熵和信息量的幾點重要的分析和結論：信息量就是熵。

（1）霍金輻射 m_{ss} 就是帶著熵和信息的輻射能（粒）子和波：任何黑洞不論其 M_b 的大小，每次發射的任何一個霍金輻射 m_{ss} 都只含有或曰帶走一個最小的信息量 $I_o\equiv h/2\pi\equiv1$ 個單元信息量，也是一個最小單元的熵 $S_{bm}= \pi$。I_o 與 m_{ss} 和 M_b 的值無關。故霍金輻射 m_{ss} 就是黑洞通過視界半徑按照閥溫將其內的質-能轉變為輻射能和信息發送到外界的。所以 m_{ss} 就

是帶著熵和信息的能量（粒）子和波。

$$S_{bm} I_o = \pi h/2\pi \equiv h/2 \qquad (51a)$$

$$S_b = 2\pi^2 I_m/h = n_i\pi \qquad (51b)$$

（2）(3p)式表明，任何一個輻射能的信息量 I_o 都是其能量與行進的一個波長所需時間的乘積。推而廣之，任何一個單一的輻射波，無論其能量大小、波長長短，都只有同一個信息量 I_o。(3p)式表明，一個輻射能的相當質量 m_{ss}、能量 $m_{ss}C^2$、波長 $2t_s$ 和信息量 $I_o \equiv$ h/2π(熵 S_{bm}= π)4 者是統一的、有確定的關係。

（3）任一黑洞 M_b 的總信息量 $I_m = 4GM_b^2/C$，其總熵 $S_b = (\pi/I_o)I_m = (\pi/I_o) \times 4GM_b^2/C$，所以對於 2 個不同黑洞的熵比為，

$$\therefore S_{b1}/S_{b2}=I_{m1}/I_{m2}=M_{b1}^2/M_{b2}^2=(R_{b1}/R_{b2})^2 \qquad (5a)$$

由(51b)式可見，信息量就是熵。黑洞的 M_b 愈大， 其面積愈大，其熵 S_b 愈大，信息量 I_m 也愈大。

（4）任一黑洞 M_{b1} 吞噬外界能量-物質或與其它黑洞 M_{b2} 合併的膨脹過程中，其總信息量 I_m 和總熵 S_b 是不守恆的，是增加的。

比如，當 $M_b = M_{b1} + M_{b2}$ 的 2 個黑洞合併時，其合併後的總信息量 I_m，合併前的總信息量 $I_{m1}+ I_{m2}$。所以， $I_m = 4GM_b^2/C = 4G(M_{b1} + M_{b2})^2/C$ ，而 $I_{m1} = 4GM_{b1}^2/C$，$I_{m2} = 4GM_{b2}^2/C$。所以，

$$I_m \neq I_{m1} + I_{m2} > I_{m1} + I_{m2} \qquad (5b)$$

同樣， $S_b \neq S_{b1} + S_{b2} > S_{b1} + S_{b2} \qquad (5c)$

由上面公式可見，由於 $I_m \backsim (M_{b1} + M_{b2})^2$，而合併前 $I_{m1} \backsim$

M_{b1}^2，$I_{m2} \backsim M_{b2}^2$，合併後之 $I_m > I_{m1} + I_{m2}$。所以黑洞合併後總信息量 I_m 是增加的、不守恆的。同理，當黑洞 M_b 發射霍金輻射 m_{ss} 而縮小時，起初 $I_m \backsim M_b^2$，當 M_b 發射 m_{ss} 到 $0.5 M_b$ 之後，剩餘的 $0.5 M_b$ 的信息量只有 $0.25 I_m$，而發射出去的 $0.5 M_b$ 卻帶走了 $0.75 I_m$。當然，I_m 的總量還是一樣的。這是因為每個 m_{ss} 的信息量 $I_o \equiv h/2\pi$。而在黑洞 M_b 大時，m_{ss} 小，其波長 λ_{ss} 較長，所以一個 I_o 所需的 m_{ss} 就小。熵的情況與信息量一樣的。

（5）m_{ss} 的波粒二重性，人們對輻射能 $m_{ss}C^2$ 的多種特性及其互相之間作用的複雜性的認識可能是很不夠的。

$$I_o = m_{ss}C^2 \times 2t = \underline{h/2\pi} = m_{ss}C^2 \times \lambda_{ss}/C = \kappa T_b \times \lambda_{ss}/C \qquad (5d)$$

而且，$m_{ss}C^2 = \kappa T_b = Ch/2\pi\lambda_{ss}$ \qquad\qquad (2)

如上所述，所有黑洞的熵 S_b 和信息量 I_m 都來源於其霍金輻射 m_{ss} 的最小信息量 $= m_{ss}C^2 \times 2t$，$m_{ss}C^2$ 不是物質粒子，而是能量子，所以霍金輻射是發射能量子，I_o 是受 $m_{ss} \times \lambda_{ss}$ 乘積的雙重影響。m_{ss} 在行進時表現為波而有 λ_{ss}，碰撞或被阻擋停止時，表現為粒子 m_{ss}。在強引力場附件行進時，軌道會受引力場影響而彎曲，表現為有引力質量的特性。但是由於黑洞發射的每個 m_{ss} 的相當質量都不相等，所以它的溫度 T_b 和波長 λ_{ss} 都是不相同的。

作者確信(5d) (2)式在理論和計算上是完全正確的，顯示了輻射能性質的多面性和複雜性，輻射能又是信息量和熵的體現，再加上其紅移藍移和量子糾纏的諸多複雜特性，人們現在對輻射能的特性及其互相之間作用的認識還是很不夠的。

3-7-6 對黑洞的熵和熱力學的熵， 熱力學第二定律的一些探討

熵到現在還是科學家們沒有弄明白的概念。熵是一個極其重要的物理量，但卻又以其難懂而聞名於世，因為它將宏觀與微觀混在一起來研究。克勞修斯於 1865 年首先引入它，用來定量地闡明熱力學第二定律。後來，玻爾茲曼賦予了熵的統計解釋。到 1929 年，西拉德又將熵與信息聯繫起來，給出了熵的新含義。熵由什麼決定的許多微觀機制還沒有弄明白，只給出了宏觀統計解釋，認為概率法是制約熵的本質。其實熱力學和統計物理學是在宏觀框架下完成的，它並沒有深入微觀世界的實質，是宏觀統計的表現。[5]

其實越是簡單的基本的東西越難使人們搞清楚弄明白。現代科學對熱和溫度是什麼，力是什麼，萬有引力是什麼，熵是什麼，時空是什麼，質量是什麼，量子力學是什麼等基本問題都搞不太明白。但能運用其基本定理定律和數學公式搞清較複雜問題，能作許多重要參數之間的量化計算。比如，人們可以熟練地運用萬有引力定律，但並不瞭解引力是什麼。有誰能說清楚測不准原理的本質？但他被廣泛地運用著。在理論科學上，有許多時候，是知難行易的。

（1）黑洞的本質：黑洞是什麼？根據前面的理論分析和計算之後，表明黑洞就像一個絞碎機，最終任務就是要將黑洞內所有的能量-物量 M_b，按照 $E = M_bC^2$ 等價地絞碎成為一個一個的霍金輻射量子 m_{ss}（輻射能）而散佈到宇宙空間。黑

洞愈大，其內部所包涵的能量-物質就愈多，其所發射出去的霍金輻射 m_{ss} 就愈小愈多，其所帶走的信息量和熵也愈多。黑洞發射霍金輻射 m_{ss} 的過程就是一個熵增多的不可逆過程，所以我們黑洞宇宙最終的結局就是將其全部能量-物質都不可逆的轉變為的「了無生氣」的、「冰涼寂靜」的輻射能世界。

一個黑洞確定的 M_b，決定了其發射的每一個確定的 m_{ss}，帶著其信息量和熵-- I_o ，I_m ，S_{bm}，S_b 和該黑洞 m_{ss} 的總數值 n_i 就都相應地被精確地確定了。

$$n_i = M_b/m_{ss}= M_b m_{ss}/m_{ss}^2 = hC/(8\pi G m_{ss}^2) = 1.187 \times 10^{-10}/m_{ss}^2 = M_b^2/1.187 \times 10^{-10} \qquad (6a)$$

在黑洞將其總能量-質量 M_b（包括輻射能的相當質量）轉變為輻射能 m_{ss} 的全過程中，由於 m_{ss}，n_i ，I_o，I_m ，S_{bm}，S_b 都單值地取決於 M_b 的總量，它們都是確定的值，因此，黑洞不會因發射霍金輻射而增加或減少其總信息量 I_m 和 S_{bm}。所有上面各個參數值都與黑洞內部的構造成分運動狀態無關。

（2）只有運用黑洞發射霍金輻射 m_{ss} 的理論才能將輻射能的熵和信息量二者完全一一對應地聯繫起來。由前面幾節可知，

$$S_{bm}=A/4L_p^2=4\pi R_{bm}^2/4R_{bm}^2=\pi，I_o=h/2\pi，S_b=\pi I_m/I_o \quad (6b)$$

由此可見，霍金在由(1b)定義黑洞熵的最小值 S_{bm} 時，是以宇宙中的最小黑洞 $M_{bm} = m_p$ 普朗克粒子的面積 $A_{bm} = 4\pi R_{bm}^2$ 與其視界半徑 R_{bm}^2 之比為基準的。因而使黑洞每次發射一個霍金輻射 m_{ss} 時，就帶走一個單位信息量 $I_o \equiv h/2\pi$，也會同時帶走一分最小的熵 $S_{bm} \equiv \pi$。

（3）現今我們宇宙（宇宙黑洞）時空中只有 2 要素：物質和輻射能，信息（熵）只不過是輻射能的組成部分和存在的表現。按照(5d)，

$$I_o =h/2\pi =m_{ss}C^2\times\lambda_{ss}/C= m_{ss}C^2/\nu_{ss}=\kappa T_b\times\lambda_{ss}/C \qquad (5d)$$

$$\therefore \ m_{ss}C^2 =\nu_{ss}\ I_o \qquad\qquad\qquad (6c)$$

無論我們現階段的宇宙是多麼的千變萬化和豐富多彩，分解到最後，只剩下運動著的物質粒子和帶著信息量（熵）的輻射能。我們宇宙演變的最終結局就是通過宇宙黑洞將全部能量-物質轉變為一個一個的輻射能，這是個熵增加的不可逆過程，是宇宙演變的時間方向，是熱力學第二定律，即因果律的體現。

由於宇宙中的物質和粒子在引力、電磁力、強力和弱力 4 種基本力的作用下，形成了物質在能量場中可以互相轉換的勢能動能電能磁能化學能原子能等等。雖然它們之間可以按照能量守恆定律等價互換，然而一旦他們之中某些能量的全部或部分轉變為輻射能（熱能）時，就成為熵增加的不可逆過程。比如一對正負電子互相接近時，其電位能的減少定會增加電子的動能，當它們很接近時，很大的加速度和速度可能會使電子與周圍的介質產生碰撞與摩擦，部分轉變為輻射能或使其本身在接近光速時產生減速，減少其動能，必定還有一部分使電子產生振動或改變運動狀態，這就又會有部分能量轉變為輻射能（熱能），成為熵增加的不可逆過程。當正負電子碰撞到一起時，就會全部湮滅轉變為輻射能。但當 2 個物體在引力的作用下互相接近時，是引力位能轉變為動

能，及至發生碰撞時，動能有一部分轉變為熱能，會使熵增加；部分轉變為改變（破壞）物體的結構和運動狀態，也會使熵增加。與電子的碰撞不同，2物體相碰撞，其引力能不會全部湮滅為輻射能。如前所述，物質只有在極高溫度的普朗克領域才能完全湮滅轉變為輻射能，或者由宇宙黑洞慢慢地、一個一個地轉變為霍金輻射—輻射能。

在宇宙中的部分物質物體也會出現少數增加有序、減少熵的進化過程，但這是以另一部分物質物體增加更多的熵為代價的。

所以宇宙中熵增加的不可逆過程反映的是物質及其各種場能轉變為輻射能的過程，這可能就是熱力學第二定律的本質，代表著宇宙演化的時間方向。

如果我們宇宙只是一個孤立的宇宙黑洞 $M_{ub}=10^{56}g$，如前上述，他最終只能全部變成為純粹的輻射能世界。到那時，宇宙中沒有物質，只有帶著信息（熵）的輻射能，它將如何演變，我們無法知道。現有證據顯示，在我們宇宙黑洞之外，還有其它的宇宙（黑洞）存在，它們未來與我們宇宙黑洞是平行的宇宙，是平行的演變，還是會碰撞，現在不知道，未來有可能推測到。

（4）宇宙中物質和輻射能有6種可能的轉換類型：在宇宙中，物質與輻射能二者之間按照 $E = MC^2$ 的等價轉換是有條件的，和有時間方向的，這正是廣義相對論方程中無法解決的重大問題之一。二者存在著多種結合分離和轉換的機制。第一、物質與物質的結合分解必須有輻射能的參與；我們現

在宇宙中的物質物體的穩定的成分和結構都是在一定的溫度下（或一定溫度區間）形成和維持的。因此輻射能使溫度改變是改變事物成分結構和性質的主要條件。如各種原子分子化學生物的變化過程，沒有熱量的參與，它們之間的轉變都無法進行，只能維持其現狀，第二、在物質物體的 4 種基本力的作用下，能量與能量之間的轉變必須服從能量守恆定律，和熱力學第二定律，它暗示著某些能量一旦轉變為熱能（輻射能）時，就是熵增加的不可逆過程。第三、物質轉變為能量：全部或部分物質轉變為輻射能，黑洞是逐漸地全部轉變，核聚變是局部轉變。這是宇宙不可阻擋的正在進行中的過程，即熵增加的不可逆過程。第四、將純粹的輻射能轉變為物質的轉變過程只有在我們宇宙誕生後的初期存在過，在其極高溫高密度下，能量和物質按照康普頓時間頻繁地產生和湮滅。在宇宙演變到 10^{-24}s 之後，由於物質與輻射能開始從部分逐漸到全部的分離，宇宙中就沒有任何力量能夠將純粹的輻射能（能量）全部壓縮轉變為物質。這種違反宇宙時間方向和因果律的過程，人類今後能局部的實現嗎？第五、輻射能可由高溫向低溫可自由（自動）地進行轉變，最後達到一個平均（平衡）溫度，這也是一個熵增加的不可逆過程，由上節的(5d)式可知，是不同溫度的許多輻射能粒子的溫度平均化的結果，只能使粒子的總數多於等於原先的粒子總數，所增加的粒子的熵就是熵的增加量。而且在輻射能粒子溫度的平均化過程中，它們之間的互相摩擦碰撞和纏繞也會產生熱能，使熵增加。現在人類可用聚光鏡或特殊晶體將

許多輻射能集合起來，提高其溫度、能量、有向性和有序性，如鐳射的運用，但是現在尚無法將輻射能直接轉變為物質。第六、宇宙中有少數物質的結構可在輻射能或輻射能與物質共同的參與下，改變結構，減少熵和增加其有序性，向高級有組織性的方向進化發展，但這是以另一部分物質物體增加更多的熵為代價的。

（5）人類在原始時代，資訊主要是靠聲音傳遞的，少數靠壁畫和結繩傳遞。在文字出現以後，資訊主要靠寫在羊皮、竹簡、木板、紙張等物質面上來傳遞。現在已經是信息網路時代，信息主要變成是由輻射能攜帶而以光速 C 傳遞的。所以這個時代就是人們如何利用輻射能傳遞信息和企圖利用信息以操控一切過程的時代。現在最時髦的科技之一就是利用信息操控 3D 打印機以製造各種物質實體。雖然人們可利用公式(5)對能量之間的轉換能作精確的計算，這只是對輻射能的最基本簡單的認識。但是人們對輻射能的諸多複雜特性和他們之間互相作用的複雜性所知並不多，所以只會利用其攜帶和傳遞信息的實用功能。比如人們對輻射能波粒二重性、輻射能彼此互相作用的實質與熵的增加、紅移和藍移的引力效應、各種量子力學效應、量子糾纏等所知並不多。

（6）研究霍金輻射 m_{ss} 可用以研究其它任何輻射能的各種特性。從公式(5)可知，所有黑洞的的最後命運是收縮成為普朗克粒子 $m_p = M_{bm} = m_{ss} = 10^{-5}$g，而 m_p 是宇宙中最大的輻射能（粒子），其波長=3×10^{-33}cm，我們宇宙黑洞的霍金輻射 $m_{ss} = 10^{-66}$g，其波長=3×10^{28}cm。在宇宙中，不同大小的黑洞，

所發射的霍金輻射的波長可從最短的波長 3×10^{-33}cm 到最長的波長 3×10^{28}cm，可相差 10^{61} 倍。因此，可以推論宇宙中任何一種波長的輻射能，如比如一定波長的可見光，其波長 $\lambda_{vl} = 10^{-4}$cm，其信息量也會就是 I_o，其熵也是 $S_{bm} = \pi$，而對應於相同波長的 m_{ss}。所以本文對黑洞霍金輻射的研究結果可用於其它任何輻射能的熵 S_{bm} 和信息量 I_o 波長、相當質量等特性。

（7）黑洞的合併和對外界能量-物質的吞噬後，按照 $E = M_b C^2$ 通過發射霍金輻射 m_{ss} 完全轉變為輻射能，這是熵增加的宇宙不可逆過程。核聚變是將部分物質質量嚴格按照 $E = M_b C^2$ 轉變為輻射能，每一種波長的輻射能都帶有相同的信息量 $I_o = m_{ss} C^2 \times 2t = m_{ss} \lambda_{ss} C = h/2\pi$ 和相應的單位熵 π，而擁有相當的質量 m_{ss}、溫度 T_b 和波長 λ_{ss}。

宇宙初期：從本書前面第一篇和第二篇可知，我們宇宙誕生於普朗克粒子 $m_p = M_{bm} = 10^{-5}$g，其時間起點是 $t_{sbm} = 0.537 \times 10^{-43}$s，從此時起到 10^{-24}s，再到宇宙的輻射時代末期 $t \approx 385,000$ 年時，宇宙處在 10^{32}k ~10^{13}k 的高溫狀態，此時宇宙中的輻射能與其對應的各種不同質量的物質粒子，在不同的時期的溫度下，按照其 Compton time 處在頻繁地產生和湮滅，和互相完全地質-能轉變過程。

另一方面，當宇宙進入物質占統治時期之後，物質和輻射能完全分離，各自遵循不同的規律隨著宇宙膨脹降溫。此後物質粒子只能通過黑洞和核聚變的方式將其轉變為輻射能，這就是宇宙膨脹的不可逆過程，這就是我們現今宇宙的時間方向。也就是說，隨著時間的前進，宇宙中以氫為基礎的物

質會越來越少，輻射能的成分越來越多，不可逆轉。

從宇宙誕生的初期的情況可見，只有在高溫（高於 10^{13}k，密度大於 10^{52}g/cm^3）高壓下，單純的能量才有可能暫時合成為物質粒子而不停地互相轉變。但是現今低溫的自然界，只是在特殊情況下可單向地由物質轉變為輻射能。今後人類有可能製造出將輻射能壓縮轉變為物質這種過程嗎？如果這是上帝的工作，人類就永遠不可能做到。

（8）熱力學第二定律—物質粒子和其能量與輻射能轉變中的熵；理想過程（可逆性）和非理想過程（不可逆性）；

在遵守熱力學第一定律—能量守恆定律條件下能量轉換，熱力學第二定律對熵的定義和公式表述。下面公式(6d)來源於對熱機在卡諾循環的分析。

$$f_2^1 \, dQ/T < S_2 - S_1 \quad [7] \tag{6d}$$

公式(6d)可作為物質粒子的熱力學第二定律中熵的運算式。其中 S_1 和 S_2 分別為系統在初態和終態的熵，dQ 是不可逆過程中所吸收的熱量，T 為系統中變化的溫度。熵增加原理：當熱力學系統從一平衡態經絕熱過程達到另一平衡態時，它的熵永不減少。

$$\Delta S \geq 0 \tag{6e} [7]$$

上式中，對可逆絕熱理想過程，$\Delta S = 0$；對不可逆絕熱過程，$\Delta S > 0$.

由上面的論證和分析可見，造成 $\Delta S > 0$ 的不可逆絕熱過程的根本原因，就是物質粒子中的部分引力能（位能動能作

功電磁能化學能）轉變成熱能。

黑洞中熵的定義是正比於黑洞面積的一個無因次量。此地不同，物質粒子熵 S 的定義是 J/k， 即系統內介質每溫度 k 內所容有的能量（熱量）--焦耳，所以 S 是用能量來量度的。熵增加的概念在於系統變化過程中，能量可被視為由 2 部分組成，即參與的總能量（熱量）E_o = 有用（有效）能量 E_e + 無用（無效）能量 E_i。由於 E_i 浪費於增加介質的紊亂無序摩擦碰撞等而成為作無用（無效）功的熱能，這就是熵增加的來源。

輻射能的波粒二重性使其表現為即是有溫度（動能）的粒子又是有波長（頻率）的波動。因此，當輻射能與另外的輻射能通過介質相遇或相作用時，由於波長方向溫度頻率等的不同，其能量不可能產生 1 + 1 = 2 的疊加有效效果，所以總會有部分能量因內耗而成為（無效）熱能 E_i，這也是熵的增加 ΔS 的原因。

從上面幾節和本節看，現今宇宙中黑洞和物質粒子的熵增加過程，都是使宇宙從有序向無序轉變的不可逆過程，即增加輻射能的過程。

（9）從上面各節論述和分析可得出結論：我們宇宙黑洞正在走向熵增加的極其緩慢的不可逆的衰亡過程中。

自從宇宙結束輻射時代而進入物質占統治時代 Matter-dominated Era 之後，宇宙中物質與輻射能分離而不能互相轉變。首先，宇宙中的大部分輻射能的膨脹和溫度平均化的互相作用必然使熵大量增加。其次，宇宙中的核聚變和

黑洞都在將物質逐漸地轉換為輻射能。我們宇宙黑洞現在的總質能量約為 $M_{ub}=10^{56}g$，如果宇宙黑洞外現在沒有能量-物質，經過漫長的 10^{133} 年之後，全部能量-物質才能轉換成輻射能。現有證據顯示宇宙之外還有其它的宇宙，如會合併，我們宇宙的命運就會改變而變的更長久。

其次，宇宙中的任何智慧生物的生存時間會因氫大量的耗損，而大約不會超過 10^{14} 年。人類只不過是宇宙中極為短暫的過客，當然不必為宇宙的未來操心。但是，人類對宇宙的好奇和探索是人類智慧進化的源泉。

因此，只要宇宙中沒有將單純的輻射能聚合壓縮轉變為物質的機制和力量，就表示宇宙中事物的「破鏡不能重圓，覆水無法回收，死灰不可複燃」的熱力學第二定律是不可抗拒的規律。

3-7-7 一些總結性的分析和推論

（1）我們宇宙演變和物質的變化中，總的趨勢是由宇宙黑洞最終將全部物質轉變為輻射能，這是宇宙熵增加的不可逆過程，是宇宙的時間方向。

（2）宇宙中的理想過程即可逆過程：在此過程中，既無物質和能量（引力能電磁能化學能原子能等）轉變為輻射能（熱能）的熵增加，也無輻射能因溫度平均化而引起的熵增加，因此這是一個理想的可逆過程。從第一篇 1-7 節中可知這個過程只存在於宇宙極早期，即從宇宙誕生的 $10^{-43}s$ 到 $10^{-24}s$

階段，在此階段中，無論收縮和膨脹，都是可逆的理想過程階段，其物質結構應該是質子已經分解為純粹的夸克。夸克應該是沒有粒子的熱運動和摩擦可在密度 10^{53}g /cm^3 ～ 10^{93}g/cm^3 之間作理想過程的轉變的。

　　宇宙中另外一個理想過程可能出現在某些原子或分子在極低的溫度下達到超導狀態。這是人為的過程。

　　（3）宇宙中小部分物體熵減少的過程，就是其有序性增加的進化發展過程，即物質分子選擇性地吸收輻射能和物質粒子而增加有序性的結構進化過程。比如宇宙中大量物質粒子收縮為恆星中子星黑洞行星等，極少數行星上進化成生物甚至人類等，它們熵的減少和有序性的增加是以宇宙中另一部分物質物體增加更多的熵為代價的。比如，恆星的收縮，除了必須排除出去內部的部分輻射能之外，還有物質粒子的部分引力能也會轉變為輻射能。一個人從被破壞的物質中吸收必須的熱量和物質養分之外，他所放出的熱量和破壞的物質對宇宙增加的熵比他吸收減少的熵要多得多。人的存在過快發展本身必然是對大自然環境巨大的破壞。

　　（4）由(3j) (3k) (51b) (6b)等式可知，$S_b = \pi n_i = \pi I_m/I_o = \pi I_m/H = \pi M_b/m_{ss}$ 證明，信息就是熵。Bekenstein-Hawking 所定義的黑洞熵公式(1b)與作者由黑洞發射霍金輻射所擁有的熵 S_b 和信息量 I_m 的(3j)式是從不同的觀點出發，將二者完全天衣無縫地統一在黑洞理論中了。

　　（5）黑洞實際上就是一個要將其內部所有能量-物質轉換成為輻射能的轉換器--絞碎機，黑洞吞噬外界能量-物質的

過程是熵增加的過程，黑洞發射霍金輻射的過程是使其本身瘦身和熵減少的過程。由於廣義相對論方程 EGTR 根本無法考慮系統中的物質與輻射能互相轉換的問題，即無法運用 $E=M_bC^2$ 公式，這是 EGTR 無法解決黑洞和宇宙學中問題的主要原因之一，今後它也不可能有多大的進展。

（6）雖然本文中從黑洞發射霍金輻射而對熵和信息量做了許多論證分析和計算，也不一定能夠增加人們對熵有更清晰理解。總之，現代科學對熵的性質和作用的微觀瞭解仍然是很不夠的，特別是熵、信息量、輻射能、物質粒子 4 者之間在非理想過程中的關係在微觀上作用瞭解的還很不夠，須繼續研究。

參考文獻。

1. 方舟の女：《再論黑洞宇宙霍金熵，信息論，測不准原理和普朗克常數》。

http://www.21chinaweb.com/article.asp?id=44

2. 王永久：「黑洞物理學」。湖南科學技術出版社，2000，4。

3. 何香濤：「觀測宇宙學」。科學出版社。2002，北京。

4. 張洞生：《黑洞宇宙學》，見本書第一篇，也可參見下網址，

5. 李新民：「熵的本質和統一」。

http://sea3000.net/wenku/20110317082750.php

6. 張洞生：《什麼是黑洞的霍金輻射？如何用經典理論解釋黑洞發射霍金輻射？

http://www.sciencepub.net/academia/aa0504/002_17953a
a0504_8_13.pdf

7. 向義和：《大學物理導論》上冊。北京；清華大學出版社。1999.1。

3-8　第八章　黑洞是大自然偉大力量的產物，人類也許永遠無法製造出「人造引力黑洞」

愛因斯坦：「我相信，單純的思考足已瞭解世界。」

內容摘要：30 多年來，各國的一些科學家們發表了對「人造黑洞」許多聳人聽聞的和混淆視聽的言論和文章，他們對「真正的引力黑洞即史瓦西黑洞」並未作認真的研究，對黑洞的各種物理參數的數值也沒有作詳細的計算，其實他們到現在為止都還沒有找出完整的計算黑洞各參數的準確公式。黑洞是經典理論的產物，只能從經典理論中找出正確公式來解釋和計算。而且，黑洞理論以前並不完善，只有在作者最近推導出來黑洞的霍金輻射 m_{ss} 與黑洞質量 M_b 的準確公式（1d）-- $m_{ss} M_b = hC/8\pi G = 1.187 \times 10^{-10} g^2$ 和（1e）後，黑洞理論才趨於完善，才能計算出黑洞的各種物理參數的精確數值。因此，他們都有意或者無意地用不適當的公式所計算出來的「黑洞」參數值是錯誤的，並非「真正的史瓦西引力黑洞」所應有的數值，從而混淆了「引力黑洞」與由高能量粒子和「高能量粒子團漿」形成的「火球」的原則性區別，而誤導了大眾的視聽。再者，也有某些實驗科學家有可能為達到自己的特殊目的而製造虛假的「人造黑洞」的新聞。

　　本文的目的在於用作者在第一篇 1-1 節中得出的一組正確的 5 個黑洞基本公式，計算出大小不同的史瓦西黑洞的 5 個正確參數-- M_b，R_b，T_b，m_{ss}，τ_b 的準確數值，使人們可一目了然地知道人類或許永遠也沒有能力製造出真正的「人造史瓦西（引力）黑洞」，而無須對聾人聽聞的「人造黑洞」謊言產生恐慌。

　　關鍵字：人造黑洞；真正的引力（史瓦西）黑洞；各種黑洞 M_b 在其視界半徑 R_b 上的參數；引力黑洞與非引力黑洞的區別；人類不可能製造出真正的「人造引力黑洞」。

　　前言：10 多年前，某些無知的俄羅斯科學家宣傳要製造名為「歐頓」（Otone）的人造迷你小黑洞。[1] 1 歐頓的質量約等於 40 個原子質量。即 1 Otone = $40 \times 1.67 \times 10^{-24}$ g $\approx 10^{-22}$g. 俄羅斯科學家阿力山大‧陀費芒柯（Alexander Trofeimonko）指出迷你小黑洞可以在實驗室內製造出來作為「黑洞炸彈」，可以殺死上百萬的人。它還說，50~60 年後，就是歐頓世紀。它還宣稱，迷你小黑洞在地球內部會引燃火山的爆發，在人體內會引起自燃的爆炸，等等。[1] 在 2001 年 1 月，英國的理論物理學家伍爾夫‧里昂哈特（Wolf Leonhart）宣佈他和他的同僚會在實驗室製造出一個黑洞。[1]

　　3/17/2005，BBS 的報告稱：位於紐約的布魯克海文國家實驗室（Brookhaven National Laboratory in New York）的相對重離子對撞機（RHIC —Relative Heavy Ion Collider）使 2 個金—核子以接近光速產生對撞所產生的「火球」與微小

黑洞的爆炸很相似。[2][3][4] 當金-核子相互撞成粉碎時，它們破碎成夸克和膠子微粒所形成的「高溫等離子漿球」，其溫度比太陽表面的溫度高 300 倍。[2][3][4] 「火球」的製造者霍納圖‧納斯塔斯教授（Prof. Horatiu Nastase of Brown University in Providence of Rhode Island）說，「我們計算出來孤立子（所謂的微小黑洞）的溫度達到了 175.76 MeV，與「火球」的實驗室溫度值 176MeV 相比較極其接近，其壽命大約為 10^{-24} 秒。」[2][3][4] 他說：「有一種不尋常的情況發生。火球所吸收的噴射的粒子比計算所預計的多 10 倍還多。」[2][3][4] 布朗大學的科學家認為「進入火球核心的粒子消失後，隨即作為熱輻射再出現，恰似物質墜入黑洞又以霍金輻射發射出來。然而，即使等離子漿球是一個黑洞，也不會造成威脅。因為在如此小的能量和距離的情況下，引力在一個黑洞中並非是統治力量。」[4] 附注：對上述實驗報告資料的詳細分析見下面 3-8-2 節。

英國著名的宇宙學家馬丁‧裡茲（Martin Reez）曾在他的名為《最後的世紀》一書中預言「人造黑洞」是地球未來 10 個最大災難中之頭一名。[2]

某些希臘和俄羅斯的科學家在 2003 年提出高能量宇宙射線在我們大氣中對粒子和分子的碰撞產生了無數短命的微小黑洞，其質量約為 10×10^{-6}g ，其壽命約為 10^{-27}s. 他們還指出，當 2007 年新的歐洲粒子物理實驗室的超級強子對撞機（The New Super Hardon Collider of European Particle-physical

Laboratory）成功地工作後，其極強大的能量將每天製造出成千上萬個微小黑洞。[5]

最近消息，2008-09-10：10:03:08。今日這台位於歐洲核研究組織（CERN）的機器--大型強子對撞機（LHC）實驗可能引發世界末日。英國《泰晤士報》網站：該項目的反對者認為，大型強子對撞機釋放出的超強能量可能會製造出一個黑洞，它要麼會吞噬地球，要麼產生一種「奇子」，能將地球變成一團「奇異物質」。[1][2]

附注：由於沒有發表對撞實驗結果的正式報告數據，現在無法對實驗置評。

所有上述所謂的「人造黑洞」都是假黑洞，是以訛傳訛的聳人聽聞。真正的「引力黑洞」不在於它能吸收什麼，發出什麼，而在於如何從其發出和吸收能量-物質的過程中判斷其是否是黑洞。甚至人體也能發射和吸收熱能呢。從第二篇2-8-1 節中的表二可知，（1）無論黑洞大小，它們本身是看不見的。只能由其發射的霍金輻射以判定其存在。（2）但是，真正的 $10^{-5}g$ ～ $10^{15}g$ 的微小黑洞只能發射（爆發）$10^{-5}g$ ～ $10^{-24}g$ 極高能的 γ-射線（它們的質量甚至大於質子）。而 M_{bm} =$10^{-5}g$ 的黑洞就有 10^{19} 個質子。（3）而宇宙中現今實際存在的恆星級黑洞，是人類永遠也沒有能力製造的，它們只能單個地發射現在人類尚無法測量到的微弱的霍金輻射 m_{ss}（引力波）。（4）按照本文的新黑洞公式計算，M_{bm}=$10^{-5}g$~100g 黑洞的壽命只有 τ_b=10^{-43}~10^{-19}秒的極短的壽命。就是說，即使這種小黑洞能被製造出來，它們也不能存活，而是立即爆炸成

為高能γ-射線。所以只有符合作者黑洞新理論 5 個公式參數的「發射γ-射線」隱形物體才是「真正引力小黑洞」。

3-8-1 任何違反黑洞 5 個普遍公式的高溫「火球」或者「粒子團」都非真實的史瓦西引力黑洞。

引力（史瓦西）黑洞在其視界半徑 R_b 上各個參數的 5 個基本守恆公式，任何違反這些公式的高溫「火球」或者「粒子團」都非真實的引力黑洞。

本文中所論證的黑洞只是無電荷、無旋轉、球對稱的真正引力黑洞，即史瓦西（Schwarzchild）黑洞。

按照前面第一篇 1-1 推導出來的完整的黑洞理論和 5 個基本公式如下：

（1）在黑洞視界半徑 R_b 上的 5 個參數 M_b、R_b、T_b、m_{ss}、τ_b 的 6 個基本公式變化決定了黑洞生長衰亡的規律。[6] 這是任何黑洞包括人造黑洞的本質屬性。凡不符合這些守恆公式者就不是史瓦西引力黑洞。

$$M_b = R_b C^2/2G = 0.675 \times 10^{28} R_b \tag{1a}$$

$$T_b M_b = (C^3/4G) \times (h/2\pi\kappa) \approx 10^{27} gk \tag{1b}$$

$$m_{ss} C^2 = \kappa T_b = Ch/2\pi\lambda_{ss} \tag{1c}$$

$$m_{ss} M_b = hC/8\pi G = 1.187 \times 10^{-10} g^2 \tag{1d}$$

$$M_{bm} = m_p = m_{ss} = (hC/8\pi G)^{1/2} g = 1.09 \times 10^{-5} g \tag{1e}$$

根據第一篇 1-5-1 節，霍金黑洞壽命 τ_b 的公式，

$$\tau_b \approx 10^{-27} M_b^3 \tag{1f}$$

根據(1a)式和球體公式 $M_b = 4\pi\rho_b R_b^3/3$， 可得出任何一個黑洞存在的新公式(1g)，

$$\rho_b R_b^2 = 3C^2/8\pi G = 0.16 \times 10^{28} g/cm^6 \tag{1g}$$

M_b—黑洞的總質-能量；R_b—黑洞的視界半徑， T_b--黑洞的視界半徑 R_b 上的溫度，m_{ss}—黑洞在視界半徑 R_b 上的霍金輻射的相當質量，ρ_b –黑洞平均密度，λ_{ss} -- m_{ss} 的波長，h—普朗克常數 $= 6.63 \times 10^{-27} g_* cm^2/s$， C --光速$= 3 \times 10^{10} cm/s$，G --萬有引力常數$= 6.67 \times 10^{-8} cm^3/s^2{}_* g$， 波爾茲曼常數 $\kappa = 1.38 \times 10^{-16} g_* cm^2/s^2{}_* k$，

結論：(A)公式(1d) 和 (1e)是作者最近推導出來的黑洞的新公式，由於有此 2 新公式，黑洞理論才能完善地計算出黑洞的各參數。其他的科學家們由於不知道此黑洞公式，所以才一知半解地將高溫「火球」當做真引力黑洞。(B)以上的各公式證明，微小黑洞的壽命 τ_b 是極短的，$10^{-5}g = M_{bm}$ 最小黑洞的壽命 $\tau_{bm} = 10^{-43}$ 秒，其密度$\rho_{bm} = 10^{93} g/cm^3$，而 $10g = M_{b0}$ 微小黑洞的壽命 $\tau_{bo} = 10^{-24}$ 秒，其密度$\rho_{bm} = 10^{80} g/cm^3$，這些都是人類能力永遠也達不到的。(C)不論是自然的史瓦西黑洞，還是人類幻想製造出來的「人造黑洞」，只要 M_b 相同，其它的參數 M_b ，R_b ，T_b ，m_{ss}，τ_b 都是絕對相等的，因他們都必須服從上面的所有公式。

（2）宇宙中不可能出現和存在任何黑洞 $M_{ba} \leq (M_{bm} = m_{ss}$

= $(hC/8\pi G)^{1/2}$ = m_p =1.09×10^{-5} g) [6] ，當然人造黑洞也不例外。因為黑洞不可能發射 m_{ss} > M_{bm} = 1.09×10^{-5} g 的霍金輻射，這違反 (1d) 式、測不准原則和公理，而且最小黑洞 M_{bm} 的密度、溫度已經達到宇宙的最高極限，其史瓦西時間和壽命已經達到宇宙的最短極限，所以任何 M_{ba} < m_p 的黑洞都不可能在宇宙中存在和出現。[6]

按照上面的公式，對最小黑洞 M_{bm}= m_{ss} = 1.09× 10^{-5}g 的參數計算數值為：R_{bm}=1.61×10^{-33}cm，T_{bm} =0.71×10^{32}k，ρ_{bm} = 0.6×10^{93}g/cm，史瓦西時間 t_{bm}= 其壽命 τ_{bm} = 5.37×10^{-43}s，

（3）對 3/17 /2005 BBC 有關「人造黑洞」新聞報導評論的結論：

從下面（2aa）式可見，兩個金核子以光速在紐約的 RHIC 上的對撞所可能產生的最大能量-質量值 ≈ 1.5×6.58×10^{-22}g = 9.87×10^{-22}g << M_{bm} = m_p = 1.09×10^{-5}g，根本不可能成為一個真正的引力（史瓦西）微小黑洞。人類也永遠不可能製造出來小於等於宇宙最小黑洞 M_{bm} = m_p = 1.09×10^{-5}g 的真正引力黑洞，因為 m_p 已經到達人類永遠無法探知的普朗克領域。以下還是要對 RHIC 上碰撞的資料作一些具體的分析、計算和解析，以與真引力黑洞作對比。

3-8-2　2 個金核子 Au 在 RHIC 上以接近光速 v 對撞後只能形成一個「火球」

對於一個具有速度 v 的粒子 m_o，其總能量 E 表示如下，m_o—粒子的靜止質量，假設 M_{oau}—一個金核子 Au 是由 197H 核子組成的質量，按照物理定律，

$$E = m_o v^2/2 + m_o C^2 \quad [9] \tag{2a}$$

$$2M_{oau} = 197H \times 2 = 2 \times 197 \times 1.66 \times 10^{-24}g = 6.58 \times 10^{-22}g = 9.87 \times 10^{-22}g \tag{2aa}$$

由 (2aa) 式，在 RHIC 上對撞產生「火球」所能達到理想的最大總能量 E_{au} 是，

$$E_{au}=2M_{oau}v^2/2+2M_{oau}C^2 \approx 3M_{oau}C^2=1.5 \times 6.58 \times 10^{-22} \times (3 \times 10^{10})^2=0.89erg=555 \times 10^9 \times 4.46 \times 10^{-26}kW*h=2.5 \times 10^{-14}kW*h=555GeV \tag{2b}$$

在不損失能量的理想情況下，粒子團「火球」可能達到的最高溫度 T_{au} 為，

$$T_{au} = E_{au}/\kappa = 0.89erg /1.38 \times 10^{-16} \approx 10^{17}k \tag{2c}$$

設 E_r 為 RHIC 發射 2 個金核子的對撞機所必須消耗的能量，

$$E_r > E_{au} = 555GeV (\approx 3 \times 185GeV=2.5 \times 10^{-14}kWh) \tag{2d}$$

於是，設 M_{bau} 是由上述 2 個金核子在 RHIC 對撞後產生

的微小黑洞的質量，即假設所產生的「火球」是一個微小引力黑洞，按照上面 3-8-1 節中的黑洞有關公式，可計算出該假「火球」的其它參數的數值如下，M_{bau} –「火球」黑洞的質量，

$$M_{bau} = 0.89/C^2 \approx 10^{-21}g \qquad\qquad (2e)$$

如果 M_{bau} 的「火球」是真正的史瓦西黑洞，則該黑洞的其它參數是，視界半徑 R_{bau}，視界半徑上的溫度 T_{bau}，黑洞的壽命 τ_{bau}，黑洞的平均密度ρ_{bau}是如下，

$$R_{bau}= M_{bau} /0.675\times10^{28}=1.5\times10^{-49}cm \text{；} T_{bau} = 0.77\times10^{48}k \text{；}$$

$$\tau_{bau} \approx 10^{-27} M_{bau}{}^3(s) \approx10^{-90}s \text{；}$$

$$\rho_{bau} = 3M_{bau}/(4\pi R_{bau}{}^3) \approx 0.7 \times 10^{125}g/cm^3 \text{；}$$

從公式(1c)， 黑洞解體時熱輻射的總能量應該達到，

$$E_{bau} = \kappa T_{bau}=1.38\times10^{-16}\times 0.77\times10^{48}k = 10^{32}erg \text{，}$$

從公式(1d)， 黑洞的霍金輻射 m_{ss} 應該是，

$$m_{ss} =1.187\times10^{-10}/9.87\times10^{-22} = 10^{11}g \text{，} \qquad (2f)$$

從(2e) (2f)，可見，$m_{ss} >>> M_{bau}$， $\qquad\qquad$ (2g)

（1）結論：從上面史瓦西微小黑洞 M_{bau} 所計算出來的其它各個參數 R_{bau}， T_{bau}， E_{bau} 和 τ_{bau} 的數值可以看出來，它們已經極大地超出(小於)普朗克領域的起始值，而深入到人類永遠無法知道和探測到的普朗克領域的內部，在普朗克領域是沒有黑洞的。因此，僅由(2g)可知，在 RHIC 上所產生的「火球」絕對不是一個真正的史瓦西微小黑洞。

按照測不准原理公式，$\Delta E \times \Delta t \geq h/2\pi = 1.056 \times 10^{-27}$ g∗cm²/s

驗　證　$M_{bau}C^2 \times 2R_{bau}/C = 10^{-21} \times 3 \times 10^{10} \times 2 \times 1.5 \times 10^{-49}$ ＝ 3×10^{-60} g∗cm²/s，

於是 M_{bau} $C^2 \times 2R_{bau}$ /C << $h/2\pi$，　可見，違反測不准原理的 M_{bau} 絕對不是一個真正的引力黑洞。

假設在 RHIC 製造出來的「火球」如 Nastase 教授所說，吸收了 10 倍多的噴射出來的粒子後，如果「火球」成為一個真正的史瓦西微小黑洞 M_{10}，其各個參數值相應地改變如下：令 $M_{10} = 10M_{oau}$，則，$M_{10} = 10M_{oau} = 10^{-20}$g；$R_{10} = 1.5 \times 10^{-48}$cm；$T_{10} = 0.77 \times 10^{47}$k，　$\tau_{10} \approx 10^{-87}$s.；可見 M_{10} 也完全不可能是一個真正的引力黑洞。

（2）可見，Prof. Nastase 根本不知道符合他製造的「微小黑洞」所應有的確定參數值，他探測到的「火球」的數值離開一個真正的史瓦西微小黑洞的數值相差極大，所以，吸收了物質粒子的「火球」也絕對不是一個真正的史瓦西微小黑洞。

（3）Prof. Nastase 所提供的計算資料是：「火球」被計算出來的溫度 $T_f = 176$MeV，相當於 2×10^8k，「火球」壽命僅 10^{-24} 秒。「火球」的表面溫度，$T_{sur} = 300 \times 5800$（太陽表面溫度）$\approx 1.74 \times 10^6$k，這些資料說明了什麼？現在驗證如下：

第一、在 RHIC 顯示的「火球」的壽命 10^{-24} s，按照公式(1f)，具有如此壽命的黑洞，其質量 M_{24} 應是，$10^{-24} \approx 10^{-27} \times M_{24}$ [3]，$\therefore M_{24} \approx 10$g. 而絕對不是「火球」的質量 $M_{bau} = 10^{-21}$g，顯然 M_{24} 是太大了。

那麼,「火球」的壽命 10^{-24}s 表示什麼意思?其意思就是表示由金核子組成的「火球」在 10^{-24}s 後解體消失了,而不是作為一個有更短壽命的黑洞而消失。而且真正的史瓦西微小黑洞的消失必然會產生極其強烈的爆炸和向周圍散開發射出高能量的 γ-射線爆,而不可能成為一個可以觀測到的「火球」。顯然,所謂黑洞消失的強烈爆炸特徵沒有被觀測到。「火球」相對安靜的消失而未產生 γ-射線爆表示,它遠未達到一個同等質量的真正微小引力黑洞所必須具有的高能量。

第二、Prof. Nastase 從碰撞實驗中計算出來的「孤立子」(即被 Nastase 教授稱之為黑洞)的溫度 176MeV 所表示的什麼意思?在人們的眼中看來,在 RHIC 上兩個金核子的碰撞似乎像兩個內部毫無間隙的由全部 197 個中子(質子)組成的金核子剛體之間的同時碰撞。其實,這是以宏觀世界的觀點來看微觀世界所造成的錯覺。而實際上,兩個以接近光速的金核子的碰撞只是其中的幾對的中子和質子中的某些極少數「夸克和膠子對」在不同的瞬間所產生的不連續的碰撞和糾纏,而它們之間的間隙是很大的,因此,在某一瞬間,實際上只有一對或幾對中子或質子在相距一定的距離,即約 10^{-13}cm(金內質子之間的距離)的情況下所同時發生的碰撞,而大部分其餘中子和質子是在其後陸續地被對撞機推向「火球」的供給物質而已,如能按時或提前進入「火球」,它會稍延長「發火」一會。

假設 E_{pk} 是金核子中一個夸克和膠子的動能,一個夸克和其膠子的質量是 $m_q = P_m/3$, P_m 是 1 質子質量。則 E_{qk} 為 2

個夸克碰撞時，就將全部動能轉變為熱能，這是不可能的。

首先，v 不可能完全 = 光速 C，所以，

$$E_{qk} = 2 \times m_q v^2/2 \approx m_q C^2/3 = 1.67 \times 10^{-24} \times (3 \times 10^{10})^2/3 = 5 \times 10^{-4}$$

erg $= 5 \times 10^{-4} \times 6.242 \times 10^{11} eV = 31.4 \times 10^7 eV = 314 MeV$ 　　(2h)

　　分析對 (2h) 式給以修正，$E_{qk} = 314 MeV$，如果 v = 0.98C，則 $E_{qk} = 302\ MeV$，如果 302 MeV 只有 0.6 的動能變為熱能，則 $E_{qk1} = 181\ MeV$。

　　可見，$E_{qk1}(=181\ MeV) \approx T_f\ (=176MeV)$（如上 Nastase 教授所計算的）。這完全表明，在對撞機上第一瞬間的真實對撞可能只有核子中的一對夸克，其餘的夸克對撞都是稍後陸續被順次纏繞和帶進出的，而後對撞的溫度會順次降低，以維持了「火球」短暫時間的表面高溫後熄火。

　　可見，Nastase 教授所計算出來的 176MeV 並不是他所稱的黑洞的溫度，只不過是金核子中一對接著一對的夸克和膠子在直接對撞中失去動能後部分轉變成高能熱輻射 $E_{qk1} \approx 176MeV$ 而計算出來的。而實際上被 Nastase 教授觀測到的高溫等離子漿球的「火球」溫度，是失去動能後的質子（粒子）們，在互相碰撞纏繞和摩擦運動期間，吸收熱能後所形成的平均溫度 T_{sur}，它等於 300 倍太陽表面的溫度，即 $T_{sur} = 300 \times 5800 = 1.74 \times 10^6 k$。所以在多對金核子的連續碰撞過程中，它們形成一個高溫熱輻射「火球」，所對應的輻射波長 λ_{sur}，

$$\lambda_{sur} = Ch/(2\kappa T_{sur}) = 3 \times 10^{10} \times 6.63 \times 10^{-27}/(2 \times 1.38 \times 10^{-16} \times 1.74 \times 10^6) = 1.3 \times 10^{-7} cm.$$

　　這就是說，根據「火球」的表面溫度，它所連續發射出

來的熱輻射應該是可見光或紫外線。由此可見,「火球」並不是一個真正的引力黑洞。

第三、假如「火球」是一個真正的引力黑洞,如上面所計算,它的壽命只能是 10^{-90}s,而不是如 Prof. Nastase 所觀測到的 10^{-24}s。它也不可能對人類造成任何傷害,因為它的壽命過分短暫,無法吸收外界物質而長大而有高能量,它只能以光速飛行 10^{-80}cm 的極短距離後解體消亡。而 Prof. Nastase 所觀測到的「火球」的壽命是 10^{-24}s,因為它只能以光速飛行 10^{-14} cm 的距離,而這正是金核子中相鄰的質子或中子之間的距離約 10^{-13} cm,也近似 2 相鄰夸克之間的距離。

結論:(1)這表明一對碰撞後的金夸克(中子或質子)所形成的「火球」在其鄰近 10^{-13}cm 的距離內,周圍大約有 8~10 對中子或質子貼近最初對撞的夸克和膠子對可被吸收進「火球」,這就是「火球」只能吸收 10 倍噴射粒子的原因,在這 10 個之外的中子或質子的碰撞動能因逐漸減少,即使對撞,也達不到「火球」的高溫。因此「火球」只能熄火。也就是說,「火球」並沒有能夠將發生對撞的那 2 個金核子中的所有的 2×197 個質子或中子全部吸收,而這需要遠多於 10^{-24} s 的時間。

至於另外金核子(金原子),由於與發生碰撞的那對金原子之間的距離約為 10^{-8} cm,因此,「火球」的壽命至少需要達到是 10^{-18}s 才能從另外的金原子中吸取中子與質子而長大,所以只能在吸收 10 來個中子後在 10^{-24}s 內消失。

(2)這個吸收周圍 10 來個中子而長大的「火球」絕不

是黑洞，也永遠不可能成長為一個黑洞。因為它的密度離一個同等質量的真正引力黑洞的密度（$0.7×10^{125}$g/cm^3）相差乃天壤之別，不可能在吸收成百上千個質子後就塌縮成為一個真正引力黑洞。即使人類能在對撞機上在真正嚴格的同時以光速供給「火球」10^{17}個質子，並使「火球」能在真正的同一瞬間吸收這麼多個質子而形成一個 10^{-5} 克的宇宙最小引力黑洞的話，根據上面的計算，其壽命也不過是 10^{-43} 秒，它也不可能持續地吸收其外界物質而長大，因為它的壽命還是太短了。因此，在 RHIC 對撞機上兩個金核子對撞所產生「火球」絕對不是一個微小的真正引力黑洞。因為「火球」熱輻射的可見性、低溫度、長壽命和安靜的消失，等都不符合一個微小的真正引力黑洞所表現出的特性。

（3）從公式(2b)可見， 如果在 RHIC 上所製造出來的是一個人造黑洞炸彈，它的爆炸的總能量充其量也只有 $E_{au}=555$GeV，這是發射金核子對撞機輸出端所需的能量，而整個對撞機所耗費的能量應該大於 $10E_{au}$ 吧。真正的微小黑洞只有在它吞噬大量的外界質能長大後，才能爆發出巨大的能量。而「假黑洞」的「火球」，根本無法吞噬進外界的質能，怎麼能長大成為大能量的黑洞炸彈呢？所以製造成「假黑洞」的「火球」，只能是得不償失的買賣，也是忽悠人們的神話。

（4）假設 M_{bau} 是真正的引力黑洞，它的壽命按霍金公式計算只有 10^{-90}s 。如果將其作為一個基本粒子來看，其湮滅的康普頓時間 Compton Time $t_c \leq t_s$，由(1a)式，$t_s = R_{bau}/C = 2GM_{bau}/C^3 = 2×6.67×10^{-8}×9.87×10^{-22}/27×10^{30} = 4.87×10^{-60}$s.

　　由此可見，如果「火球」 M_{bau} 是一個微小引力黑洞，它的壽命應該小於 10^{-60}s，而 Nastase 教授所觀測到「火球」的壽命卻長達 10^{-24}s，可見，「火球」完全不是微小引力黑洞。因此，作為微小引力黑洞的「火球」如果要長大，它最多只能吸收在其週邊 $10^{-60} \times C = 3 \times 10^{-50}$cm 以內的能量-物質。如果是向黑洞「火球」噴射能量-物質，也必須在其生存的時間 10^{-60}s 之內達到。人類現在和未來所製造出來的對撞機能夠達到這種要求嗎？人們最多只能在每間隔 10^{-24} 秒內每次送給「火球」8~10 個氫原子。可見人類永遠也無法達到製造出「人造黑洞」的目的。

　　（5）至於俄羅斯科學家所宣稱的迷你黑洞 Otone 更不可能被人為地製造出來，因為一個 Otone 的質量是一個金核子的 1/5，如成為黑洞，其壽命比金核子所能製成的黑洞還要短命，其密度和溫度比金核子「假黑洞」還要高得多。

　　（6）那麼，人類在未來能否在極強大的對撞機上製造出來 $M_{bm} = 10^{-5}$g 的宇宙中「最小的引力黑洞」呢？[6][7] 因這種 M_{bm} 黑洞只存在於我們宇宙誕生的瞬間，而且我們宇宙是由極大量的這種黑洞組成和碰撞後膨脹而來。[6] 如果人類能夠製造出大量的 M_{bm} 最小黑洞，就是在製造第二個宇宙了，這也許是上帝絕對無法容忍的。關鍵在於微小引力黑洞的壽命極度短暫而密度極大。$M_{bm} = 10^{-5}$ g 的壽命只有 10^{-43} 秒，其密度達到 10^{93}g/cm^3。比 $M_{bm} = 10^{-5}$ g 更小的引力黑洞不可能出現並存在，因其壽命必須更短，密度必須更大。

　　而在小於 $M_{bm} = 10^{-5}$g 黑洞的領域已經深入到普朗克量子

領域，在這個領域，時空是不連續的，能量和物質等都已量子化，只服從測不准原理。廣義相對論在普朗克量子領域是失效的，而根據廣義相對論得出的黑洞觀念也會跟著失效。[6][7][10]在小於等於普朗克尺寸 $L_p = 10^{-33}$ cm 的領域，也許是人類永遠也無法觀測到的領域，更無可能製造出在小於等於 10^{-33} cm 普朗克尺寸的黑洞了。

（7）總之，由於 RHIC 和世界各國的科學家們還不知道作者推導出來的新公式(1d)和故意不採用霍金壽命公式(1f)。他們自己又沒有推導出來正確的公式，以計算出引力（史瓦西）黑洞 4 參數 M_b, R_b, T_b, m_{ss} 和其它參數之間的準確公式，從而也就不知道計算出各參數的準確數值，只能憑他們的錯覺和想像去估計和判斷是否為黑洞了。

（8）從 3/17/2005，BBS 的報告稱：在位於紐約的布魯克海文國家實驗室的相對重離子對撞機（RHIC）上，使 2 個金-核子以接近光速產生對撞所產生的「火球」與微小黑洞的爆炸很相似以來，已經 10 年，毫無對撞出微小黑洞的任何消息，可見，在 RHIC 上，根本對撞不出任何微小黑洞。

3-8-3　人類也許永遠無法製造出來一個小黑洞 $M_{bn} > M_{bm} = 1.09 \times 10^{-5}$ g 最小黑洞

從上面 3-8-1 節黑洞的普遍公式可以看出，不管是自然或者人造的史瓦西黑洞，只要其質量 M_b 相同，其它的所有參數 R_b, T_b, m_{ss}, t_s, τ_b, ρ_b 等的數值都是完全相等的。這就是黑

洞的同一性。[6][7] 在上面幾小節，已經初步論證了人類根本無法製造出微小黑洞 $M_{bl} \leq M_{bm} = 10^{-5}$ g，因為其壽命必須小於 10^{-43} s，其密度必須大於 10^{92} g/cm^3，其視界半徑必須小於 10^{-33} cm。這是人類無法達到的。

（1）如果人類要想製造出一個微小引力黑洞 $M_{bn} \geq M_{bm} = m_p = 10^{-5}$ g，必須解決下列也許永遠無法解決的難題。

從前面第一篇第二篇可知，普朗克粒子 $m_p = M_{bm}$ 最小黑洞，只能出現在我們宇宙誕生的瞬間，是我們宇宙之外之上的「大宇宙」大自然創造的產物。人類不可能創造和複製一個我們過去存在過的原生宇宙。而存在於我們宇宙中的恆星級黑洞 $M_{bs} \approx 3M \approx 6 \times 10^{33}$ g 是我們宇宙空間超新星爆炸的產物，人類也永遠無法複製。

因此，人類如想製造出來一個微小黑洞 $M_{bn} > M_{bm} = 1.09 \times 10^{-5}$ g，必須有能力至少解決以下 3 個重大問題：A、微小黑洞 M_{bn} 的高密度與短壽命問題，B、在足夠短的時間內供給 M_{bn} 足夠多的能量-物質使其長大的問題。C、製造 M_{bn} 的對撞機能供給足夠大的能量問題。

（2）先來看看對撞機的能量問題

其實，製造微小黑洞 M_{bn}，歸根到底的先決條件是對撞機能不能供給無限大或者人類所需要的足夠大的能量。前面所述，紐約 RHIC 上的對撞金粒子現在的輸出能量根據（2b）式僅是 $E_{au} = 0.89$ erg $= 555$ GeV。2012 年 7 月 4 日，歐洲核子研究組織（CERN）宣佈，大型強子對撞機（LHC）探測到質量為 126.5GeV 的新玻色子。而最小黑洞 $M_{bm} = 1.09 \times 10^{-5}$ g 的

能量就達到 10^{19}GeV。就是說，要製造出來一個 M_{bm}，對撞機末端的瞬間輸出能量最低限度要達到 10^{19}GeV。從 126.5GeV 到 10^{19}GeV 對撞機能量還需要增大 10^{17} 倍。

這裡須注意 2 點：第一、對撞機消耗的總能量可能高於上述能量的 10 倍以上。第二、假設製造 M_{bn} 的過程需要對撞機工作 1 小時，這對撞機的能量消耗大致有多大呢？請看中國大陸 2008 年全年的的發電量是 34334 億 kWh，折合全國每小時發電量是 $4×10^8$kWh. 美國 2006 年全年的的發電量是 42630 億 kWh，折合全國每小時發電量是 $5×10^8$ kWh. 這就是說，對撞機工作 1 小時製造出一個 15 克的微小黑洞 M_{bn} 所需的能量，約等於上述中美各國全國每小時的耗電量。

3-8-4 對撞機製造出來一個多大的微小黑洞 $M_{bn} \geq M_{bm}$，才能長久地存活下去？

現在暫時不考慮對撞機的能量問題。從理論上講，給對撞機供給與需要製造出來的微小黑洞 M_{bn} 相同密度的物質，就可以補賞該黑洞因發射霍金輻射而造成的損失，使 M_{bn} 繼續成長下去。但是從最小黑洞 $M_{bm}=1.09×10^{-5}$g 到 $M_{bo}=10^{15}$g 的密度是從 10^{92}g/cm^3 ~ 10^{52}g/cm^3（但如果宇宙中或者能製造出於這種密度相同的物質，就根本無需對撞機了）。如此高的密度的物質是人類無法製造出來的。因此，下面用另外的方法估算需什麼樣的物質才能使製造出來的微小黑洞 M_{bn} 長大？

（1）前面已經講過，人類根本製造不出一個微小黑洞 $M_{bn1} = 1.09 \times 10^{-5}g= M_{bm}$（最小黑洞）。而小於 1.09×10^{-5}g 的黑洞已進入普朗克領域，不可能存在。

請看最小黑洞 M_{bm} 各種物理參數值： $R_{bm} = 1.61 \times 10^{-33}$cm； $T_{bm}=0.71 \times 10^{32}$k； $\rho_{bm}=0.6 \times 10^{93}$g/cm^3； $\tau_{bm} \approx 10^{-43}$s；能量 $E_{bm}=10^{19}$GeV；

上面任何一項黑洞 $M_{bn1} = M_{bm}$ 的參數值，人類都永遠無法造出來。

（2）能否製造出來一微小黑洞 M_{bn2}，使其壽命 $\tau_{bn2} > 10^{-24}$s？果能如此，或可供給該微小黑洞金屬原子使其長大。

我們知道，各種穩定的金屬元素中，其鄰近質子中子之間的距離 $d_p \approx 10^{-13}$cm，光通過 d_p 所需的時間 $t = d_p/C \approx 10^{-24}$s. 如果能製造出來一個微小黑洞 M_{bn2}，使其壽命 $\tau_{bn2} > 10^{-24}$ s，人類供給它如金子，它能否存活長大？

按照 (1f)式 $\tau_b \approx 10^{-27} M_b{}^3$，如 $\tau_{bn2} > 10^{-24}$s，則 $M_{bn2} =10$g，則其視界半徑 $R_{bn2} = 2GM_{b12}/C^2=1.5 \times 10^{-27}$cm，而 M_{bn2} 有 $10/1.66 \times 10^{-24} = 10^{25}$ 個質子。因此，

$$R_{bn2}(=1.5 \times 10^{-27}\text{cm}) << d_p (10^{-13}\text{cm}) \tag{4a}$$

可見，當黑洞 M_{bn2} 緊貼一個金子中的質子而吸收後，距離其最近的另一個質子是太遠了，需要時間 $t_{n2} =(10^{-13}--2 \times 1.5 \times 10^{-27})/C$ 才能吸收到，而此時 M_{bn2} 因長時間得不到物質的補充，發射大量霍金輻射後，已接近最後死亡，即使能再補充質子，已經無濟於事了。

結論： $M_{bn2} = 10$g 的微小黑洞太小，即使製造出來，也無

可能長大。

（3）假設取微小黑洞 M_{bn3} = 20g 又如何？假定金質子之間的距離 $d_p = 10^{-13}$ cm，

首先，M_{bn3} 的壽命 $\tau_{bn3} = 10^{-27} \times 20^3 = 8 \times 10^{-24}$s，$M_{bn3}$ 吸收其附近另外 4~10 個質子或中子所需時間 t_{n3} = d(= 10^{-13})/C=3.34×10^{-24}s， 在 t_{n3} 時間內 M_{bn3} 因發射霍金輻射而減少了多少質量呢？按照(1f)，$\tau_b \approx 10^{-27} M_b^3$

$$d\tau_b \approx 3 \times 10^{-27} M_b^2 dM_b \qquad (4b)$$

在 $d\tau_b = t_{n3} = 3.34 \times 10^{-24}$s 時，由(4b)式，$dM_b = 2.8$g，

而吸收附近的 4~10 個質子僅 $10p_m = 10 \times 1.66 \times 10^{-24} = 1.66 \times 10^{-23}$g　　　　　　(4c)

可見，$dM_b(=2.8g) \gg 10p_m(1.66 \times 10^{-23}g)$.

結論：微小黑洞 M_{bn3}=20g 即使被製造出來，也絕無可能長大。

（4）假設取微小黑洞 M_{bn4} = 700g 又如何？

計算方法如同上節，可得，$\tau_{bn4} = 10^{-27} \times 700^3 = 3.4 \times 10^{-19}$s，$d\tau_b = 3.34 \times 10^{-24}$s 時，$dM_b = 0.5 \times 10^{-3}$g. 可見，$dM_b(=0.5 \times 10^{-3}g) \gg 10p_m (=1.66 \times 10^{-23}g)$ 。

結論：微小黑洞 M_{bn3} = 700g 即使被製造出來，也絕無可能長大。

（5）假設取微小黑洞 M_{bn5} = 10^{10}g 又如何？

計算方法如同上節，可得，$\tau_{bn4} = 10^{-27} \times 10^{30} = 10^3$s，$d\tau_b = 3.34 \times 10^{-24}$s 時，$dM_b = 10^{-17}$g. 可見，$dM_b(=10^{-17}g) \gg 10p_m (=1,66 \times 10^{-23}g)$。

結論：微小黑洞 $M_{bn5} = 10^{10}$g 即使被製造出來，也絕無可能長大。

（6）假設微小黑洞 $M_{bn6} = 10^{14}$g 又如何？

計算方法如同上節，可得，$\tau_{bn4} = 10^{-27} \times 10^{42} = 10^{15}$s $= 3 \times 10^{7}$ 年，在 $d\tau_b = 3.34 \times 10^{-24}$s 時，$dM_b = 10^{-25}$g. 可見，$dM_b(=10^{-25}g) < 10p_m$ $(=1.66 \times 10^{-23}$g$)$.

結論：微小黑洞 $M_{bn6} = 10^{14}$g 如果被製造出來，它可能在人類供給它普通金屬時長大。

問題在於人類不可能製造出如此巨大的對撞機，能將 10^{14}g 的物質放在對撞機生對撞。

（7）我們知道，$d_p = 10^{-13}$cm 是原子核的直徑，是元素中鄰近質子中子之間的距離，也是中子星中鄰近質子中子之間的距離。如果能夠製造出一個微小黑洞 M_{bn7}，令其視界半徑 $R_{bn7} = d_p = 10^{-13}$cm，則 M_{bn7} 一定能夠長大，$M_{bn7} = $ ？

按照（1c）式，$M_{bn7} = C^2 R_{bn7}/2G = 0.7 \times 10^{15}$g，

其壽命 $\tau_{bn7} = 10^{-27} \times 0.3 \times 10^{45} = 0.3 \times 10^{18}$s $= 100 \times 10^{8}$ 年 ≈ 100 億年 $\approx$ 宇宙年齡。

可見，$M_{bn7} = 0.7 \times 10^{15}$g $= M_{bo}$—即宇宙的「原初宇宙小黑洞」，它當然能夠存在和長大。

（8）按照霍金的見解，即使一個 $M_{bn7} = M_{bo} = 10^{15}$g 的微型黑洞落入太陽中心，太陽也不會被這個小黑洞吃掉，小黑洞的直徑是 10^{-13}cm，與太陽內核子的直徑一樣。小黑洞可以在原子裡存在很長的時間而沒有任何可被覺察的影響。事實上，被黑洞吞噬的太陽物質在消失之前會發出很強的輻射，

輻射壓對外部物質的推斥作用將限制黑洞的增長速度。被吞噬的物質流與被釋放的能量流相互調節，使得黑洞周圍區域就像一個極其穩定的核反應爐。這個有著「黑心」的太陽將平靜地繼續著它的主序生涯，很難察覺到它的活動有什麼改變。[1][3]

對上述霍金所說的 $M_{bo}=10^{15}$g 小黑洞進行驗算。根據（1d）式， m_{ss} M_b = $hC/8\pi G$ = 1.187×10^{-10} g^2，M_{bo} 的霍金輻射 m_{ss} 的相當質量 $m_{ss}\approx 7\times10^{-24}$g $\approx$ P_m=太陽內質子的質量。再看其壽命 $\tau_{bo} = \tau_{b7} > 100$ 億年。

而 $d\tau_{bo} = 3\times10^{-27} M_{bo}^2 dM_{bo}$，令 $dM_{bo}= m_{ss}$，則發射一個 m_{ss} 所需的時間 $d\tau_{bo}\approx 10^{-20}$s，也大概 $\approx$ M_{bo} 從太陽內部吸進一個質子的時間。可見，霍金的說法是符合黑洞的規律的。就是說，如果考慮到黑洞在吞噬其周圍的外界物質而產生的高溫對外部物質的推斥作用，即使製造出一個 $M_{bo} = 10^{15}$g 的人造黑洞來 ，它也不可能長得更大，即使其外面太陽停止供給它物質，其壽命 τ_{bo} 還可達到 100 億年。

3-8-5 進一步的分析和結論如下。

（1）如霍金所說，連如此大和長壽命的微小黑洞 $M_{bo} = 10^{15}$g，即使製造出來也無法長大，只能不斷縮小經約 100 億年後消亡。黑洞愈小，溫度就愈高，對外界附近粒子的排斥力就愈大，愈難吸收外界物質而長大。那些極短壽命的微小黑洞，從上面的微小黑洞 $M_{bn1} \sim M_{bn7}$ 即便能夠製造出一個來，

也只能是「不幸短命而死已」，而根本無法長大的。

（2）大自然的偉大力量都無法使任何 $M_{bm} < 10^{-5}g$ 的黑洞在宇宙中出現，渺小的人類怎可能有製造如此微小黑洞的力量呢？而質量 $M_{bm} = 10^{-5}g$ 是宇宙誕生時所可能存在過的最小黑洞，我們現在的巨無霸宇宙就是誕生於無數的這種最小黑洞的碰撞和合併。[6][7] 如果能製造出這種黑洞就等於複製出來了新原始宇宙。[6][7] 而從最小黑洞 $M_{bm} = 10^{-5}g$ ~ 微小黑洞 $M_{bo} = 10^{15}g$，這類小黑洞只存在於我們宇宙誕生的早期，隨著宇宙的膨脹而消失殆盡，不可能殘存到現在。[6][7] 如上所述，人類也許永遠也無法製造出來任何大於 M_{bm} 的這類微小黑洞 M_{bn}，它們也只能是大自然力量的制造物。

（3）關鍵的問題還在於：任何黑洞的形成都是能量-物質的集中、收縮和塌縮過程，表現為密度快速增加的結果。而在對撞機上物質粒子的對撞過程如果不能在第一次碰撞中成為「微小黑洞」，許多粒子高速碰撞後就只能是反彈、飛濺和擴散的能量-物質的損失和高溫排斥的過程，而碰撞所產生的高溫「火球」必定向外大量地輻射能量。因此，在對撞機上投入的物質再多，也只能製造出稍大一點的「火球」而已，無法做到使碰撞後的能量-物質不損失而產生收縮使其密度極快速增加而成為黑洞。

（4）最不可能辦到的是，對撞機上所對撞的金屬的原子之間有 $10^{-13}cm$ 的距離，粒子需要以光速 C 經過 $10^{-24}s$ 才能達到下一次碰撞，而實際上對撞機上準確同時對撞的原子僅能有幾對。最小黑洞 M_{bm} 所需原子數 $n_a=10^{-5}/1.67 \times 10^{-24}=10^{19}$

個,其壽命僅僅是 10^{-43}s,即使金屬的原子能夠產生連續的碰撞,而 2 次碰撞之間的間隔時間需 10^{-24} 以上,僅這一條限制,就使得人類根本無法製造出一個微小黑洞而使其有可能長大。因此,如果人類無法供給極高密度的物質粒子,就是無論有多麼巨大能量的對撞機,也無可能使微小黑洞繼續存在和長大。

(5)直到現在,人們尚無法探測到大黑洞的霍金輻射,因為存在於現今宇宙空間的最小黑洞是恆星級黑洞(質量約 3×10^{33} 克),其霍金輻射是太微弱的引力波,而現在探測不到。而微小黑洞只間斷地發射單個的 γ-射線,所以對撞機上的任何「火球」絕對不是「微小黑洞」。因此,凡是宣稱製造出 $M_{bu} < 10^{-5}$g「火球」為黑洞的科學家們都是在製造忽悠大眾的聳人聽聞,他們根本不知道所有黑洞參數之間的真正公式,更不知道作者最近提出的的新公式(1d)和(1e)。他們所製造的不是真引力黑洞。既然「火球」不是黑洞,「火球」之間由於高溫而互相排斥使它不可能吸收到它鄰近物質時,它只能在 10^{-24}s 左右時間內消失。

(6)另一關鍵在於:人造黑洞需要極巨大的能量。人類現在製造出來的對撞機的能量比對撞出一個最小黑洞 M_{bm} $=10^{-5}$g 所需的能量還要小 10^{17} 倍,如能製造一個 10~1000 克的微小黑洞所需的對撞機,其能量將比現在的對撞機要大 10^{23}~10^{26} 倍,人類在相當遠的未來也未必能夠製作出來。

(7)因此,如要做到使許多能量-物質不損失而收縮成為微小黑洞,其它的辦法可能是用極高的壓力壓縮一團物質,

而不是用物質的高速對撞。但是製造微小黑洞所需的高壓也是人類永遠無法達到的，正如製造微小黑洞所需的巨大能量的對撞機是人類永遠無法作到的一樣。(5a)式是物質粒子團受外壓力的公式，

$$P = n\kappa T = \rho\kappa T/m_{ss} \quad [6][9] \qquad (5a)$$

看看大自然產生的壓力吧。太陽中心的密度約$=10^2 g/cm^3$，其壓力已經達到約 10^{11} atm，新星和超新星爆炸時，對其殘骸密度約$=10^{15} g/cm^3$，其產生的內壓力至少要達到約 10^{24} atm，殘骸才能被壓縮成為中子星。而要製造一個 $M_{b1}=700g$ 的微小黑洞，其密度必須達到 $1.7\times10^{73} g/cm^3$；由上面可推算出其壓力至少需達到 10^{64} atm。如果要想製造出來一個最小黑洞 $M_{bm} = 10^{-5}$ 克，其密度 $10^{93} g/cm^3$，所需的壓力至少要達到 10^{84} atm，這相當於將整個宇宙的物質-能量壓回到成為一個 $R = 10^{-13} cm$ 的質子，所需要的極高的壓力是人類永遠也無法達到的。

（8）可見黑洞只能是大自然偉大力量的產物。所有各國科學家所宣稱或者宣傳製出「小於 $10^{-5}g \sim 10g$ 的人造黑洞」的消息，都是聳人聽聞或者別有用心的假消息，是對非專業大眾的誤導或欺騙，因為他們現在還不知道計算黑洞的物理參數的正確公式 (1a)~(1f)。

參考文獻：

1. Micro BHs existed in earth everywhere. Weapon
   made by a micro BH could kill a billion people.
http://www.seawolfnet.com/forum/recommend-show.php3?id=5
566&page=&history-url　12/18/2002

2. 大紀元時報，3/25~27/2005，P.O.Box 381426，
Combridge，MA 02238-1426

3. Horatiu Nastase: The RHIC fireball as a dual black hole，
Http://arxiv.org/abs/hep-th/0501068

4. BBC NEWS | Science/Nature | Lab fireball 「may be black
hole」，
Thursday 17 March，2005。11:30 GMT
http://news.bbc.co.uk/1/hi/sci/tech/4357613.stm

5. Scientists proposed that there would be countless short-lived
micro BHs in atom-phere of our earth.
http://tech.sina.com.cn/other/2003-12-15/1811268554.shtml

6. 張洞生：本書的第一篇。

7. 蘇宜：《天文學新概論》。華中科技大學出版社。2000 年 8
月。

8. 王永久：黑洞物理學；湖南師範大學出版社。中國，2000。

9. 向義和：大學物理導論清華大學出版社，北京。中國。1999

10. 約翰&格裡賓：大宇宙百科全書。
ISBN 7-5443-0145-1，海南出版社，中國，2001，9。

11. 何香濤：觀測宇宙學，科學出版社. 北京，中國.2002。

12.http://discover.news.163.com/08/0910/10/4LFKB6HS00012
5LI.html

13.約翰-皮爾•盧米涅：《黑洞》。湖南科學技術出版社，2000。

3-9 一個猜想：宇宙的加速膨脹可能是我們宇宙黑洞在早期與另一宇宙黑洞的碰撞和合併所造成的

諾瓦爾：「理論研究就像釣魚，你不知道水中有什麼，只有投杆，才可能有收穫。」

內容提要：在1998年，由美國加里福裡亞大學的勞侖斯伯克萊國家實驗室的Saul Perlmutter教授和澳大利亞國立大學的Brain Schmidt所分別領導的兩個小組，通過對遙遠的Ia型超新星爆炸的觀測，發現了我們宇宙的加速膨脹現象。他們指出那些遙遠的星系正在加速地離開我們。他們因此獲得了2011年的諾貝爾物理學獎。[3] 現在，主流科學家們認為我們宇宙的加速膨脹是由於宇宙中存在具有「排斥力和負能量的神秘的暗能量」所造成的。其中一些科學家們正為獲得以後的諾貝爾獎而努力尋找這種暗能量。特別是，我們宇宙誕生於137億年前，那時暗能量並沒有隨宇宙誕生而出現，而暗能量卻是在大約50億年前才蹦出來的。[3] 究竟什麼是暗能量呢？現在還無人知道。中國科技大學物理學教授李淼就幽默地說過：「有多少個暗能量的學者，就能想像出多少種暗能量」。[3]那麼，我們宇宙的加速膨脹就只能用具有排斥力和負能量的神秘的暗能量來解釋嗎？這種解釋的依據合理嗎？本文的目的在於，按照黑洞的原理和其本性，論證任何一個黑

洞的膨脹產生於吞噬外界的能量—物質和與其它黑洞的碰撞，它所吞噬的能量-物質愈多愉快，就膨脹得愈快。對我們宇宙的加速膨脹現象，作者試圖用我們宇宙黑洞和另一個宇宙黑洞在其早期的碰撞和合併來解釋[1]。雖然本文中的論證（非證明）可能相對地簡單，但也許比現有的其它各種理論更為合理，而非故弄玄虛。

> 關鍵字：宇宙黑洞；宇宙的加速膨脹；暗能量；有排斥力或有負能的暗能量；宇宙黑洞的碰撞和合併；多宇宙（平行宇宙）的存在。

3-9-1 我們宇宙早期的加速膨脹證實了多宇宙（平行宇宙）真實存在的可能性。

　　1998 年新近的觀測表明，宇宙的加速膨脹並不是隨宇宙的誕生而出現，而是在宇宙誕生後約 87 億年才蹦出來的。如果由於所謂的「暗能量」的出現造成了宇宙的加速膨脹，這就清楚地表明。這就是多宇宙存在的強有力的證據。況且，「近來，在我們的宇宙空間，發現了許多超巨型黑洞，一個超巨型黑洞的質量約等值於$(10^7 \sim 10^{12})$ M_θ--太陽質量。據此計算，該黑洞的平均密度 $\approx$ 0.0183 g/cm^3 」。這些超巨型黑洞往往處於星系的核心地位，其中或許會有一些恆星及其行星系統存在於該黑洞內的邊緣，而這種黑洞的週邊還可能有太多的能量-物質可供吞噬使其不斷地長大。或許十多億年之後，就可能有智慧生物出現在其內的某些恆星的行星上。而他們將無

法知道他們本黑洞外面的世界。這就是說，甚至在我們同一個宇宙的不同星系內，不同的超巨型黑洞內的智慧生物之間也無法互通信息。因為每一個黑洞就是一個完全獨立的宇宙。幸好我們太陽系現在不在銀河中心的超級黑洞內（銀河中心黑洞太小，不可能存在恆星行星系統）。否則，我們連整個銀河系都無法知道，更不會知道我們現在整個的宇宙了。

可見，我們宇宙內各巨型黑洞之間的關係，是和我們宇宙與其它宇宙之間的關係的一個縮影。因為我們宇宙一直就是一個真實的超級巨無霸黑洞。[1] 上述我們宇宙中的某些星系包括其中的巨型黑洞，或可與其它的星系和黑洞相碰撞。同樣的道理，我們這個宇宙黑洞也很可能和其它的平行宇宙黑洞發生碰撞。而且，在我們宇宙這個真正的巨無霸黑洞內，除了有許許多多星系核心的巨型黑洞外，廣大的宇宙空間還套著許多恆星級黑洞。那麼，在我們宇宙黑洞之外，也許有比我們宇宙黑洞更大更多的黑洞一層一層地套著，或者平行於我們宇宙而存在著。只是由於受宇宙年齡和黑洞視界的限制，我們看不見而已。同時，我們宇宙在生成時，總質量的尺寸只有現在一個原子直徑大小 10^{-13}cm 的「宇宙包」，當時同時生成的定會有許多大小不同的其它的「宇宙包」像葡萄株一樣生成，不可能只生出一個唯一的我們「宇宙包」。原初多「宇宙包」的存在可能會造成後來我們宇宙黑洞與其它宇宙黑洞之間的碰撞和合併，這才是多宇宙的真實概念。

美國北卡萊羅納大學教堂山分校理論物理學家勞拉・梅爾辛・霍頓 （the U.S. University of North Carolina at Chapel

Hill，theoretical physicist Laura Mersin Horton）早在 2005 年，她和卡耐基梅隆大學的理查德・霍爾曼教授提出了宇宙大爆炸誕生時，背景輻射存在異常現象的理論，並估計這種情況是由於其他宇宙的重力吸引所導致。2014 年 3 月，歐洲航天局公佈了根據普朗克天文望遠鏡捕捉到的資料繪製出的全天域宇宙微波背景輻射圖。這幅迄今為止最為精確的輻射圖顯示，目前宇宙中仍存在 138 億年前的宇宙大爆炸所發出的輻射。霍頓在接受採訪時說：「這種異常現像是其他宇宙對我們宇宙的重力牽引所導致的，這種引力在宇宙大爆炸時期就已經存在。這是迄今為止，我們首次發現有其他宇宙存在的切實證據。」[2]

3-9-2 「暗能量」的提出，必須符合我們宇宙平直性的要求和當今較準確的觀測值（$\Omega = 1.02 \pm 0.02$）

「暗能量」概念是怎樣提出來的。任何對宇宙加速膨脹解釋的理論，必須符合我們宇宙平直性的要求和當今較準確的觀測值（$\Omega = 1.02 \pm 0.02$），才有可能正確。而只有本文後面用宇宙黑洞之間碰撞合併的解釋才符合此要求。「有排斥力的暗能量」和所有其它理論都解釋不了我們宇宙的平直性。

愛因斯坦的廣義相對論場方程如下：

$$G\mu v = T\mu v + \Lambda g\mu v \qquad [4] \qquad (2a)$$

$G\mu v$ 是描述時空幾何特性的愛因斯坦張量。$T\mu v$ 是物質

場的能量-動量張量。$\Lambda g\mu\nu$ 是宇宙學項。其中 Λ 被譽為宇宙學常數。$\Lambda g\mu\nu$ 具有排斥力，它是愛因斯坦為了保持我們宇宙中引力和斥力的平衡，後來才加進去的。[4]

為了便於分析，$T\mu\nu$ 可分為下面三項：

$$T\mu\nu = T^1\mu\nu + T^2\mu\nu + T^3\mu\nu \qquad (2b)$$

按照當今的較準確的觀測和理論計算，$T^1\mu\nu \approx 4\%\ T\mu\nu$，[3] $T^1\mu\nu$ 代表可見的有引力的普通物質，如星星、星際間物質等。根據對許多星系旋轉速度分佈的觀測和理論計算，$T^2\mu\nu \approx 22\%T\mu\nu$，[3] ie, $T^2\mu\nu \approx (5 \sim 6)\ T^1\mu\nu$。$T^2\mu\nu$ 代表有引力的不可見的星系中的暗物質。 $T^3\mu\nu \approx 74\%\ T\mu\nu$，[3] 它就是除($T^1\mu\nu + T^2\mu\nu$)之外的能量或者或所謂的暗能量，它們與($T^1\mu\nu + T^2\mu\nu$)一起的總量必需能保持我們宇宙的平直性和($\Omega \to 1$)，即 $\Omega = \rho_r /\rho_o \approx 1$，因為 Guth 和 Linde 所提出的宇宙暴漲論的預言以及宇宙動力學均要求，宇宙的平直性 $\Omega = \rho_r / \rho_o \approx 1$ 是必須的，也就是要求宇宙的實際密度 ρ_r 必須極為接近其臨界密 ρ_o。近來，許多較準確的觀測已證實 $\Omega = 1.02 \pm 0.02$。[4]

然而，為了解釋新近對遙遠的Ia型超新星爆發所發現的宇宙的加速膨脹現象，主流科學家提出了一些新理論，他們將 ($T^3\mu\nu + \Lambda g\mu\nu$)合併到一起成為 $\Lambda g\mu\nu$，認為 $\Lambda g\mu\nu$ 就是 ($T^3\mu\nu = 74\%T\mu\nu$)，而具有排斥力的未知的和神秘的暗能量。新理論最著名的代表是量子場論。在該理論中，把 ($T^1\mu\nu\nu+ T^2\mu\nu = 0$) 當作真空狀態，或者說是最低能量狀態或量子場的基本態。[4] 也是微觀宇宙的零點能。而將宇宙中($T^1\mu\nu+ T^2\mu\nu \neq$

0)的宏觀能量物質即普通物質作為量子場的激發態。對宇宙真空狀態的觀測到是符合於 $(T^1\mu\nu + T^2\mu\nu) = 0$。於是，將$\Lambda g\mu\nu$正好作為具有排斥力的$T^3\mu\nu$的真空能，用於解釋新發現的宇宙的加速膨脹。不幸的是，按照量子場論所計算的$\Lambda g\mu\nu$值比在真空中實際的觀測值要大10^{123}倍（該數值來源於：現在宇宙的真實密度約為10^{-30}g/cm^3，再加上按照J. Wheeler等估算出真空的能量密度可高達10^{93}g/cm^3）。由於這種原因，用量子場論和其它的新物理概念解釋愛因斯坦的廣義相對論場方程就會遇到無法克服的困難。

很顯然，由量子場論所計算出來的如此龐大的真空能量值，是無法保持宇宙的平直性和使張量$G\mu\nu$ 在愛因斯坦的廣義相對論場方程中與實際的觀測值相符合的。而且，量子場論似乎把真空能量當作 「無限大的免費午餐」，在宇宙中任何一點究竟儲藏有多少真空能量和能被取出來多少？為什麼從真空中出來的負能量不和宇宙中現有的正能量發生湮滅？如何使74%的具有負能的暗能量 $\Lambda g\mu\nu$保持宇宙的真實的平直性？用量子場論解決上述問題就難免不違反宇宙的根本規律—因果律。由此可見，任何新理論，包括量子場論在內，如要恰當的解釋我們宇宙的加速膨脹，就必不可違反宇宙現有的平直性。而且要使 Ω 比當今的準確的觀測值 $(\Omega = 1.02 \pm 0.02)$ [4] 還要準確，難以哉。

其實許多科學家和一些觀測並不支持存在「神秘暗能量」或「有排斥力的暗能量」。義大利國家核子物理研究所的裡

奧托稱：「宇宙的加速膨脹不需要神秘的暗能量，它只不過是被忽略的大暴漲後的膨脹效應」。[5]

歐洲航天局的XMM牛頓天文望遠鏡的科學家們，觀測到了熾熱氣體在古老星系團和年輕星系團中的比例是一樣的，他們認為只有宇宙中不存在暗能量才能解釋這種現象。[6] 然而，現今 $(T^1\mu\nu + T^2\mu\nu)$ 的總量是太少了，不足以維持宇宙的平直性和使宇宙的實際密度 ρ_r 極為接近其臨界密ρ_c。因此，$T^3\mu\nu\ /T\mu\nu\ \approx\ 74\%$ 應是維持宇宙的平直性所必需的「正能量—暗物質」，而非有排斥力的暗能量。所以，這裡的$T^3\mu\nu$ 應是那些未被觀測到的和看不見的而有正能的暗能量或物質才對。[1][3][4]

在2007年1月8日，一個美國科學研究小組宣稱，經過幾年的努力，他們首次繪出了我們宇宙暗物質的三維圖。他們指出，在我們宇宙，大約有1/6是可見物質，其餘的80%以上都是暗物質。[7] 他們實際上否定了暗能量的存在。

新浪科技訊北京時間2015年1月5日消息，據物理學家組織網站報導，暗能量是一種假想中存在的神秘能量，科學家們認為它正推動我們所在的宇宙加速膨脹。而近日一項由美國佐治亞大學教授愛德華·基普裡奧斯（Edward Kipreos）開展的研究則提出，人們看待時間膨脹的方式將會提供一種不同的暗能量解釋。所謂時間膨脹是一種由愛因斯坦預言的時間減慢效應。

近代宇宙學通常將宇宙學項併入物質場的能量-動量張量，這就相當於引進一個能量密度的能量-動量分佈，即 $\rho\Lambda =$

$\Lambda/8\pi G$，或者 $p\Lambda = -\Lambda/8\pi G$。[4] 而近代宇宙學從引進 $\rho\Lambda$ 和 $p\Lambda$ 已經實際上認為熱能的排斥力是宇宙中引力的天然的對抗者。因此，近代宇宙學是無需「有排斥力的暗能量」的。但是如果每個能量-物質粒子都有不同的熱抗力，就是說，如果將 $\rho\Lambda$ 和 $p\Lambda$ 簡化為與溫度 T 有關，方程就極難解出。即使忽略溫度 T 的影響，如果 $\rho\Lambda$ 和 $p\Lambda$ 的分佈不作簡化，方程也極難解出。所以這仍然只是無法運用的一個物理概念。

3-9-3 運用第一篇 1-1 中的(1a)(1b)(1c)(1d)(1e) 5 個黑洞的基本公式，證實我們宇宙 M_{ub} 是一個真正的「宇宙黑洞」

在本書最前面第一篇 1-1 中的(1a)(1b)(1c)(1d)(1e)5 個黑洞的基本公式，完全規定了我們宇宙一直就是一個真實的球對稱、無電荷、無旋轉的巨無霸史瓦西宇宙黑洞（見第二篇 2-1）。它完全遵從黑洞在其視界半徑 R_b 上的 5 個基本個公式，而黑洞的的密度 ρ_u 只決定於宇宙黑洞的總質-能量 $M_u = M_b$，因此 $\Omega \equiv 1$ 就是「宇宙黑洞」的本性。

（1）簡（重複）述我們宇宙黑洞 CBH 現況和一些資料（見第二篇 2-1）

根據最新儀器的探測和精確地計算結果，我們宇宙的真實靠的年齡 $A_u = 137$ 億年。[1][3] 由此計算出，其視界半徑 $R_u = C \times A_u = 1.3 \times 10^{28}$ cm，平均密度 $\rho_u = 3/(8\pi G A_u^2) = 0.958 \times 10^{-29}$ g/cm³. 可得出宇宙現在的總質量 $M_{ub} = 8.8 \times 10^{55}$g.

（2）證實我們宇宙 M_{ub} 是一個真正的「宇宙黑洞」；宇宙膨脹的 Hubble 定律就是宇宙誕生時，無數最小黑洞 M_{bm} = m_p=10^{-5}g 合併而膨脹的規律。

第一、證實如下：如果我們宇宙(M_{ub})是真正的宇宙黑洞，它應當是由宇宙大爆炸所產生的大量原始的 N_{ub} 個最小黑洞 M_{bm} = 1.09×10^{-5}g， R_{bm} = 1.61×10^{-33}cm，所合併而成 [1] 取 M_{bm} 是組成我們現在宇宙 M_{ub} 的總數 N_{ub1} 是：

$$N_{ub1} = M_{ub}/M_{bm} = 8.8 \times 10^{55}/1.09 \times 10^{-5} = 8.073 \times 10^{60} \quad (3a)$$

$$N_{ub2} = R_{ub}/R_{bm} = 1.3 \times 10^{28}cm/1.61 \times 10^{-33}cm = 8.074 \times 10^{60} \quad (3b)$$

由於 $N_{ub1} = N_{ub2}$， 由史瓦西公式 $GM_b/R_b = C^2/2$ 可見，這就確鑿地證明我們宇宙是一個真正巨大的宇宙黑洞。

第二、再根據第一篇 1-1 節的黑洞公式(1m). $\rho_{bm}R_{bm}^2 = \rho_u R_{ub}^2$, $\rho_{bm} = 10^{93}$g/cm^2; R_{bm} = 10^{-33}cm; ρ_u = 10^{-29} g/cm^3; R_{ub} =1.3×10^{28}cm;

將下面數字代入 $\rho_{bm}R_{bm}^2 = \rho_u R_{ub}^2$，2 邊相等。再次證實為宇宙為黑洞。

第三、宇宙膨脹的 Hubble 定律就是無數的最小黑洞 M_{bm}= m_p 不斷合併而膨脹的規律。（見第二篇 2-1）

（3）宇宙的平直性， ($\Omega = \rho_r/\rho_o = 1$) 是宇宙黑洞--CBH 的本性，

因為宇宙作為一個黑洞，只有為其總質-能量 M_b 所唯一確定的一個密度 ρ_{ub}，因此，其代表宇宙平直性的 $\Omega \equiv 1$ 就是必然的。廣義相對論折騰科學家們近 100 年的「弗里德曼」模

型其實是一個無法證實的偽命題。

（4）既然我們宇宙 M_{ub} 來源於宇宙出生時的 $N_{ub1} \times M_{bm}$ 個黑洞不斷地合併所造成的膨脹，也就是說，M_{ub} 的視界半徑 R_{ub} 一直在以光速 C 在膨脹，於是，

$$A_u = R_u / C = 137 \times 10^8 = t_{bc} = 137 \times 10^8 \text{ 年} \qquad (3e)$$

如現在我們宇宙黑洞 M_{ub} 外已經沒有能量-物質可被吞噬，那麼，$A_u > t_{bs}$. 而且，哈伯常數 $H_o = 0$。

（5）「弗里德曼」宇宙模型之所以謬誤和背離宇宙的實際情況，是因為在解廣義相對論方程時，為了使方程簡化而易於求解，提出了許多錯誤的假設而造成的，如假定粒子無熱抗力、等壓、定量、均勻性等都是違反熱力學定律的。從而導致解廣義相對論方程時出現「奇點」和「弗里德曼」模型，認為 $\Omega = \rho_r / \rho_o \neq 1$ 等大謬誤。

3-9-4 黑洞視界半徑 R_b 的膨脹速度 V_b 和加速度 a_b。（參見第一篇 1-3 章）

所有黑洞是一個非穩定的非封閉系統，其最重要的本質屬性就是不停地在吞噬外界能量-物質時膨脹，或者在發射霍金輻射 m_{ss} 時收縮其視界半徑 R_b。

（1）黑洞在吞噬外界能量-物質或與其它黑洞碰撞後的膨脹規律。按照史瓦西對廣義相對論方程的特殊解，即第一篇的(1c)，對其微分，

$$R_b = 2GM_b/C^2 \qquad (1c)$$

$\therefore C^2 dR_b = 2G dM_b$

$\therefore C^2 (R_b \pm dR_b) = 2G(M_b \pm dM_b)$

假設有另一個黑洞 M_{ba} 與黑洞 M_b 合併或碰撞,而另一黑洞符合(1c)式,$C^2 R_{ba} = 2G M_{ba}$,於是,

$\therefore C^2 (R_b + R_{ba} \pm dR_b) = 2G (M_b + M_{ba} \pm dM_b)$　　　(4a)

結論:從公式 (4a)和可見,一旦一個黑洞形成後,不管它是增多或減少其質量,甚至與其它黑洞相碰撞合併,在它因發射霍金輻射 m_{ss},最後收縮成為最小黑洞 $M_{bm} = m_p = 10^{-5}$ g 而消失在普朗克領域前,它將永遠是一個黑洞。[1]

（2）當黑洞 M_b 吞噬外界物質—能量或與其它黑洞合併時,由公式(1c)可知,M_b 會快速增加,其視界半徑 R_b 隨著產生膨脹速度 V_b 和加速度 a_b。

對(1c) $R_b = 2G M_b / C^2$ 取一階導數,令黑洞 R_b 的膨脹速度 V_b,$V_b = dR_b / dt$

$dR_b = (2G/C^2) dM_b$

$\therefore V_b = dR_b/dt = (2G/C^2) dM_b/dt$　　　(4b)

（3）對(4b)式再微分,令黑洞 R_b 的膨脹加減速度 $a_b = dV_b/dt$, 於是,

$a_b = (4G/C^2) d^2 M_b/dt^2$　　　　　(4c)

(4c)表明黑洞視界的加（或減）速膨脹 a_b 正比例於其每秒吞噬外界物質 M_b 的增加或減少速度。因此,黑洞吞噬外界能量-物質所造成的加（或減）速膨脹是其正常的活動的表現和結果。

（4）與宇宙膨脹有關的幾點重要結論：

第一、在一般黑洞吞噬外界能量-物質和於其它黑洞碰撞合併的情況下，顯然，黑洞視界半徑 R_b 的膨脹速度 $V_b < C$，不可能達到光速 C，而根據吞噬外界能量-物質的多少快慢，可能 R_b 的膨脹出現加減速度 a_b。

第二、只有在許許多多黑洞緊貼在一起，而造成大量連續的小黑洞合併成大黑洞時，甚至達到大於光速 C 的空間「暴漲」（參見第二篇 2-7）。「暴漲」完後，其 R_b 的膨脹速度恢復到正常的 $V_b = C$，其加速度 $a_b = 0$。直到所有共生的小黑洞合併完成，即達到 $2G\Sigma M_b = C^2 \Sigma R_b$ 時，就會停止其膨脹，此時 $V_b = 0$，$a_b = 0$。這就是我們宇宙黑洞生於 $N_{ub} \times M_{bm}$（$10^{61} \times 10^{-5}$g）個最小黑洞不斷地合併所造成的 R_b 一直以光速 C 膨脹的原因。

3-9-5 分析我們宇宙黑洞 M_{ub} 從誕生時大量（$N_{ub} = 10^{61}$ 個）最小黑洞 $M_{bm} = 10^{-5}$g 以光速 C 膨脹到現在和未來的過程

（1）正確認識宇宙從誕生到迄今為止的膨脹過程

前面已經反復證明我們現在的宇宙大黑洞 $M_{ub} = 8.8 \times 10^{55}$g 是在宇宙誕生時，由 $N_{ub} = 10^{61}$ 個最小黑洞 $M_{bm} = m_p = 10^{-5}$g 以光速 C 膨脹到現在而成（除了從誕生時間 $t_{sbm} = 10^{-44}$s 到暴漲結束時間 $t_{o1} = 10^{-36.5}$s 的極短的原初暴漲時間之外）。

在前面已經證明在我們宇宙誕生時，M_{bm} 的視界半徑

$R_{bm}=10^{-33}$cm，當時我們整個宇宙黑洞質量 M_{ub} 的史瓦西半徑 $R_{ub}=10^{-13}$cm，只有現在一個原子核的大小。在宇宙包 M_{ub} 內的 $N_{ub}=10^{61}$ 個最小黑洞 M_{bm} 雖然連接在一起，但是彼此並沒有邊界，每個鄰近的 M_{bm} 之間也無足夠時間傳遞信息，因為光速 C 只能傳遞到 $R_{bm}=10^{-33}$cm 這麼遠。就是說，如當時有一個人在宇宙黑洞內任何一點，就相當於處在那一點的 M_{bm} 內，他就只能知道視界半徑 $R_{bm}=10^{-33}$cm 之內的信息，對自己 R_{bm} 之外的 10^{61} 個 M_{bm} 一概不知。他當時以為他所在的 M_{bm} 就是整個宇宙。

現在引入「元黑洞 M_o」的概念。在宇宙誕生時，「元黑洞 M_o」就是最小黑洞 M_{bm}，隨著宇宙時間的前進，許多 M_{bm} 合併後以光速 C 膨脹變大了，成為一個較大的「元黑洞」。於是 M_{bm} 消失了。宇宙 M_{ub} 也以光速 C 膨脹了。此時宇宙由數目較少而視界半徑較大的「元黑洞 M_o」組成。隨著宇宙時間 $t_u=A_u$ 的繼續增長，元黑洞 M_o 就繼續長大，數目繼續減少，直到宇宙 M_{ub} 膨脹到現在，即到 $t_u=A_u=137$ 億年時，元黑洞 M_o 長大到 $M_o = M_{ub} = 8.8\times10^{55}$g 而合而為一的宇宙黑洞，這就是宇宙迄今為止以光速 C 的膨脹過程。但是未來如何膨脹呢？

（2）我們宇宙從現在起到未來如何膨脹呢？

我們說，現在宇宙黑洞的總質-能量 $M_{ub} = 8.8\times10^{55}$g，是宇宙迄今 137 億年的視界半徑 R_{ub} 之內、可得知信息的宇宙質量。至於 R_{ub} 之外還有無能量-物質？有多少？我們現在無法探測到。

但是，我們宇宙黑洞現在還在以光速 C 膨脹，這表明現

在的 $M_o = M_{ub} = 8.8 \times 10^{55}$g 之外不僅有大量的宇宙外空間的能量-物質，而且，這些能量-物質來源於宇宙誕生時的許多另外多餘的 M_{bm}，就是說，在 $N_{ub} = 10^{61}$ 個最小黑洞 M_{bm} 之外，還有許許多多另外的 N_{ubx} 個 M_{bm} 緊貼著連接在一起，所以造成宇宙黑洞現在仍然在以光速 C 膨脹。至於 N_{ubx} 究竟是多少？我們現在無法知道。只有未來有一天宇宙不再以光速 C 膨脹了，就可以從那時的宇宙年齡 $t_{uf} = A_{uf}$計算出那時的宇宙總質-能量 $M_{ubx} > M_{ub}$， 從而計算出 N_{ubx}。如果那時的宇宙膨脹速度 $V_{bx} = 0$，就表明 M_{ubx} 外界再無能量-物質了。如果的 $C > V_{bx} > 0$，表明 M_{ubx} 外界還有能量-物質被吞食。

3-9-6 作者的一個猜想：宇宙的加速膨脹可能是由於我們宇宙黑洞 M_{ub} 在早期與另一宇宙黑洞 M_{uba} 的合併所造成的

下面對此猜想根據已知事實作一步一步的推演和分析。

（1）1998 年，科學家們根據遙遠的 Ia 型超新星爆炸，發現我們宇宙的加速膨脹是發生在宇宙大爆炸之後的約 87 億年之後，即距今約 50 億年之前。就是說宇宙黑洞 M_{ub} 從誕生起，有約 87 億年在一直以光速 C 膨脹，這是 $N_{ub} = 10^{61}$ 個最小黑洞 M_{bm} 中的 87/137 膨脹連接成一個「元黑洞」$M_o = 8.8 \times 10^{55} \times 87/137 = 5.6 \times 10^{55}$g 的結果。而在 M_o 之外，還緊貼著大量的膨脹了的最小黑洞 M_{bm}。

（2）如果我們宇宙黑洞 M_{ub} 之外的宇宙空間有另外一個

M_{uba}，它會來自何處？它是什麼狀況？

前面已經計算過，我們宇宙黑洞 M_{ub} 在誕生時，其史瓦西半徑 R_{ub} 只有 10^{-13}cm，即一個原子核的大小。如果我們宇宙是由某一個前輩大宇宙塌縮而成，它絕不可能只塌縮出唯一一個如此小的我們宇宙，它必定會塌縮出像葡萄株一樣的許多葡萄，而我們宇宙只不過上其中的一粒葡萄而已。

既然這許多葡萄是同時塌縮出來的，它們的大小成分和組成比例可能不相同，但是它們無疑都應由大量的最小黑洞 M_{bm} 組成，其隨時間的膨脹規律也應該是相同的。就是說，在宇宙膨脹 87 億年後，不同的宇宙黑洞 M_{ub} 和 M_{uba} 雖然可能不一樣大小，內部物質成分結構也可能不同，但是它們中的「元黑洞 M_o」的尺寸，應該在任何時間都是相等的。

（3）此文前面 3-9-1 節已經說過，我們宇宙 M_{ub} 誕生時的背景輻射有異常現象，是受其它某宇宙黑洞 M_{uba} 的引力影響的結果，那麼，M_{ub} 和 M_{uba} 二者在宇宙誕生後 87 億年為什麼不會膨脹合併在一起呢？下面再分析他們可能合併碰撞在一起的過程，是如何影響我們宇宙黑洞 M_{ub} 的膨脹的？

（4）當 M_{ub} 和 M_{uba} 二者在宇宙誕生後 87 億年碰撞合併時，M_{uba} 的大小可以大致分為 2 種情況，其合併膨脹過程也不會完全相同。

第一、如果 $M_{uba} \leq M_o$（$= 8.8 \times 10^{55} \times 87/137 = 5.6 \times 10^{55}$g），此時 M_{uba} 就只是一個純粹再無膨脹的黑洞，其外面沒有未被合併的原始最小黑洞 M_{bm} 的能量-物質。而 M_o 是 M_{ub} 在宇宙 87 億年合併時的元黑洞。於是當 M_{uba} 與我們宇宙黑洞 M_{ub} 中的 M_o

碰撞時，由於 M_o 仍然在以光速 C 膨脹，因此，M_{uba} 和 M_o 的激烈碰撞合併必然導致我們宇宙 M_{ub} 和 M_o 造成附加的超光速 C_s 空間膨脹—暴漲（見前面第二篇 2-7 章），這就是科學家們 1998 年觀測到的我們宇宙的加速膨脹。經過時間 t_{su} 後，C_s 達到最大值後，於是 C_s 逐漸下降，經過 t_{sd} 後，恢復到光速 C。而後以光速 C 膨脹直到變為 $2G（M_{uba}+ M_o）= C^2（R_{uba}+ R_o）$ 一新黑洞。但是，我們現在無法知道 C_s，t_{su}，t_{sd} 的值。如果長大的 M_o 外還緊貼著大量的原來 M_{bm} 的質-能量在合併，我們宇宙還會以光速 C 膨脹直到所有 M_{bm} 被合併完畢，成為（$M_{uba}+ M_{ub}$）宇宙大黑洞。M_{uba} 愈大，我們宇宙加速空間膨脹的時間就愈長久。如果直到此時外面僅有外空間能量-物質，或者根本沒有，那麼，我們宇宙的膨脹速度就會小於光速 C，甚至為 0。

第二、如果 $M_{uba} > M_o（= 8.8×10^{55}×87/137 = 5.6 ×10^{55}g）$，則 M_{uba} 內必然也有一個「元黑洞 M_a，而 $M_a = M_o$，二者都一樣，其外面都有許多長大的 M_{bm} 緊貼著它們，使其以光速 C 膨脹。M_a 和 M_o 的高速激烈碰撞合併會造成大於光速 C_s 附加的空間膨脹（見前面第二篇 2-7 章）--暴漲，這就是我們宇宙的加速膨脹。這就是科學家們 1998 年觀測到的我們宇宙的加速膨脹。M_o 開始接觸 M_a 形成超光速 C_s 空間膨脹—暴漲，經過時間 t_{su} 後，C_s 達到最大值後，於是 C_s 逐漸下降，經過 t_{sd} 後，C_s 恢復到光速 C。而後以光速 C 膨脹直到變為 $2G（M_{uba}+ M_{ub}）= C^2（R_{uba}+ R_{uba}）$ 新黑洞。合併完畢的（$M_{uba}+ M_{ub}$）的膨脹速度視外界宇宙空間有多少能量-物質而定，但是膨脹速度必然

會小於光速 C，至外界沒有能量-物質後，膨脹速度為 0。

　　以上就是用我們宇宙黑洞早期與另一宇宙黑洞碰撞合併過程的描述和論證，是根據宇宙膨脹現有的資料和黑洞新理論分析後做出的。這當然只是一種猜想，但是比學者們「有排斥力的暗能量」的猜想較為合理可信。因為宇宙黑洞密度 ρ_b 只決定於其當時的黑洞總質-能量，所以會永遠保持 $\Omega \equiv 1$。

3-9-7　結論：宇宙的加速膨脹不需要有「排斥力的暗能量」，或曰「負能量」，也不需要有排斥力的正能量。

　　我們宇宙黑洞在 50 億年前與其它宇宙黑洞碰撞合併的猜想是比較合理的。

　　（1）首先，宇宙的加速膨脹不需要有「排斥力的暗能量」，或曰「負能量」。從邏輯上講，哈勃定律已經證明宇宙以光速 C 膨脹是公認的、無可辯駁的事實。如果如主流學者們所說，宇宙的「加速膨脹」是由於大量的、充滿當時宇宙空間的「負能量」在 50 億年前的突然出現所引起，那就得承認宇宙原來膨脹的能量也是同樣的「負能量」，二者合力向同樣的膨脹方向，才能產生「宇宙的加速膨脹」。

　　如果宇宙原來的能量是「正能量」，那麼，要由「負能量」使宇宙產生「加速膨脹」，那新產生的「負能量」的總量就得比原來「正能量」總量的 2 倍還要多得多才能成功，因為「負能量」首先得全部湮滅掉原來的「正能量」，還需要另外一份與原來「正能量」相等的「負能量」產生原來宇宙同樣的膨

脹速度，再還要另外更多的「負能量」才能產生宇宙的「加速膨脹」。這種情況有可能發生嗎？絕無可能，因為「正負能量」的湮滅就是「大爆炸」，就是原來宇宙的毀滅。我們沒有任何證據和跡象證明宇宙在 50 億年前被一次「大爆炸」毀滅過。

結論：只有新出現的能量-物質與宇宙中原來的能量-物質是同質性的，根據（宇宙）黑洞吞噬外界能量-物質的原理（見第一篇 1-3 章），才能使宇宙產生「膨脹」。但是，要使我們宇宙黑洞在 50 億年前產生「加速膨脹」，只有與另外的一個「同性能量」的宇宙黑洞發生碰撞合併，才能產生「空間暴漲」而形成的「加速膨脹」。

（2）我們宇宙誕生時，部分地區的引力異常已證明是有其它宇宙的引力牽引所致，多宇宙或曰平行宇宙的存在已經證實。也表明二者相距並不遙遠，後來的碰撞合併不值得使人感到意外。

（3）前面已經多次證明，我們宇宙的視界半徑 R_{ub} 以光速 C 膨脹來源於宇宙誕生時 10^{61} 個最小黑洞 $M_{bm}= m_p$ 的合併，在第二篇 2-7 章還證明了緊貼在一起的許多小黑洞會產生「暴漲」，即「加速膨脹」。因此，只要一個巨大的、正在膨脹的宇宙黑洞能與另外一個宇宙黑洞高速碰撞合併，必然會產生宇宙的「加速膨脹」—空間暴漲。本文雖然未能給以嚴格的證明，但是這個猜想是有事實和理論根據的，因此是合理的。也許以後的科學家在有更多的觀測資料後，能夠用電腦模擬出 2 個宇宙黑洞碰撞合併的壯觀的景象。

參考文獻：

1. 張洞生：《黑洞宇宙學概論》，本書第一篇。

2. 美科學家首次發現切實證據，稱宇宙或非唯一。
http://www.chinareviewnews.com；2013-05-21 16:27

3. 王義超：暗能量的幽靈，中國《財經》雜誌，總 176，
2007-01-08。
http://www.caijing.com.cn/newcn/econout/other/2007-01-
06/15365

4. 盧昌海：宇宙常數，超對稱和膜宇宙論。
http://www.changhai.org/2003-08-17

5. 對暗能量理論的挑戰：宇宙的加速膨脹不需要暗能
量。 http://tech.163.com/2005-04--25

6. 新發現對愛因斯坦的挑戰：暗能量可能不存在。
http://tech.163.com/2006-05-17

7. 科學家首次繪出了宇宙的 3 維暗物質圖。
Web.wenxuecity.com/2007-05-21

8. 何香濤：《觀測宇宙學》科學出版社，中國北京 2002。

9. 約翰·格裡賓：大宇宙百科全書，海南出版社，2001，
5。

10. 約翰-皮爾·盧米涅：黑洞，中國，湖南科學技術
出版社，2000。

後記

P・Bergmann：「在許多意義上，理論物理學家只是穿了工作服的哲學家。」

作者寫這篇《編後記》的目的在於對「科學理論研究」的方法論談談體會。

作者是一個數理根基極其淺薄的人，加上 45 年沒有讀書，只在 2002 年 68 歲退休之後，從看天體物理學的大量科普讀物中瞭解關於黑洞理論和宇宙學的知識，並且產生了很大的興趣。我對「奇點」一開始就感到懷疑和抵觸，這可能跟我的哲學思想有關。我不相信，一團有限密度有限質量的物質會自己收縮成為無限大密度的「奇點」，這需要宇宙多麼大的收縮力量才能完成啊。我相信，我們的物理世界是有規律的、互相聯繫又互相制約的。一個廣義相對論的有限方程，怎麼能產生無限大密度的「奇點」？我斷斷續續地作了一些推演和計算，雖然懷疑愈來愈大，但是沒有從根本上解決問題。直到 2008 年底，我簡單地推導出來了公式(1d)和(1e)式，我才恍然大悟，原來黑洞最終只能收縮成為最小黑洞 $M_{bm} = m_p$ 普朗克粒子。從此，我對黑洞和宇宙學的觀念徹底改變，理論上快速進步發展。並且進一步認識和找到廣義相對論方程的解和結論出現謬論的原因。於是用經典力學的 5 個有效

的公式，互相配合，組成了一個完整的黑洞新理論體系，成功地取代複雜無解、背離實際的廣義相對論方程，較圓滿而準確地解決了「黑洞理論和宇宙學」中的許多理論和實際的重大問題。

本書所有的章節都是全新的觀念、理論、推演和結論。我之所以取得這些成果，並不是因為我有淵博的知識和高深的學問，主要是因為我有「不迷信」「不盲從」的思維習慣。說心裡話，我不希望我這套「淺薄的理論」能取代主流學者們信仰的、讓人們充滿幻想的廣義相對論方程。但是我希望相對論的大師們，能夠克服本書第三篇 3-3 和 3-4 中指出的諸多缺陷，提出符合物理世界實際的新數學方程，如果它能與作者的新理論二者共存，互相促進和發展，或許是一件有意義的事。

作者在對「黑洞和宇宙學」約 12 年的研究探討中，經過反復地數字計算、驗證、修改，並從理論上加以提高和昇華，終於創新地將「黑洞理論」和「宇宙學」結合在一起，提出了一門新學科《黑洞宇宙學》的基本概念。本書不僅是用黑洞理論從理論上解釋了我們宇宙「從生到死」就是真正的黑洞，其生長衰亡的規律完全符合黑洞理論，更重要的是作者推導出的許多新公式，其計算資料與實際的觀測資料是吻合的。這表明本書不只是一種理論上對「宇宙黑洞」的定性的猜測和解釋，而是可用公式定量化的計算出「宇宙黑洞」在各種狀態下的物理參數值的。

本書第三篇裡有 9 篇文章，每一篇都是作者運用自己的

新理論和新公式，解決了黑洞和宇宙學中的重大問題，多數篇都卓有成效，它們都是前人從未解決的、或解決錯了的問題。比如系統地論證了廣義相對論方程的先天缺陷和後天失調，指出是前輩學者們解場方程時，提出了諸多前提條件違反了熱力學的根本性錯誤，才導致出現「奇點」的謬誤。再比如，作者用黑洞理論推算出物理學中的精密結構常數 $1/\alpha = hC/2\pi e^2 = 137.036$，費曼曾經說，精密結構常數是上帝之手寫下的謎語。總之，每一篇文章都有新觀點，新論證，新結論，毫無抄襲和炒剩飯的蛛絲馬跡。

　　本書是作者長期探索和反復計算修改而成。在此探索過程中，作者對「科學理論研究」的「方法論」得出一些基本認識和體會，對錯與否，或可供作參考。

　　（1）任何理論不管是社會科學還是自然科學都無法完美無缺，都是一個未完成的體系，都有其適用範圍，都有其片面性，都需要與時俱進。

　　如果研究者想要對理論有所突破，必須要能充分認識到其正確的部分和錯誤或有缺陷的部分，首先應當懷疑那些背離實際的東西。有容乃大，創新應該建立在繼承和包容舊理論的基礎上，要認識到舊理論的存在有其一定的合理性。作者對黑洞的探索研究就是從懷疑「奇點」的存在開始的。作者對馬列學說的否定，是從馬列共產黨妄稱「工人階級可以消滅其同生共死的資產階級」的錯誤開始的。

　　在近代科學上，最著名的牛頓力學體系和愛因斯坦的廣

義相對論體系，也都是有缺陷的、未完成的科學理論體系，但相對論問題很多。其它如量子力學和統計力學同樣都非完整的體系。就是說，都非絕對真理。因此，每一個有創見、堅持不懈地從事科學研究的人，都有可能的機會對任何理論提出修正或建立自己的新觀念，最重要的是能提出新公式，甚至提出與舊理論不同的新理論，這是很正常的。人們不應該視之為洪水猛獸，應採取歡迎新事物的態度。

　　每一種舊理論都受制於當時的歷史條件、科學技術和生產力水準，都會產生一定的缺陷和片面性，需要科學的後繼者們予以補充、修正和提高，甚至否定。這正是科學進步發展的必然結果。

　　同時，無論有多麼偉大成就的科學家，也都有其認識的不足、疏忽、缺點、甚至錯誤，還有時代的局限性，故不可神化。然而正是他們不可能完美無缺，才給後世的學者們在新的科技成就面前，留下了繼續發展和糾錯完善的餘地。

　　每一種理論都由各種因素有規律性（或用公式圖表模型）地綜合聯繫而成，但理論的創立者們為了使解決問題簡化，往往不可能將所有因素都考慮綜合到其理論和公式中去，而只取其中幾個主要因素，忽略諸多他們當時認為的次要因素。但由於時代和條件的變化，和科學技術的發展進步，使構成某個理論的諸多因素，不僅主次地位可能發生變化，而各因素之間的關係也可能發生變化。更由甚者，由於各科學研究者考慮問題的出發點和視角不同，就可能取捨不同的因素，推導出不同的數學公式，而得出不同的理論和結論。因

此，科學的理論和結論往往取決於不同的研究方法（模式或公式）。解決黑洞和宇宙學中的問題，主流學者們用解廣義相對論方程的方法，作者用經典理論的 5 公式組合，優劣對錯，可自判自明。

用什麼標準去判斷一個理論的正確與否？一個理論必須由其理論自洽、假設條件（應用範圍）、各參數之間的變化規律所用的數學公式、實踐資料這 4 者綜合而成，正確的理論是這 4 者應該基本上是統一和自洽的，特別是應該都統一於真實的物理世界的真實資料數值。所以，任何科學的理論的創新，無論開始於多麼「天馬行空」的幻想，但最後必須回到地上，經得起真實的物理世界觀測實驗資料的檢驗。要想在科學上取得創新的成就，就要站在科學前輩巨人的肩膀上，善於運用他們已有的成就，發現他們的缺點錯誤，不要跟在他們的後面走他們的老路而望塵莫及。問題在於個人是否有開拓新路的勇氣、視野、靈感和智慧。

對牛頓力學的批評，比如對絕對時空，對星體運動的第一推動力等的批判是早已有之。而對愛因斯坦廣義相對論的批判就更廣泛了，從理論觀念，到方程，到對解方程的簡化條件，到結論都受到廣泛的質疑和批判。但是還沒有一個人像作者在第三篇 3-3 和 3-4 章所做的那樣，對廣義相對論方程的缺陷作了全面系統的分析和論證。晚年的愛因斯坦寫道：「大家都認為，當我回顧自己一生的工作時。會感到坦然和滿意。但事實恰恰相反。在我提出的概念中，沒有一個我確信能堅如磐石，我也沒有把握自己總體上是否處於正確的軌

道。」這位創造了奇跡，取得劃時代偉大成功的科學巨匠，以他的輝煌，謙虛地陳述著一個真理。這也表明了時代和科學在時時進步。

（2）兩個猶太人，一個 18 世紀的偉大猶太人，馬克思，企圖用筆 ＋ 腦子思考寫出社會發展的演變規律和終極真理，另一個 19 世紀初的偉大猶太人愛因斯坦也企圖用筆 ＋ 腦子思考寫出宇宙的演變發展規律和終極真理。經過近 100 年來的社會實踐和新科學技術的檢驗表明，兩種相似的研究理論的方法對社會科學和自然科學家們都產生了巨大的負作用，誤導後世的學者們對追求「終極真理」「趨之若鶩」。由於他們的理論只看到了和總結了過去舊有的社會歷史和自然歷史中的某些個別的重大事件或者因素，就以為未來必定會按照他們所寫的規律發展。結果羅斯福的新資本主義加四大自由使馬克思主義變成廢物和毒物，而 1929 年哈勃的宇宙膨脹定律，就迫使愛因斯坦不得不在其廣義相對論方程中加上一項有排斥力的「宇宙學常數」，作為引力的平衡力量予以修補。但無論是馬克思和愛因斯坦的理論，都並未因修補而鳳凰涅槃而絕處逢生，為什麼呢？因為他們把社會和宇宙的演變和發展看得太簡單和單一化了。馬克思的「工人階級消滅其同生共死的資產階級」後的「無產階級專政」決定論忽視了科學技術、政治制度和思想文化包括宗教信仰和人在社會發展中的推動作用，認為靠一種單一的「專政」力量就可以將人類社會過渡到「共產主義的天堂」。百年來廣泛地社會主

義革命和建設證明，所有共產黨的無產階級專政政權都是極不穩定的反人民政權。愛因斯坦的廣義相對論方程忽略了熱力學量子力學在宇宙發展演變中的重大作用，認為靠「單純引力」的決定論就可以達到宇宙的平衡，進而確定宇宙的發展方向。1917 年愛因斯坦還對該方程解出了一個假平衡宇宙的特解。但在 1927 年，勒梅特（Lemaitre）就證明了，愛因斯坦的解其實是不穩定的。這表明，無論在社會科學或者自然科學上，任何沒有制約（反對和平衡的力量）的一種單純的力量，最終必然導致成為不可駕馭的魔鬼，而走向「不確定」的、可毀滅一切的「奇點」。然而迄今為止，打著馬克思主義旗號的殘餘的共產黨頭頭及其御用學者們，仍然為了維護自己集團的權欲和既得利益，不願不敢給單一的「無產階級專政」政權加進制約和平衡的反對力量，以取得社會的平衡發展，其結果必然使該政權成為魔鬼，而走向毀滅的「奇點」。而廣義相對論方程，正如愛因斯坦所說，完美到加不進去任何東西，也必然出現許多重大違反實際的謬誤，终于走向毀滅的「奇點」。

　　宇宙中任何事物的發展變化都是由其內部許多互相作用力的平衡➔不平衡➔平衡的反復作用中行進而永無止境的變化發展的。一個只有單獨的作用力而無其對稱平衡作用力互相制衡的事物，是無法達到長期的穩定平衡的，也是無法進步發展的，它們違反中國古老哲學中的一些基本觀念，如陰陽互生，相生相剋，相輔相成，相反相成等，最終必定推動該該事物走向自我毀滅。

（3）繼馬克思和愛因斯坦之後，特別是到了近代，雖然學者們都清楚地看到了馬克思和愛因斯坦理論的巨大缺陷，但那些自認為有天賦的學者們，仍然都前赴後繼的步他們的後塵，沉湎於搞終極理論，仍然企圖用筆＋腦子思考，用自己個體的研究探索，窮究出社會和自然的終極真理，意圖能戴上大師的榮耀光環，永垂不朽。現在所稱的許多新理論，如弦論、膜論、多維理論、TOE（The Theory Of Everything）等大多來源如此。因為現代科學實驗需要昂貴的儀器，需要與許多人的互助合作才能完成。所以他們不願花費畢生的努力參加社會或科學的實踐實際活動，擔心失敗而難以取得明星般的耀眼光環。不是說，這些新理論不能研究，他們各自在某些方面的研究或者其副產品都可能會大大地推進社會和科學的發展，但是要想搞成什麼「終極理論」或「宇宙真理」，可能會適得其反。

作者是不相信什麼終極理論的。從邏輯思維來考慮分析，如果一個事物的發展僅僅由一個恆定的作用力（因素）作用，該事物的發展的方向、路徑和結局是可以被唯一的確定的。這或許可以稱之為終極結論吧。但宇宙中的每個事物都由 2 個或多個作用力（因素）所作用，而這些作用力又是隨時空變化的，還可能在其前進的中途又出現其它的新作用力（因素）參與進來，甚至可能還有未知因素的作用存在，如此，人們怎麼能確定該事物的變化路徑和最終結局呢？

（4）一個新理論成功的關鍵是其新公式能經得起未來時

間和實踐的檢驗

　　如果一個新理論從性質上能解釋過去的許多事實或實驗，且能自圓其說（自洽）並不是很難，難的是要能根據該理論所提出的新公式或模式，和新實驗新發現的資料對比後，能證實其定量的正確性，以解決新的重大問題，並能預見某些新發現新成就。比如門德傑耶夫列出週期表後，就能預見新元素；萬有引力公式能預見海王星的存在和哈雷彗星的運動週期和軌跡，只有這樣的新理論才可能長久地立於不敗的穩固的地位。愛因斯坦確定的 $E=MC^2$ 公式比其相對論理論和廣義相對論方程重要得多，因為這公式經受了 100 年時間的考驗。

　　過去人們用水星的進動來證明廣義相對論方程的正確性，證實了比牛頓力學來得精確些，這其實是一種假像。該方程在此之所以較牛頓力學準確，是因為它將太陽物質的所有粒子分佈在太陽轉動的整個內部球體空間裡，而不像牛頓力學將其所有物質粒子質量集中於太陽中心，因此分散的物質粒子的引力及其轉動的動量矩的效果使水星產生進動，這就是該方程較精確的原因。而這一特例是該方程將太陽作為一個恆定量、而非作為一個變數來處理的，還未涉及無熱力學效應的根本缺陷。因此，這無法證明該方程具有廣泛地的正確性和有效性。

　　廣義相對論方程的根本缺陷是其定量的能量-動量張量項中的粒子都假定是沒有熱力學效應的，即在其運動過程中是恆定量、等溫、而無熱量的排出和吸收的封閉系統，這完全

違背現實物理世界的熱力學規律。試想，封閉的物質粒子團的收縮必然使得一部分引力能轉變為熱能而提高溫度以對抗粒子團的收縮，只有排出熱能，粒子團才能相應的收縮一點，因此該收縮系統就必須是一個開放系統。可見，所有忽略熱能而得出的場方程的解，如「弗里德曼」方程、史瓦西度規等必然都是錯誤的。這就是近百年來廣義相對論方程除了得出少數 3~5 項勉強的所謂成就之外，沒有取得其它的成就的根本原因。

但是，相對論的最偉大的成就是得出了 $E = mC^2$ 公式；其另一偉大成就是史瓦西公式 $GM_b/R_b = C^2/2$，從而規定了球對稱、無電荷、無旋轉的史瓦西黑洞存在的充要條件。這是黑洞的第一個正確公式。為何在廣義相對論的諸多解中，只有史瓦西解是唯一正確的呢？因這個解與黑洞的形成的前提和違反熱力學過程的各種假設無關，它只告訴人們黑洞形成後的結果是史瓦西公式。

其實，愛因斯坦僅僅建立了 $E = mC^2$ 公式的偉大成就攀上了科學的頂峰。這說明提出一個有廣泛用途而經得起檢驗的公式也許比提出一個新理論更重要。

廣義相對論方程的另一大缺點是個可逆過程。而宇宙的膨脹降溫和物質粒子轉變為輻射能都是熵增加的不可逆過程。其次，在黑洞和宇宙學中隨時都有 $E = mC^2$ 的質-能轉變，而場方程中卻無法體現這種轉變。再次，場方程是一個孤立的封閉系統，而黑洞和宇宙實際上都是開放系統，這些根本的缺陷決定了場方程無法解決黑洞和宇宙學中的問題。

　　20 世紀科學上最偉大的成就應該是量子力學，它滲透到近代科學的各個領域，並且得到廣泛而正確的運用。與廣義相對論相反，量子力學並不是像廣義相對論方程一樣，企圖用一個統一的理論和方程去解決所有的問題，而是根據觀測和實驗，分別在各個領域得出分散的公式和結論。可見，廣義相對論方程的失敗在於用一個統一而背離實際的純引力場的時空方程，而排除了現實物理世界中的熱力學效應和量子力學效應。

　　霍金對黑洞理論的發展取得了最偉大的成就，他根據量子力學和熱力學理論，建立了在黑洞的視界半徑 R_b 上的溫度（閥溫）公式 T_b，證明黑洞也像黑體一樣，發射輻射能，稱之為黑洞的霍金量子輻射 m_{ss}。但霍金過於迷信「狄拉克海」的量子新理論，而始終沒有找出霍金量子輻射 m_{ss} 與黑洞質-能量 M_b 之間的公式，使黑洞理論無法發展前進。作者在本書中僥倖地得出新公式（1d）$M_b m_{ss} = hC/8\pi G$ 和（1e）後，才能正確地描述黑洞的生長衰亡的普遍規律，證明黑洞因發射霍金輻射的最終命運是收縮成為普朗克粒子 m_p，而霍金因未得出公式（1d）和（1e），只能錯誤的用廣義相對論方程證明黑洞內的物質還能繼續塌縮成為「奇點」。作者並可用新公式 $GM_b m_{ss}/(hC/8\pi) = 1$ 判別霍金輻射 m_{ss} 能否逃出黑洞 M_b。

　　（5）科學理論與數學公式（或者數值圖表，數學模型）的關係：量化是科學理論成立的必要條件。牛頓力學把物理學變成了一門數學，這是偉大的創舉。現代有不少學者沉迷

于高級數學遊戲，用數學取代物理學，往往成為數學公式的奴隸，這是退化。愛因斯坦指出：「在建立一個物理學理論時，基本概念起了最主要的作用。在物理學中充滿了複雜的數學公式，但是，所有的物理學理論都起源於思維與觀念，而不是公式。」

科學理論離不開數學公式。達芬奇：「人類的任何研究活動，假如不能夠用數學證明，便不能稱之為真正的科學。」數學公式是其理論的結構形式和表現形式，也是理論與結論結果之間的橋樑，沒有它，就不能對研究物件作量化的處理和計算，就談不上稱之為科學。但是數學公式本身又是獨立的，有其自身的變化規律和適用區間，它並不完全必然與其理論的變化規律和適用區間一致，正如演員不可能完全按照導演的理念表演一樣。因此，一種科學理論或規律與其數學公式之間必然或多或少的存在下面的差異，嚴格的說，好的數學公式只能描述某一科學理論在某些條件下某一區間的主要規律的正確性。因此，對於學習科學理論而有志於創新的學子們，首先要探討的問題就是其數學公式在該理論中的運用條件和範圍，關注下列問題，懷疑和批判就是創新的開始。

1、一個（組）數學公式只能有效地描述一種理論或規律中的主要因素在特定時空的變化；

2、數學公式的應用區間往往可從負無限大➔零➔到無限大（小），而科學理論和規律往往只適用於公式中的一段區間。比如說，當將廣義相對論方程用於定量、定體積、恆溫的太陽，而解決太陽外近距離的水星運動時，會得到較準確

的數值結果，但是一下推廣到開放的、膨脹降溫的整個宇宙，而求宇宙本身的運動和變化，這有什麼根據呢？靠一些不切實際的「宇宙學原理」或者「宇宙監督原理」的假設是學者們在無奈地「掩耳盜鈴」，必出錯誤。

3、數學公式描述的過程幾乎都是可逆過程，而宇宙中任何物理化學生物過程嚴格的說，都是不可逆過程。比如，黑洞的膨脹是黑洞合併和吞噬外界能量-物質的熵增加過程，黑洞的收縮是發射霍金輻射的過程，二者是性質完全不同的單向不可逆過程。而「弗里德曼」是用廣義相對論方程的解去描述宇宙的膨脹，史瓦西度規是用廣義相對論方程的解去描述黑洞的形成和其內部收縮為「奇點」。二者在解方程時，實際上是將宇宙物質的膨脹和收縮視為相同的過程，都背離實際。

4、真實的物理世界的變化與數學公式的關係：最主要的表現為，數學公式往往是連續平滑的曲線，而真實的物理世界的變化是分層次的，相鄰層次之間往往存在「臨界點」的「突變」。因此，在數學公式中就會出現「尖點」而不連續。用一個統一的數學公式來描述幾個不同狀態的變化規律很難不出錯，往往只能改用多個公式。比如流體力學公式與氣體力學的公式雖有近似之處，但是氣體必須服從氣體狀態方程。而且數學公式中的變數往往比所研究的現實少得多。由解廣義相對論方程得出的史瓦西度規之所以錯誤，是因為黑洞形成後，其內外已經是 2 個世界，內外密度相差約 10^{45} 倍，相對論學者們用同一個史瓦西度規（方程）來同樣的解釋黑

洞內外的變化，必然得出黑洞內會出現「奇點」的荒謬結論。

（6）在理論科學上，有許多時候，是知難行易的。人類自文化成熟（文字語言能夠充分表達人的思想）之後，即在2500 年前的奴隸社會時期，學者們就開始探索宇宙的本源，然而越是簡單的基本的東西，越難使人們搞弄明白。現代科學對熱和溫度是什麼，力是什麼，萬有引力是什麼，熵是什麼，空間時間是什麼，測不准原理是什麼，質量是什麼，量子力學是什麼等基本問題雖然有不同的解釋，至今都在瞎子摸象，搞不明白，對輻射能、電子、質子、中微子、夸克之間的互相作用所知更少，對普朗克領域幾乎一無所知。但是人們仍能運用其基本定理定律公式搞清較複雜問題，在許多重要參數之間作量化計算。比如，人們可以熟練地運用萬有引力定律，但並不瞭解引力是什麼。有誰能說清楚測不准原理的本質？但它被廣泛地運用著。

（7）現代物理學理論研究的誤區可能是大搞「終極理論」及其它

20 世紀在實驗科學方面取得了許許多多的重大成就。譚天榮教授說：「數世紀以來，在物理學中也積累了大量錯誤的證明、推理的漏洞、以及稍加注意就能避免的疏忽。此外，還有一些物理學特有的失誤：對實驗事實的誤解，對數學公式的歪曲詮釋，更糟糕的是，各式各樣的概念混淆無所不在，……諸如此類。經典物理學在微觀領域受到挫折，就是

這些失誤交互作用的結果。由於這些失誤，現代物理學成了一個巨大的藏汙納垢之所，好比希臘神話中的「奧革阿斯的牛圈。如果不對它進行一次大掃除，就不可能重建量子力學，就不可能建立普適的、統一的物理學」

作者認為，現在科學研究有下列幾種值得商榷的傾向：第一、恰恰是許多智慧超群的科學家們過分地專注於建立「普適的、統一的物理學」，都想取代上帝的智慧和作用，提出各種終極理論，如弦論，膜論，10維空間，26維空間，TOE終極理論等等，這些太多的終極理論正好說明沒有一個是普適性的、終極的，他們往往是各執一端又各不相容的高級數學遊戲，而無法適用於現實的物理世界，遠不如作者在第二篇2-8章表二中對宇宙黑洞演變資料計算的準確性。第二、因為上述終極理論的基元往往建立在人類無法探測的時空起源領域--普朗克領域，無法得到該領域的任何資料，於是他們企圖用複雜的數學公式將該領域與現實的物理世界按照因果關係聯繫起來。問題在於普朗克領域的時空是不連續的，不連續就是表示不確定性，他們新理論的數學公式能描述一個從不連續不確定領域到現實宇宙連續確定領域的過程嗎？問題還在於「建立普適的、統一的物理學」真有必要和那麼重要嗎？人類對大自然的瞭解很可能永遠就只知其中變化發展著的某些部分。現在人類已經進入雲計算和大數據時代，也許有一天人們可用大數據和某種模型以取代繁雜而難解的數學公式，計算模擬出宇宙誕生和演變各個過程的演變資料，以驗證本書理論和公式的準確性。第三、對現實的複雜問題，反

而無人敢於面對和解決。大家知道，原子的種類就百來種。為什麼我們現實的物理世界是如此的千變萬化，千嬌百媚？為什麼千萬物種都千差萬別？為什麼古今中外每個人的思想行為性格面目沒有兩個相同？為什麼無數的樹葉都沒有兩片相同？最主要的問題在於科學家們對電子的結構特性變化和其互相作用知道的太少，對輻射能的特性和互相作用的認識也太少，但是輻射能卻成為信息時代的主角。人類未來對宇宙中的這些「小精靈」，如電子、中微子、輻射能等認知甚少。追問一下，比如說，人類未來能完全徹底地認識自己的大腦的所有功能和作用嗎？第四、有智慧的學者們往往專注於創立新理論新觀念，而不大願意總結發展已有的科學理論和成就。作者才疏學淺，只能運用一些現有的理論公式，作進一步的推演，就能推出幾個新公式，完善了黑洞理論。可見，舊理論永遠不會有到頭的時候。

（8）用純粹歸納法建立起來的新理論往往有很多的風險：

從科學發展史上，相對論，進化論，週期表等幾乎都是單純運用歸納法創造出來的，創導者們不僅需要有大學問、大智慧，似乎還需要有靈感和運氣。相對論，進化論缺陷很大很多，只有週期表是完滿成功的。為什麼？因為相對論，進化論只根據想像歸納了不多的現象、因素、事實而得出來的，某些特例也不具有普遍性。而門得列耶夫在建立週期表時，已知的元素已經占到了總數的大部分，所以易於成功。

歐幾裡得幾何學是純粹的演繹法，它之所以能夠成功，是因為它建立在廣泛牢固可靠的公認（公理）基礎之上的。牛頓萬有引力定律的成功是建立在克普勒可靠的行星運動 3 定律的正確軌跡的基礎之上的。現在一些流行的新理論，如弦論，膜論，量子引力論等幾乎都是頭腦中的想像加複雜的數學公式倒推演變而成，這是現代科學儀器無法探測和檢驗的領域，難以推廣運用到我們以長壽命的質子電子為基元構成的物理世界。

比如，按照量子引力論觀點，真空從來就沒有真的空過。相反，真空是一鍋不斷翻滾的量子湯，正反物質的虛粒子不斷產生又不斷消失，從而產生出能量。所謂的真空能量，現在也有人用愛因斯坦的廣義相對論方程中的宇宙學常數或者暗能量來解釋，然而，學者們對真空能量數量最簡單的估算，與空間中測量到的真空能量數量卻完全不符，足足大了大約 10^{120} 倍。這成了橫亙在理論與觀測之間的一條至今無解的巨大鴻溝。這說明不是建立在廣泛地實驗和事實基礎上的、被學者們臆想出來的（終極）理論大多是背離實際而不可靠的。

作者在這本《黑洞宇宙學概論》的新理論和新公式全是演繹推導現成公式的結果，沒有附加任何新的假設條件。因此，本書中的論證、公式和結論應該經得起現實物理世界未來時間和實踐的檢驗的。

（9）也許有人說，世界上所有事物都處在普遍聯繫之中，世界是統一的。當今科學發展已經達到這樣一個高度，

揭開世界本來面貌的時機已經成熟。作者認為科學家們對宇宙的認識現在其實仍然是處在「瞎子摸象」的階段，都還是片面的和表面的。問題在於世界本來的面目就是多面體，各種面目又都在隨著時空在改變，宇宙本身也是在變化發展著的。因此，人類對事物和宇宙的認識極不可能出現「終極理論」和「絕對真理」。比如，另一個平行宇宙（多宇宙）的存在已經影響到我們宇宙誕生的背景輻射產生異常，它的大小、成分、結構、運動規律等會與我們宇宙相同嗎？如果與我們宇宙碰撞合併會產生什麼後果呢？

霍金和彭羅斯在上世紀 60~70 年代用違反熱力學規律的假設條件解出了廣義相對論方程（本質上與史瓦西度規是相同的），錯誤地證明了「奇點」是黑洞存在的必要條件。人們從上世紀 80 年代起，就推測宇宙空間存在黑洞。而直到 1992 年，哈勃太空望遠鏡終於在天鵝座 XR-1 觀察到黑洞周圍視界半徑（Event Horizon）的直接證據了。2008 年 8 月 21 日報導，科學家通過研究一大群漂浮在我們銀河系的中央的巨大恆星發現，它們盤旋附近的銀河系中央潛伏著一個巨大的黑洞，所有的星系中心都存在黑洞，已經成為不爭的事實。但是人們沒有觀測到任何黑洞有「奇點」大爆炸的跡象存在。作者在本書中已經證實我們宇宙就是一個巨無霸史瓦西黑洞，內面有無數的恆星級黑洞和巨型黑洞。但是人類沒有感受到「奇點」大爆炸和「奇點」強引力的任何威脅和傷害。這證明廣義相對論方程和霍金彭羅斯的解、「弗里德曼」的解、史瓦西度規全是背離實際的。

　　1998 年澳大利亞和美國的 2 組科學家又發現了我們宇宙的加速膨脹，他們的偉大發現使他們獲得了 2011 年的諾貝爾物理學獎。現在主流的科學家們又在玩弄幽靈般的新物理概念，用有排斥力的暗能量來解釋「宇宙的加速膨脹」，但他們的解釋必定會與宇宙的平直性相矛盾，也與他們計算出來的極其巨大的真空能量相矛盾。

　　2013.5 月，美國科學家根據宇宙誕生時的背景輻射異常現象找到了多宇宙存在的確實證據。作者也在第三篇 3-9 章文中作了一些解釋和分析。

　　以上說明現代科學技術的快速發展進步隨時都會帶來重大驚人的新發現發明，它們往往能夠顛覆現有的理論。美國正在芝加哥建立龐大的中微子探測器，以便捕獲研究被稱之為「鬼粒子」的中微子，正為未來的驚人發現創造條件。現在離人類找到「終極理論」極遠，也許永遠也找不到，這反倒是人類存在和可發展的價值；如果某日終於找到「終極理論」，人類的智慧也就到頭了，就不可能再有追求和發展了，人類就只能由腦殘、懶惰、無所事事、腐化而退化走向自我毀滅了。

　　（10）科學研究成功的關鍵在於創新觀念，在於要做到「知己知彼，敢於懷疑，出奇制勝」。「出奇」就是要首先善於對「舊的觀念理論和公式」「鑽空子」或「拾遺」，找出其「缺陷錯誤的根源」，許多天才學者只顧拼命向前衝，路上丟下的寶貝太多了，能否取得成就，得看個人的功力、靈感和

運氣了。「他山之石可以攻玉」，閱讀一些有許多真實數據資料的科普讀物，以開拓自己的視野，是很有必要的。如溫伯格的《最初三分鐘》，約翰・格裡賓的《大宇宙百科全書》等。科學就是求真，一個追求科學和真理的人，如果對真實的數據資料不願深究，只在觀念理論中轉圈，可能會「差之毫釐失之千里」。幾十年來，學者對「人造黑洞」聳人聽聞的宣傳就是例證（參見第三篇 3-8 章）。本書或可作為有整套資料的另類科普讀物吧。

（11）結論：當人們深思一個科學理論是否正確時，必須首先檢視其兩頭。第一是看其結論是否背離實際，比如宇宙中是否有或者可能有「奇點」是檢視廣義相對論方程是否正確的主要考量因素。第二是檢視該理論建立時的明的和暗的假設條件是否背離實際，比如，解廣義相對論方程的許多假設條件，如宇宙均勻的「宇宙學原理」，封閉系統，可逆過程，等壓宇宙模型等。只要人們能夠證實其中一條假設條件是錯誤的、背離實際的，該理論必定存在著重大的缺陷或者錯誤。這方法或可適用於檢視科學的、經濟學的、政治學的各種理論。

以上是作者在建立「黑洞宇宙學」理論中的一些體驗，或可供人們參考。

張洞生　　2014 年 9 月

國家圖書館出版品預行編目資料

黑洞宇宙學概論 / 張洞生　著
　　-- 民國 104 年 11 月　初版.-- 臺北市：蘭臺出版社 -
ISBN：978-986-5633-13-4　（平裝）
1.宇宙
323.9　　　　　　　　　　　　104015730

自然科普 1

黑洞宇宙學概論

著　　者：張洞生
執行主編：高雅婷
執行美編：謝杰融
封面設計：林育雯
出 版 者：蘭臺出版社
發　　行：蘭臺出版社
地　　址：台北市中正區重慶南路 1 段 121 號 8 樓之 14
電　　話：(02)2331-1675 或(02)2331-1691
傳　　真：(02)2382-6225
E—MAIL：books5w@gmail.com 或 books5w@yahoo.com.tw
網路書店：http://bookstv.com.tw、http://store.pchome.com.tw/yesbooks/
　　　　　華文網路書店、三民書局　博客來網路書店 http://www.books.com.tw
經　　銷：蘭臺出版社
地　　址：台北市中正區重慶南路 1 段 121 號 5 樓之 11 室
劃撥戶名：蘭臺出版社　帳號：18995335
香港代理：香港聯合零售有限公司
地　　址：香港新界大蒲汀麗路 36 號中華商務印刷大樓
C&C Building, 36,Ting, Lai, Road, Tai,Po, New,Territories
電　　話：(852)2150-2100　　　傳真：(852)2356-0735
總 經 銷：廈門外圖集團有限公司
地　　址：廈門市湖裡區悅華路 8 號 4 樓
電　　話：(592)-2230177　　　傳真：(892) 5365089
出版日期：中華民國 104 年 11 月　初版
定　　價：新臺幣 380 元整

ISBN　978-986-5633-13-4